Web前端开发实战：HTML5+CSS3+JavaScript+Vue+Bootstrap（微视频版）

王莉莉　杨海陆　尹　芳　编著

清华大学出版社
北　京

内 容 简 介

本书以通俗易懂的语言、翔实生动的案例，全面介绍了使用 HTML5、CSS3、JavaScript、Bootstrap、Vue等技术搭建Web前端的方法和技巧，全书共分20章，内容涵盖了HTML5基础、文本和图像、音频和视频、列表和超链接、CSS3 基础、文本样式、图像和背景样式、表格、表单、CSS3 盒子模型、CSS3 移动布局、CSS3 变形和动画、JavaScript 基础、事件处理、BOM 和 DOM、Bootstrap 基础、CSS 通用样式、CSS 组件、JavaScript 插件和使用 Vue 等，力求为读者带来良好的学习体验。

与书中内容同步的案例操作教学资源可供读者随时扫码学习，读者可扫描案例旁边的二维码在线观看。本书具有很强的实用性和可操作性，可以作为初学者的自学用书，也可作为 Web 前端开发技术人员的首选参考书，还可作为高等院校 Web 前端开发、网站设计等相关专业的教材。

本书对应的电子课件、完整代码文档和实例源文件可以到http://www.tupwk.com.cn/downpage网站下载，也可以通过扫描前言中的二维码获取。

图书在版编目(CIP)数据

Web前端开发实战：HTML5+CSS3+JavaScript+Vue+Bootstrap：微视频版/王莉莉，杨海陆，尹芳编著. —北京：清华大学出版社，2023.4

ISBN 978-7-302-63066-1

Ⅰ. ①W… Ⅱ. ①王… ②杨… ③尹… Ⅲ. ①网页制作工具 Ⅳ. ①TP393.092.2

中国国家版本馆 CIP 数据核字 (2023) 第 045074 号

责任编辑： 胡辰浩
封面设计： 高娟妮
版式设计： 孔祥峰
责任校对： 成凤进
责任印制： 朱雨萌

出版发行： 清华大学出版社
网　　址：http://www.tup.com.cn，http://www.wqbook.com
地　　址：北京清华大学学研大厦 A 座　　邮　　编：100084
社 总 机：010-83470000　　邮　　购：010-62786544
投稿与读者服务：010-62776969，c-service@tup.tsinghua.edu.cn
质 量 反 馈：010-62772015，zhiliang@tup.tsinghua.edu.cn
印 装 者： 大厂回族自治县彩虹印刷有限公司
经　　销： 全国新华书店
开　　本： 185mm×260mm　　**印　　张：** 22.25　　**字　　数：** 514 千字
版　　次： 2023 年 6 月第 1 版　　**印　　次：** 2023 年 6 月第 1 次印刷
定　　价： 98.00 元

产品编号：097927-01

近些年来，随着“互联网＋”、大数据、云计算、人工智能、机器学习等新名词、新概念的不断涌现，相关产业发展得如火如荼。移动互联网已经深入人们日常生活的方方面面，为了让用户有更好的互联网体验效果，Web前端开发和移动终端开发相关技术飞速发展。HTML5、CSS3、JavaScript、Bootstrap、Vue等技术相互配合使用大大提高了Web前端开发人员的工作效率，减轻了工作量，降低了前端开发成本。本书设计了大量的示例，旨在帮助读者尤其是初学者快速掌握Web前端开发的技术精髓，用最短的时间使前端设计从外观上变得更加精美实用。

一、本书内容特点

- 内容合理，适合自学

本书总结了编者团队多年的设计经验及教学心得，在编写时充分考虑到初学者的特点，内容设置由浅入深、循序渐进、案例丰富，力求全面细致地展现Web前端设计应用领域的各项功能，使读者能够通过书中的示例掌握前端设计工作中需要的各项技术。

- 案例专业，资源丰富

本书中的大部分案例源于实际工作设计项目。为了提高读者的学习效率，书中为大部分的示例代码配备了相应的完整源代码和扩展知识(可扫描案例旁边的二维码在线观看，也可下载观看)，详细讲解了HTML5、CSS3、JavaScript、Bootstrap和Vue的技术要点，并在知识点的关键处给出了解释、提示和注释，可以帮助读者大大提高阅读本书的效率，快速掌握相关内容。

- 知行合一，通俗易懂

本书结合Web前端设计中的实际案例，详细讲解各类技术的实战技巧。读者可以通过案例，快速掌握Web前端设计的基础知识，同时提升自身的设计实践能力。每个案例都是专业知识和经验的提炼，让读者在学习中能够更快、更容易地理解所学的内容，并且能够独立高效地完成各种设计任务。

二、本书内容简介

本书全面细致地介绍了HTML5、CSS3、JavaScript、Bootstrap和Vue的相关技术知识，全书共分20章，各章内容简介如下。

章　节	内容说明
第1章　HTML5基础	主要介绍HTML5的基础知识
第2章　文本和图像	主要介绍在网页中添加文本和图像的方法
第3章　音频和视频	主要介绍在网页中添加音频和视频的方法
第4章　列表和超链接	主要介绍在网页中设计列表和超链接的方法
第5章　CSS3基础	主要介绍CSS3的基础知识
第6章　文本样式	主要介绍定义网页文本样式
第7章　图像和背景样式	主要介绍定义网页图像和背景样式
第8章　表格	主要介绍在网页中设计表格和表格样式的方法
第9章　表单	主要介绍在网页中设计表单、表单控件和表单属性的方法
第10章　CSS3盒子模型	主要介绍CSS3盒子模型
第11章　CSS3移动布局	主要介绍CSS3移动布局
第12章　CSS3变形和动画	主要介绍CSS3变形和动画效果
第13章　JavaScript基础	主要介绍JavaScript的基础知识
第14章　事件处理	主要介绍JavaScript事件与事件处理
第15章　BOM和DOM	主要介绍BOM和DOM知识
第16章　Bootstrap基础	主要介绍Bootstrap的基础知识
第17章　CSS通用样式	主要介绍CSS通用样式
第18章　CSS组件	主要介绍常用CSS组件
第19章　JavaScript插件	主要介绍JavaScript插件
第20章　使用Vue	主要介绍Vue.js的基础知识和使用方法

三、本书配套资源及服务

与书中内容同步的案例操作教学资源可供读者随时扫码学习，读者可扫描书中案例旁边的二维码在线观看。此外，本书免费提供电子课件、完整代码文档和实例源文件，读者可以扫描下方的二维码获取，也可以进入本书信息支持网站(http://www.tupwk.com.cn/downpage)下载。

扫码推送配套资源到邮箱

本书由哈尔滨理工大学的王莉莉、杨海陆和尹芳合作编写完成，其中王莉莉编写了第1、2、3、4、6、13、14、15、19、20章，杨海陆编写了第5、7、16、17、18章，尹芳编写了第8～12章。由于作者水平有限，本书难免有不足之处，欢迎广大读者批评指正。我们的邮箱是992116@qq.com，电话是010-62796045。

编　者

2022年12月

目 录

-contents-

第 1 章 HTML5基础 …… 1

1.1 HTML5概述 …… 2

1.1.1 HTML5发展历程 …… 2

1.1.2 HTML5设计理念 …… 2

1.2 新建HTML5文档 …… 4

1.2.1 创建空白文档 …… 4

1.2.2 添加网页内容 …… 5

1.3 头部信息 …… 7

1.3.1 网页标题 …… 7

1.3.2 网页元信息 …… 7

1.3.3 文档视口 …… 8

1.4 基本结构 …… 10

1.4.1 定义文档结构 …… 10

1.4.2 使用div元素 …… 11

1.4.3 使用id和class …… 12

1.4.4 使用title …… 12

1.4.5 使用role …… 13

1.4.6 HTML5注释 …… 13

1.5 主体结构 …… 14

1.5.1 页眉 …… 14

1.5.2 导航 …… 14

1.5.3 主要区域 …… 15

1.5.4 文章块 …… 15

1.5.5 区块 …… 16

1.5.6 附栏 …… 16

1.5.7 页脚 …… 17

第 2 章 文本和图像 …… 18

2.1 标题和段落 …… 19

2.1.1 定义标题 …… 19

2.1.2 定义段落 …… 20

2.2 文本格式 …… 20

2.2.1 字体 …… 20

2.2.2 字号 …… 21

2.2.3 颜色 …… 22

2.2.4 强调 …… 23

2.2.5 注解 …… 23

2.2.6 备选 …… 24

2.2.7 上下标 …… 24

2.2.8 术语 …… 25

2.2.9 代码 …… 26

2.2.10 预定义格式 …… 26

2.2.11 缩写词 …… 27

2.2.12 编辑提示 …… 27

2.2.13 引用 …… 28

2.2.14 引述 …… 28

2.2.15 修饰 …… 29

2.2.16 换行显示 …… 30

2.3 特殊效果 …… 30

2.3.1 高亮 …… 30

2.3.2 进度 …… 31

2.3.3 刻度 …… 31

2.3.4 时间 …… 32

2.3.5 联系信息 …… 33

2.3.6 旁注 …… 34

2.4 网页图像 …… 34

2.4.1 定义图像 …… 34

2.4.2 定义流 …… 35

2.4.3 定义图标 …… 36

2.4.4 定义响应式图像 …… 36

第 3 章 音频和视频 …… 37

3.1 使用audio元素 …… 38

3.2 使用video元素 …… 39

3.3 使用embed元素 …… 40

3.4 使用object元素 …… 41

第 4 章 列表和超链接 …… 43

4.1 列表 …… 44

4.1.1 无序列表 …… 44

4.1.2 有序列表 …… 44
4.1.3 项目编号 …… 45
4.1.4 嵌套列表 …… 46
4.1.5 描述列表 …… 47
4.1.6 菜单列表 …… 47
4.2 超链接 …… 48
4.2.1 页间链接 …… 48
4.2.2 块级链接 …… 49
4.2.3 锚记链接 …… 50
4.2.4 目标链接 …… 50
4.2.5 邮件链接 …… 51
4.2.6 下载链接 …… 51
4.2.7 图像热点 …… 51

第 5 章 CSS3基础 …… 53
5.1 CSS3概述 …… 54
5.1.1 CSS3样式 …… 54
5.1.2 应用CSS3样式 …… 55
5.1.3 CSS3样式表 …… 55
5.1.4 CSS3代码注释 …… 57
5.1.5 CSS3代码格式化 …… 57
5.1.6 CSS3继承性 …… 57
5.1.7 CSS3层叠性 …… 58
5.2 CSS3选择器 …… 59
5.2.1 元素选择器 …… 59
5.2.2 关系选择器 …… 61
5.2.3 属性选择器 …… 63
5.2.4 伪类选择器 …… 64
5.2.5 伪对象选择器 …… 67

第 6 章 文本样式 …… 68
6.1 字体样式 …… 69
6.1.1 字体 …… 69
6.1.2 大小 …… 70
6.1.3 颜色 …… 71
6.1.4 粗体 …… 71
6.1.5 斜体 …… 71
6.1.6 修饰线 …… 71
6.1.7 变体 …… 72
6.1.8 大小写 …… 73
6.2 文本格式 …… 73
6.2.1 对齐 …… 73
6.2.2 间距 …… 74
6.2.3 行高 …… 75
6.2.4 缩进 …… 75
6.2.5 换行 …… 75
6.3 书写模式 …… 77
6.4 特殊值 …… 78
6.5 文本效果 …… 80
6.5.1 文本阴影 …… 81
6.5.2 文本特效 …… 82
6.6 颜色模式 …… 84
6.6.1 RGBA …… 84
6.6.2 HSL …… 85
6.6.3 HSLA …… 85
6.6.4 opacity …… 86
6.7 动态内容 …… 86

第 7 章 图像和背景样式 …… 90
7.1 美化图像 …… 91
7.1.1 图像大小 …… 91
7.1.2 图像边框 …… 92
7.1.3 半透明图片 …… 92
7.1.4 图像圆角 …… 93
7.1.5 图像阴影 …… 94
7.2 背景图像 …… 95
7.2.1 定义背景图像 …… 95
7.2.2 定义背景原点/位置/裁剪 …… 96
7.2.3 控制背景图像显示大小 …… 97
7.2.4 固定背景图像 …… 99
7.3 渐变背景 …… 100
7.3.1 线性渐变 …… 100
7.3.2 径向渐变 …… 102

第 8 章 表格 …… 105
8.1 定义表格 …… 106
8.1.1 普通表格 …… 106
8.1.2 列标题 …… 106
8.1.3 表格标题 …… 107

8.1.4 表格行/列分组 …… 107

8.2 表格属性 …… 108

8.2.1 内/外框线 …… 108

8.2.2 单元格间距 …… 109

8.2.3 细线边框 …… 110

8.2.4 内容摘要 …… 110

8.3 单元格属性 …… 110

8.3.1 跨单元格显示 …… 110

8.3.2 单元格表头 …… 111

8.3.3 绑定表头 …… 111

8.3.4 信息缩写 …… 112

8.3.5 单元格分类 …… 112

8.4 表格样式 …… 113

第 9 章 表单 …… 116

9.1 定义表单 …… 117

9.1.1 设计表单结构 …… 117

9.1.2 表单对象分组 …… 117

9.1.3 添加提示文本 …… 119

9.2 表单控件 …… 119

9.2.1 文本框 …… 120

9.2.2 密码框 …… 121

9.2.3 文本区域 …… 121

9.2.4 单选按钮 …… 122

9.2.5 复选框 …… 122

9.2.6 选择框 …… 123

9.2.7 文件域和隐藏域 …… 124

9.2.8 按钮 …… 124

9.2.9 数据列表 …… 125

9.3 表单属性 …… 126

9.3.1 名称和值 …… 126

9.3.2 布尔型属性 …… 126

9.3.3 必填属性 …… 127

9.3.4 禁止验证 …… 128

9.3.5 多选属性 …… 129

9.3.6 自动完成 …… 129

9.3.7 自动获取焦点 …… 130

9.3.8 所属表单 …… 131

9.3.9 表单重写 …… 131

9.3.10 高和宽 …… 131

9.3.11 最小值/最大值/步长 …… 132

9.3.12 匹配模式 …… 132

9.3.13 替换文本 …… 132

9.4 表单样式与定制表单 …… 133

第 10 章 CSS3盒子模型 …… 134

10.1 显示方式 …… 135

10.2 可控大小 …… 136

10.3 内容溢出 …… 137

10.4 轮廓线 …… 137

10.5 圆角边框 …… 138

10.6 图像边框 …… 139

10.7 盒子阴影 …… 140

10.8 布局方式 …… 142

10.8.1 流式布局 …… 142

10.8.2 浮动布局 …… 143

10.8.3 定位布局 …… 144

第 11 章 CSS3移动布局 …… 146

11.1 多列布局 …… 147

11.1.1 定义列宽 …… 147

11.1.2 定义列数 …… 148

11.1.3 定义列间距 …… 149

11.1.4 定义列边框 …… 149

11.1.5 定义跨列显示 …… 150

11.1.6 定义列高度 …… 150

11.2 盒布局模型 …… 151

11.2.1 定义宽度 …… 151

11.2.2 定义顺序 …… 152

11.2.3 定义方向 …… 153

11.2.4 定义自适应 …… 153

11.2.5 定义对齐方式 …… 153

11.3 弹性盒布局 …… 155

11.3.1 定义弹性盒 …… 155

11.3.2 定义伸缩方向 …… 156

11.3.3 定义行数 …… 157

11.3.4 定义对齐方式 …… 158

11.3.5 定义伸缩项目 …… 159

11.4 媒体查询 ……161

第 12 章 CSS3变形和动画 …… 164

12.1 变形 ……165
12.1.1 2D旋转 …… 165
12.1.2 2D缩放 …… 166
12.1.3 2D移动 …… 167
12.1.4 2D倾斜 …… 167
12.1.5 2D矩阵 …… 168
12.1.6 变形原点 …… 168
12.1.7 3D变形 …… 169
12.1.8 3D位移 …… 170
12.1.9 3D缩放 …… 171
12.1.10 3D旋转 …… 172
12.2 过渡样式 ……174
12.2.1 定义过渡 …… 175
12.2.2 定义过渡时间 …… 175
12.2.3 定义延时 …… 176
12.2.4 定义动画效果 …… 176
12.2.5 定义触发时机 …… 177
12.3 关键帧动画 ……178
12.3.1 定义关键帧 …… 178
12.3.2 定义帧动画 …… 179

第 13 章 JavaScript基础 …… 181

13.1 JavaScript概述 ……182
13.1.1 JavaScript的主要特点 …… 182
13.1.2 JavaScript的基本语法 …… 182
13.1.3 JavaScript在HTML中的使用 … 183
13.2 JavaScript程序 ……185
13.2.1 语句和语句块 …… 185
13.2.2 代码 …… 186
13.2.3 消息框 …… 186
13.2.4 JavaScript注释 …… 188
13.3 标识符和变量 ……188
13.3.1 标识符 …… 188
13.3.2 变量 …… 189
13.4 数据类型 ……191
13.5 运算符 ……191
13.5.1 算术运算符 …… 191
13.5.2 比较运算符 …… 192
13.5.3 赋值运算符 …… 192
13.5.4 逻辑运算符 …… 193
13.5.5 条件运算符 …… 193
13.5.6 其他运算符 …… 194
13.5.7 运算符优先级 …… 195
13.6 表达式和赋值语句 ……196
13.6.1 表达式 …… 196
13.6.2 赋值语句 …… 196
13.7 流程控制语句 ……196
13.7.1 条件判断语句 …… 197
13.7.2 循环语句 …… 201
13.7.3 跳转语句 …… 203
13.8 JavaScript函数 ……204
13.8.1 常用系统函数 …… 204
13.8.2 自定义函数 …… 205
13.8.3 带参数返回的return语句 …… 206
13.8.4 函数变量的作用域 …… 206

第 14 章 事件处理 …… 207

14.1 JavaScript事件概述 ……208
14.1.1 事件类型 …… 208
14.1.2 事件句柄 …… 208
14.1.3 事件处理 …… 209
14.1.4 程序返回值 …… 212
14.2 表单事件 ……212
14.2.1 获取与失去焦点 …… 212
14.2.2 提交与重置 …… 213
14.2.3 改变与选择 …… 215
14.3 鼠标事件 ……216
14.4 键盘事件 ……216
14.5 窗口事件 ……217

第 15 章 BOM和DOM …… 218

15.1 JavaScript常用对象 ……219
15.1.1 Array对象 …… 219
15.1.2 Date对象 …… 221
15.1.3 Math对象 …… 223

15.1.4 Number对象 224
15.1.5 String对象 225
15.1.6 Boolean对象 226
15.2 BOM 227
15.2.1 window对象 228
15.2.2 navigator对象 229
15.2.3 screen对象 229
15.2.4 history对象 230
15.2.5 location对象 230
15.3 DOM 231
15.3.1 DOM节点树 232
15.3.2 DOM节点 232
15.3.3 DOM节点访问 234
15.3.4 DOM节点操作 237

第16章 Bootstrap基础 239

16.1 Bootstrap概述 240
16.1.1 什么是Bootstrap 240
16.1.2 Bootstrap的优势 240
16.1.3 Bootstrap的构成模块 240
16.2 下载与安装 241
16.2.1 下载Bootstrap 241
16.2.2 安装Bootstrap 242
16.3 开发工具 243
16.4 基本架构 244
16.4.1 文件结构 244
16.4.2 布局基础 245
16.4.3 网格系统 248
16.4.4 布局工具类 253
16.5 排版优化 254
16.5.1 标题 254
16.5.2 段落 255
16.5.3 强调/对齐/列表 256
16.6 显示代码 256
16.6.1 行内代码 256
16.6.2 多行代码块 257
16.7 响应式图片 257
16.7.1 同步缩放 257
16.7.2 缩略图 257
16.7.3 图像对齐 258
16.8 表格样式 258

第17章 CSS通用样式 259

17.1 文本处理 260
17.1.1 文本对齐 260
17.1.2 文本换行 261
17.1.3 大小写转换 261
17.1.4 粗体和斜体 262
17.1.5 其他文本样式类 263
17.2 颜色样式 263
17.2.1 文本颜色 263
17.2.2 链接颜色 264
17.2.3 背景颜色 264
17.3 边框样式 264
17.3.1 添加边框 264
17.3.2 边框颜色 265
17.3.3 圆角边框 265
17.4 宽度和高度 266
17.4.1 相对于父元素 266
17.4.2 相对于视口 267
17.5 边距 268
17.5.1 定义边距 268
17.5.2 响应式边距 269
17.6 浮动样式 269
17.6.1 实现浮动样式 270
17.6.2 响应式浮动样式 270
17.7 display属性 271
17.7.1 隐藏/显示元素 271
17.7.2 响应式隐藏/显示元素 271
17.8 嵌入网页元素 272
17.9 内容溢出 273
17.10 定位元素 273
17.11 阴影效果 274

第18章 CSS组件 275

18.1 按钮和按钮组 276
18.1.1 按钮 276
18.1.2 按钮组 278

18.2 下拉菜单 ……281
18.2.1 设计分裂式按钮样式 ……282
18.2.2 设计菜单展开方向 ……282
18.2.3 设计菜单分割线 ……282
18.2.4 激活/禁用菜单项 ……283
18.2.5 设计菜单项对齐方式 ……283
18.2.6 设计菜单偏移量 ……283
18.2.7 设计更多菜单内容 ……283
18.3 导航组件 ……284
18.3.1 设计水平对齐布局 ……285
18.3.2 设计垂直对齐布局 ……285
18.3.3 设计标签页导航 ……285
18.3.4 设计胶囊式导航 ……286
18.3.5 设计导航内容填充和对齐 ……286
18.3.6 设计导航选项卡 ……286
18.4 超大屏幕 ……287
18.5 其他CSS组件 ……288
18.5.1 徽章 ……288
18.5.2 警告框 ……288
18.5.3 媒体对象 ……289
18.5.4 进度条 ……290
18.5.5 导航栏 ……291

第19章 JavaScript插件 ……292

19.1 JavaScript插件概述 ……293
19.1.1 安装插件 ……293
19.1.2 调用插件 ……294
19.1.3 事件 ……295
19.2 模态框 ……295
19.2.1 设计模态框垂直居中 ……297
19.2.2 设计模态框大小 ……298
19.2.3 添加模态框和工具提示 ……298
19.2.4 调用模态框 ……298
19.2.5 为模态框添加用户行为 ……299
19.3 下拉菜单 ……299
19.3.1 调用下拉菜单 ……300
19.3.2 设置下拉菜单 ……301
19.3.3 为下拉菜单添加用户行为 ……301
19.4 弹窗 ……301
19.4.1 设计弹窗方向 ……303
19.4.2 调用弹窗 ……303
19.4.3 为弹窗添加用户行为 ……304
19.5 工具提示 ……304
19.5.1 工具提示方向 ……305
19.5.2 调用工具提示 ……306
19.5.3 为工具提示添加用户行为 ……307
19.6 标签页 ……307
19.6.1 调用标签页 ……308
19.6.2 为标签页添加用户行为 ……309
19.7 其他JavaScript插件 ……310
19.7.1 按钮 ……310
19.7.2 警告框 ……310
19.7.3 折叠 ……311

第20章 使用Vue ……313

20.1 Vue概述 ……314
20.1.1 Vue.js产生的背景 ……314
20.1.2 Vue.js的安装和导入 ……314
20.2 Vue实例和组件 ……315
20.2.1 Vue实例 ……315
20.2.2 Vue组件 ……316
20.3 Vue模板语法 ……324
20.3.1 插值表达式 ……324
20.3.2 指令 ……327
20.4 Vue的data属性 ……337
20.5 Vue方法 ……338
20.6 Vue计算属性 ……340
20.7 Vue监听器 ……341

第1章

HTML5基础

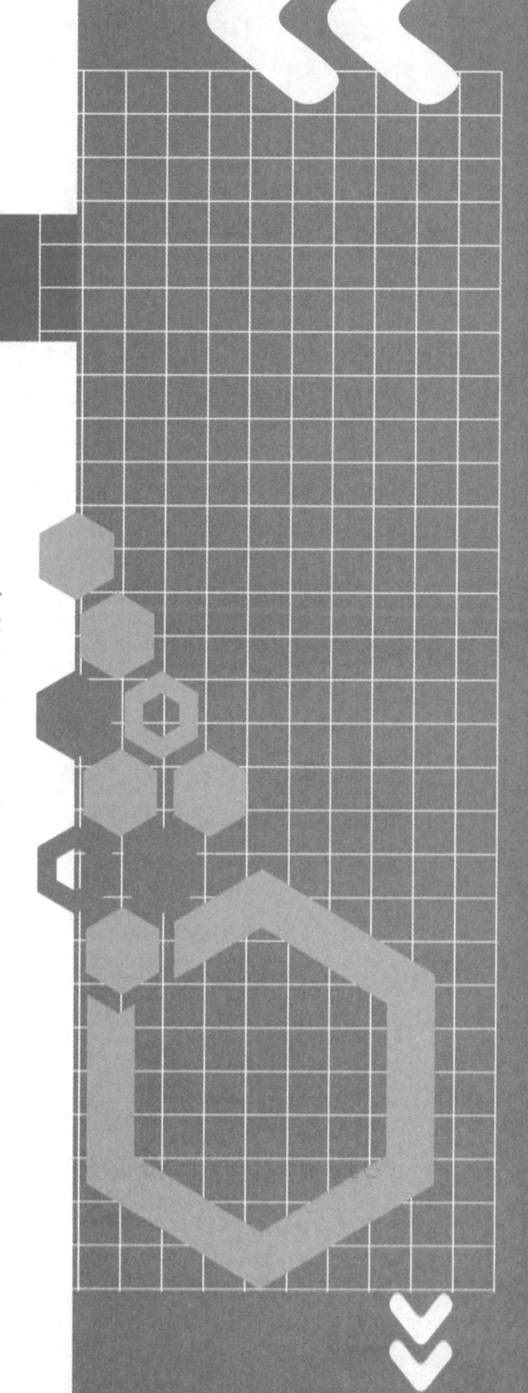

内容简介

HTML5是超文本语言HTML的第5次修订，是近些年来Web标准的巨大飞跃。HTML5和以前版本HTML不同的是，HTML5并非仅仅用于表示Web内容，而且为Web的使用者带来了一个无缝的网络，人们无论是通过各种计算机、平板电脑，还是智能手机，都能够方便地浏览基于HTML5的各类网站。

学习重点

- HTML5的发展历程
- 创建HTML5文档的方法
- HTML5的基本结构
- HTML5的主体结构

1.1 HTML5概述

HTML是用来描述网页的一种语言。该语言是一种标记语言(即一套标记标签，HTML使用标记标签来描述网页)，而不是编程语言。它是制作网页的基础语言，主要用于描述超文本中内容的显示方式。

1.1.1 HTML5发展历程

HTML的发展历史可以追溯到很久以前。1993年，HTML首次以因特网草案的形式发布。20世纪90年代，人们见证了HTML的快速发展，从HTML1.0版、HTML2.0版，到HTML3.2版和HTML4.0版，再到1999年的HTML4.01版，一直发展到HTML5，如图1-1所示。

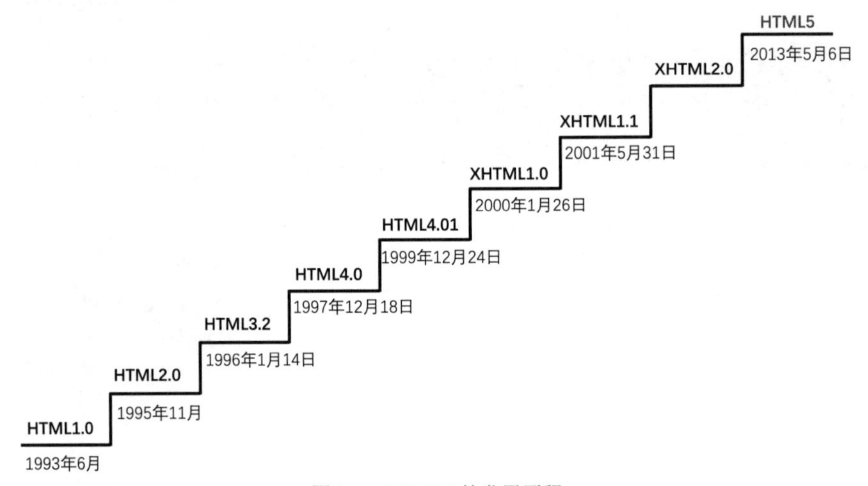

图 1-1　HTML5 的发展历程

HTML5相比之前的版本提供了一些新的元素和一些有趣的新特性，同时也建立了一些新的规则。这些元素、特性和规则提供了许多新的网页功能，例如使用网页实现动态渲染图形、图表、图像和动画，以及在不需要安装任何插件的情况下，直接使用网页播放视频等。

1.1.2 HTML5设计理念

HTML5是一个里程碑式的规范，它为下一代Web发明指明了方向，其设计理念囊括了诸如兼容性、实用性、互用性之类的概念，即便W3C(万维网联盟)与WHATWG(网页超文本应用技术工作组)之间有多大的分歧，它们也都遵循HTML5的设计理念。

(1) 化繁为简。HTML5为了尽可能简化，避免了一些不必要的复杂设计。如doctype的改进，在以往的HTML版本中，第一行doctype过于复杂，几乎没有几个人能够记住，在实

际的Web开发中也没有意义，在HTML5中就非常简单：

```
<!DOCTYPE html>
```

为了让一切变得简单，HTML5对每个细节都有非常明确的规范说明，不允许有任何歧义和模糊出现。

(2) 向下兼容。HTML5有很强的兼容能力，其允许存在不严谨的写法，例如一些表情的属性值没有用引号括起来，标签属性中包含大写字母，有的标签没有闭合等，对于这些不严谨的错误处理方案，在HTML5的规范中都有着明确的规定。

对于HTML5的一些新特性，如果浏览器不支持，也不会影响网页的显示。例如，HTML5中的input标签的type属性增加了很多类型，如果浏览器不支持这些类型，则默认会将其视为text，实现了优雅降级。

(3) 支持合理存在的内容。HTML5的设计者们花费了大量的精力来研究通用行为，例如，谷歌公司分析了上百万的页面，从中提取了div标签的id名称，如很多人采用以下方法标记导航区域：

```
<div class="nav">
    <!--导航区域-->
</div>
```

既然这样的行为已经大量存在，HTML5就会进行改进，增加nav标签，用于导航区域。

(4) 解决现实问题。对于HTML5无法实现的一些功能，将会寻求其他方法来实现。例如，绘图、多媒体、地理位置、实时获取信息等功能，通常会开发一些相应的插件间接实现这些功能。HTML5的设计者专门研究了这些功能需求，开发了一系列用于Web应用的接口。

HTML5规范的制定是开放的，所有人都可以获取草案的内容，也可以参与规范的制定，提出自己的意见。因为其开放性，所以HTML5可以得到更加全面的发展，一切以用户需求为最终目的，用户需要什么，就规范什么内容。

(5) 最终用户优先。这在本质上是一种解决冲突的机制。在遇到无法解决的冲突时，HTML5规范会把最终用户的诉求放在第一位。因此，HTML5的绝大部分功能都非常实用。HTML5规范的制定遵循以下优先顺序：用户>编写HTML的开发者>浏览器厂商>规范制定者>纯粹的理念。

(6) 通用访问。HTML5的通用访问原则包括以下3方面。

- 可访问性：HTML5考虑了残障用户的需求，以屏幕阅读器为基础的元素已经被添加进规范中。
- 媒体中立：HTML5规范不仅仅是为了某些浏览器而设计的。HTML5的新功能可能在未来的某一天在不同设备和平台上都能够运行。
- 支持所有的语种：HTML5规范支持所有的语种。

下面我们将从新建HTML5文档开始，介绍HTML5的基础知识。

1.2　新建HTML5文档

HTML5是一种标记语言，主要以文本形式存在，因此所有记事本工具都可以作为它的开发环境。HTML文件的扩展名为.html或.htm，将HTML源代码输入记事本、Sublime Text、WebStorm等编辑器并保存之后，可以在浏览器中打开文档以查看其效果。

1.2.1　创建空白文档

一个完整的HTML文档包括头部信息(<head>)和主体内容(<body>)。为了使网页内容清晰、明确，并容易被他人阅读，或者被浏览器及各种设备所理解，新建HTML5文档后需要构建基本的网页结构。

【例1-1】使用Windows系统自带的记事本工具编写一个名为index.html的空白网页，其标题为“网页标题”，如图1-2所示。

(1) 使用记事本新建一个文本文件，并将其保存为index.html。

(2) 在文本文件中输入以下多行字符，如图1-2左图所示。

(3) 保存文件，双击index.html使用浏览器打开网页后，效果如图1-2右图所示。

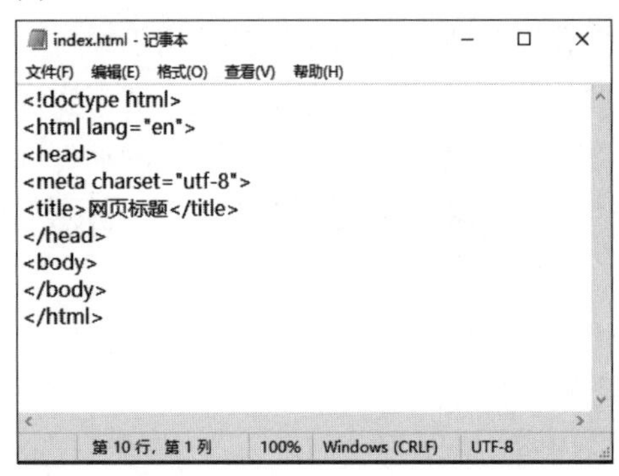

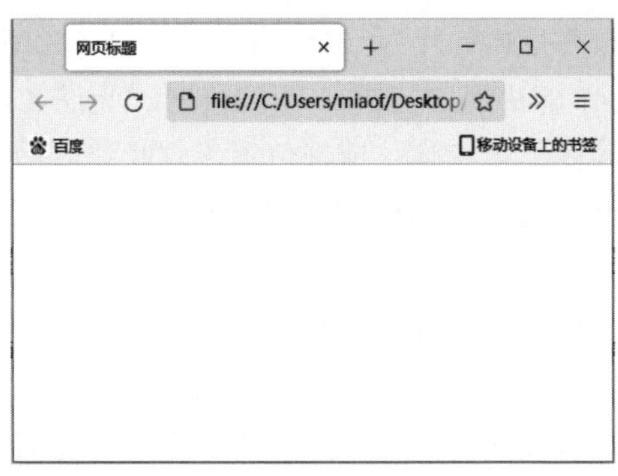

图 1-2　空白网页文档 index.html

【示例解析】

通过上面的示例代码，可以看到空白网页是由固定的结构构建的。图1-2右图所示的页面是一个空白页面，是因为访问者看到的内容主体部分(即<body和</body>之间的部分)没有内容，是空的。

每个网页都包含doctype、html、head和body元素，它们是网页的基础。在上面的示例页面中，用户可以定制的内容包括两项：一项是设置lang属性的语言代码；另一项是<title>和</title>之间的文字。HTML使用“<”和“>”字符包含HTML标签，开始标签(如<head>)用于标记元素的开始，结束标签(如</head>)用于标记元素的结束。有的元素没有结束标签，如meat。

网页内容位于主体部分，<body>开始标签以上的内容都是为浏览器和搜索引擎准备的。<!doctype html>部分(简称为doctype)告诉浏览器这是一个HTML5页面，其应该始终位于代码的第一行，写在HTML页面的顶部。

html元素包含着页面的其余部分，即<html>开始标签和</html>结束标签(表示页面的结尾)之间的内容。

<head>和</head>标签之间的区域表示网页文档的头部。头部代码中，有一部分是浏览者可见的，即<title>和</title>之间的文本。这些文本会出现在浏览器标签页中。某些浏览器会在窗口的顶部显示这些文本，作为网页的标题显示。此外，头部文本通常还是浏览器书签的默认名称，它们对搜索引擎来说是非常重要的信息。

1.2.2 添加网页内容

通常，网页都包括以下3部分内容。

- 文本：网页中的纯文字，如新闻资讯、产品介绍、注册声明等。
- 外部引用：包括图像、视频、音频、动画、样式表(控制页面显示效果)和JavaScript文件(为页面添加行为)等引用。这些引用还可以指向其他HTML页面和资源。
- 标记：对文本内容进行描述，确保浏览器能够正确显示。

【示例代码】

【例1-2】继续例1-1的操作，在<body>和</body>之间编写代码，在空白网页文档中添加如图1-3所示的文本和图片内容。

```
<!doctype html>
<html lang="en">
<head>
<meta charset="utf-8">
<title>网站登录界面</title>
</head>
<body>
    <article>
        <h1>使用手机扫码登录</h1>
        <img src="images/saoma.jpg" width="100" alt=
        "扫码登录网站"/>
        <p>请扫描<em>二维码</em>登录网站查看<a href="https://wx.qq.com" rel="external" title=
        "登录网站">网站信息</a></p>
    </article>
</body>
</html>
```

图 1-3 在网页中添加内容

【示例解析】

以上代码包含了3部分：功能介绍、外部文件引用(图像的src值和链接的href值)和标记。HTML提供了很多元素，本例演示了6种常见的元素，分别是a、article、em、h1、img、p，每个元素都有各自的含义，如h1是标题，img是图像，a是链接。

【知识点滴】

一般情况下，在编写代码时，在代码行与行之间使用回车符分开，不会影响页面的显示效果。对HTML进行代码缩进，与内容在浏览器中的显示效果没有任何关系。但要注意的是：pre元素是一个例外，在习惯上，需要对嵌套结构的代码进行缩进排版，以显示元素之间的层级关系。

此外，在编写HTML5文档时，也可以通过省略一些标签，简化HTML5文档。

【示例代码】

【例1-3】编写一个遵循HTML5语法规范的网页文档(效果如图1-4所示)，省略<html><head><body>等标签，使用HTML5的doctype声明文档类型，简化<meta>的charset属性设置，省略<p>标签的结束标记，使用<元素/>的方式来结束<meta>和
标签。

```
<!doctype html>
<meta charset="utf-8">
<title>科普HTML5</title>
    <h1>HTML5简介</h1>
    <p>HTML5 是 HyperText Markup Language 5 的缩写。
<br/>HTML5 由不同的技术构成，其在互联网中得到了非常广泛的应用，提供更多增强网络应用的标准集。与传统的技术相比，HTML5 的语法特征更加明显，并且结合了SVG 的内容。这些内容在网页中使用可以更加便捷地处理多媒体内容，而且HTML5中还结合了其他元素，对原有的功能进行调整和修改，进行标准化工作。
```

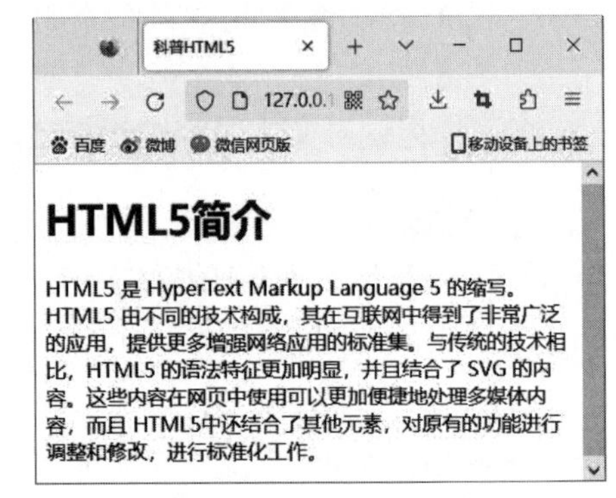

图 1-4　简化 HTML5 文档

【示例解析】

本例通过短短几行代码就完成了网页的设计，这说明了HTML5语法的简洁。HTML5不是一种XML(Extensible Markup Language，可扩展标记语言)，其语法可以十分随意，例如第1行代码：

```
<!doctype html>
```

不需要包括版本号，仅告诉浏览器一个doctype来触发标准模式即可。

接下来说明文档的字符编码(如果没有这一行，浏览器不能正确解析网页)：

```
<meta charset="utf-8">
```

HTML5不区分大小写，不需要标记结束符，不介意属性值是否加引号，以上代码和以下代码同等有效。

```
<meta charset=utf-8>
<META charset=UTF-8/>
```

同时，在网页主体中，可以省略主体标记，直接编写需要显示的内容。在例1-3编写的代码中虽然省略了<html><head><body>标记，但在浏览器进行解析时，将会自动进行添

加(考虑代码的可维护性，在编写代码时应尽量增加这些基本结构标签)。

1.3　头部信息

HTML文档的头部区域用于说明文档头部的相关信息(包括网页标题、网页元信息、文档视口参数等)，这些信息主要被浏览器和搜索引擎所采用，不会显示在网页中。

1.3.1　网页标题

HTML页面的标题一般用来说明页面的用途，它显示在浏览器的标题栏中。在HTML文档中，标题信息设置在<head>与</head>之间。标题标签以<title>开始，以</title>结束。

【示例代码】

【例1-4】使用<title>标签定义一个名为“HTML5新特性”的网页标题，其在浏览器中的显示效果如图1-5所示。

```
<html>
<head>
<title>HTML5新特性</title>
</head>
<body>
    HTML5智能表单
</body>
</html>
```

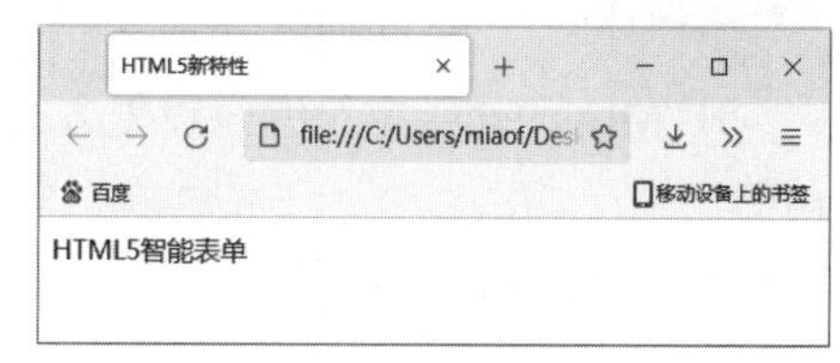

图 1-5　网页标题

【示例解析】

以上代码在浏览器中显示的效果如图1-5所示。浏览器将会把网页标题放在其标题栏或状态栏中显示。当用户将文档加入链接列表、收藏夹或书签列表时，网页标题将作为文档链接的默认名称。

title元素必须位于head部分。页面标题会被百度、Google等搜索引擎采用，从而使搜索引擎能够大致了解页面内容，并将页面标题作为搜索结果中的链接显示。

1.3.2　网页元信息

元信息标签<meta>可以提供有关页面的元信息(meta-information)，比如针对搜索引擎和更新频度的描述和关键词。

- 定义网页描述信息

```
<meta name="Description" content="HTML5网页设计技术" />
```

- 定义网页关键词：

```
<meta name="Keywords" content="HTML,CSS,JavaScript,Bootstrap,Vue.js" />
```

<meta>标签位于文档头部，标签内不包含任何内容。使用<meta>标签的属性，可以定义与文档相关联的名称/值对。<meta>标签提供的属性及取值说明如表1-1所示。

表1-1　<meta>标签提供的属性及取值说明

属性	取值	说明
charset	character encoding	定义文档的字符编码
content	some_text	定义与http-equiv或name属性相关的元信息
scheme	some_text	定义用于翻译 content 属性值的格式
http-equiv	content-type expires refresh set-cookie	把content属性关联到HTTP头部
name	author description keywords generator revised others	把content属性关联到一个名称

下面列举常用元信息的设置代码。

(1) 设置UTF-8编码。

```
<meta http-equiv="Content-Type" content="text/html"; charset="UTF-8" />
```

HTML5简化了字符编码设置方式：<meta charset="UTF-8">，其作用与上面代码是相同的。

(2) 设置GB2312编码。

```
<meta http-equiv="Content-Type" content="text/html"; charset="GB2312" />
```

每个HTML文档都需要设置字符编码类型，否则网页在最终显示时可能会出现乱码现象。上面介绍的两种编码形式中，UTF-8是国家通用编码，独立于任何语言，因此都可使用。

使用refresh属性值可以设置页面刷新时间或跳转页面，如8秒之后刷新页面。

```
<meta http-equiv="refresh" content="8; url=https://www.baidu.com" />
```

使用expires属性值可以设置网页缓存时间。

```
<meta http-equiv="expires" content="Sunday 25 September 2022 12:00 GMT" />
```

类似设置还有以下内容。

- 设置网页作者名称：<meta name="author" content="https://www.baidu.com"/>。
- 设置网页版权：<meta name="copyright" content="https://www.baidu.com"/>。
- 设置网页创建时间：<meta name="date" content="2022-12-19T18:17:31+00:00"/>。

1.3.3　文档视口

在移动Web开发中，经常需要定义viewport(视口)，即浏览器显示页面内容的屏幕区域。一般移动端浏览器都默认设置一个<meta name="viewport">标签，定义一个虚拟的布

局视口，用于解决早期页面在手机上显示的问题。

由于iOS和Android等系统基本都将其视口分辨率设置为980px。因此，PC端网页基本能够在手机端上呈现，只不过显示得很小，用户可以通过手动缩放网页进行阅读。但这种方式用户体验很差，建议使用<meta name="viewport">标签设置视口大小。

设置<meta name="viewport">标签的具体代码如下：

```
<meta id="viewport" name="viewport" content="width=device-width; initial-scale=1.0; maximum-scale=1;
user-scalable=no; ">
```

【示例代码】

【例1-5】编写代码，在页面中输入一个标题和两段文本，如果没有设置文档视口，则在移动设备中所呈现的效果如图1-6左图所示；如果设置了文档视口，则呈现图1-6右图所示的效果(扫码可查阅完整代码)。

```
<!doctype html>
<html>
<head>
<meta charset="utf-8">
<title>定义网页文档视口</title>
<meta name="viewport" content="width=device-width,
initial-scale=1">
</head>
<body>
    <h1>HTML历史</h1>
    <p>HTML最早是从2.0版开始的……</p>
    <p>20世纪90年代HTML有过几次快速发展……</p>
</body>
</html>
```

图 1-6　定义文档视口

【属性说明】

<meta name="viewport">标签中各属性说明如表1-2所示。

表1-2　<meta name="viewport">标签的属性说明

属性	取值	说明
width	正整数或device-width	定义视口的宽度，单位为像素
height	正整数或device-height	定义视口的高度，单位为像素(一般不用)
initial-scale	[0.0-10.0]	定义初始缩放值
minimum-scale	[0.0-10.0]	定义缩小最小比例，其须小于或等于maximum-scale设置
maximum-scale	[0.0-10.0]	定义放大最大比例，其须大于或等于minimum-scale设置
user-scalable	yes/no	定义是否允许用户手动缩放页面(默认值为yes)

1.4 基本结构

HTML文档的主体部分包括了要在浏览器中显示的所有信息。这些信息需要在特定的结构中呈现。

1.4.1 定义文档结构

HTML5包含一百多个标签(大部分继承自HTML4)，这些标签基本上都被放置在主体区域内(<body>)，下面是常用的一些标签。

- <h1>、<h2>、<h3>、<h4>、<h5>、<h6>：用于定义文档标题。
- <p>：用于定义段落文本。
- <ul>、<ol>、<li>等：用于定义信息列表、导航列表、榜单结构等。
- <table>、<tr>、<td>等：用于定义表格结构。
- <form>、<input>、<textarea>等：用于定义表单结构。
- <span>：用于定义行内包含框。

在设计网页时，正确使用HTML5标签，可以避免代码冗余。

【示例代码】

【例1-6】编写如图1-7所示的HTML页面，使用HTML5标签演示网页文档应包含的内容，以及主体内容是如何在浏览器中显示的。

```
<!doctype html>
<html>
<head>
<meta charset="utf-8">
<title>主体内容在浏览器中的显示</title>
</head>
<body>
    <h1>HTML5文档结构</h1>
    <p>一个完整的HTML5文件包括标题、段落、列表、表格、绘制的图形及各种嵌入对象，这些对象统称为HTML元素</p>
    <ul>
        <li>文档类型声明</li>
        <li>主标签</li>
        <li>头部信息</li>
        <li>主体内容</li>
    </ul>
</body>
</html>
```

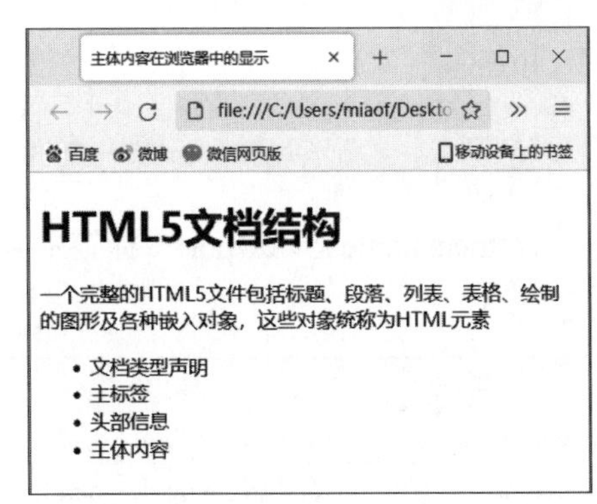

图 1-7　网页效果

【知识点滴】

为了更好地使用标签，可参考W3School网站(http://www.w3school.com.cn/tags/index.)ASP页面中的信息。

1.4.2　使用div元素

在设计网页时经常需要在内容外围添加一个容器，从而可以为内容应用CSS样式或JavaScript效果，此时就需要使用div元素。

【示例代码】

【例1-7】编写一段网页代码，在代码中为页面中的文本内容加上div，添加更多样式的通用容器(扫码可查阅完整代码)，呈现的页面效果如图1-8所示。

```
<body>
<div>
    <article>
    <h1>文章标题</h1>
        <p>文章内容</p>
    <footer>
        <p>注释信息</p>
        <address><a href="#">HTML5_CSS3</a>
        </address>
    </footer>
</article>
</div>
</body>
```

图 1-8　使用 div 元素

【示例解析】

以上代码在浏览器中的运行效果如图1-8所示。代码中有一个div元素包含所有内容，页面的语义并没有发生变化，但提供了一个可以用CSS添加样式的通用容器。与footer、nav、h1~h6、p、header、article、section、aside等元素一样，在默认情况下div元素自身没有任何样式，只是其包含的内容从新的一行开始。可以对div添加样式，以实现网页效果的设计。

div没有任何语义。在一般情况下，如果语义不合适，使用header、footer、main(仅使用一次)、article、section、aside或nav代替div会更合适。但若语义不合适，也不必为了避免使用div而使用上述元素。div适合所有页面容器，可以作为HTML5的备用容器使用。

【知识点滴】

div元素对使用JavaScript实现一些特定的交互行为或效果也有帮助。例如，在页面中展示一张图片或一个对话窗口，同时让背景页面覆盖一个半透明的层(这个层通常是一个div)。

1.4.3　使用id和class

在使用<div>标签定义页面文档中大部分结构时，为了能够识别不同的结构，一般通过定义id或class属性给它们赋予额外的语义，给CSS样式提供有效的“钩子”。

1. id属性

id属性用于规定元素的唯一id，常与CSS3样式相结合，实现对元素的控制。例如，以下代码是在页面中设计一个列表结构，并为其分配一个id，自定义页面导航模块。

```
<ul id="nav">
    <li><a href="#">首页</a></li>
    <li><a href="#">视频</a></li>
    <li><a href="#">发现</a></li>
    ......
</ul>
```

2. class属性

class属性定义了元素的类名，用于设置<div>标签中的元素的样式，其值为CSS3样式中的class选择符。与id不同，同一个class可以应用于页面上任意数量的元素，因此class非常适合标识样式相同的对象。例如，以下代码在<div>标签中使用class属性，使页面中的标题和段落居中显示，如图1-9所示。

```
<!doctype html>
<html>
<head>
<meta charset="utf-8">
<style>
.center{
    text-align: center;
}
</style>
</head>
<body>
    <h1 class="center">标题居中</h1>
    <p class="center">段落居中。</p>
</body>
</html>
```

图 1-9　网页效果

【知识点滴】

在代码中使用id标识页面中的元素时，id名称必须是唯一的。id可以用于标识持久的结构性元素，如主导航或内容区域；id还可以用来标识一次性元素，如某个链接或表单元素。

1.4.4　使用title

title 属性规定关于元素的额外信息。在页面中使用title属性可为文档中的任何部分加

上提示标签，例如：

```
<ul title="列表提示">
    <li><a href="#" title="链接提示">列表项目</a></li>
</ul>
```

当访问者将鼠标光标指向添加了title属性的标签时，就会显示title，如图1-10所示。

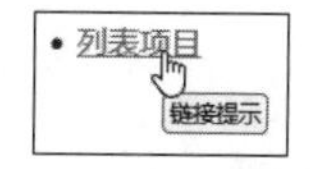

图 1-10 显示元素信息

1.4.5 使用role

role属性的作用是告诉Accessibility类应用(如平面阅读器等)当前元素所扮演的角色，主要供残疾人使用。使用role可以增强文本的可读性和语义化。例如，以下代码告诉屏幕阅读器，此处有一个复选框，并且已经被选中：

```
<div role="checkbox" aria-checked="checked"><input type="checkbox" checked></div>
```

role常用的属性值如下。

(1) role="banner"(横幅)：面向全站内容，通常包含网站标志、网站赞助者标志、全站搜索工具等。横幅通常显示在页面的顶端，而且通常横跨整个页面的宽度。

使用方法：将其添加到页面级的header元素，每个页面只用一次。

(2) role="navigation"(导航)：文档内不同部分或相关文档的导航性元素(通常为链接)的集合。

使用方法：与nav元素是对应关系。应将其添加到每个nav元素，或其他包含导航性链接的容器。这个角色可在每个页面上使用多次，但是同nav一样，不应过度使用。

(3) role="main"(主体)：文档的主要内容。

使用方法：与main元素是对应关系。最好将其添加到<main>标签中，也可以添加到其他表示主题内容的元素中(可能是div)。在每个页面只用一次。

1.4.6 HTML5注释

HTML5注释的写法如下：

```
<!-- 注释内容 -->
```

在HTML5文档中添加注释，可以标明区块开始和结束的位置，提示代码开发者某段代码的意图，或者阻止内容显示等(这些注释只会在源代码中可见，在浏览器中则不可见)，例如：

```
<!--开始页面容器-->
<div class="container">
    <header role="banner"></header>
    <!--应用CSS后的第一栏-->
    <main role="main"></main>
    <!--结束第一栏-->
    <!--应用CSS后的第二栏-->
```

```
        <div class="sidebar"></div>
        <!--结束第二栏-->
        <footer role="contentinfo"></footer>
</div>
<!--结束页面容器-->
```

1.5 主体结构

使用HTML5结构化元素，用户可以方便地创建网页的主体框架。

1.5.1 页眉

<header>标签是一个语义标签，用于定义文档或者文档的一部分区域的页眉。

【示例代码】

【例1-8】编写一段网页代码，在代码中使用<header>标签放置一个内容区块的标题(扫码可查阅完整代码)，如图1-11所示。

```
<body>
    <header>
    <h1>晨光洒落，秋日明朗</h1>
        <h3>藏在市井里的美好，朴素而平常</h3>
    </header>
</body>
```

【知识点滴】

以上代码在浏览器中的显示结果如图1-11所示。通常header用于定义整个页面的标题栏，或者一个内容块的标题区域。一个页面可以设计多个header结构，具体含义会根据其上下文而有所不同。例如，位于页面顶端的header代表整个页面的页头，位于栏目区域内的header代表栏目的标题。

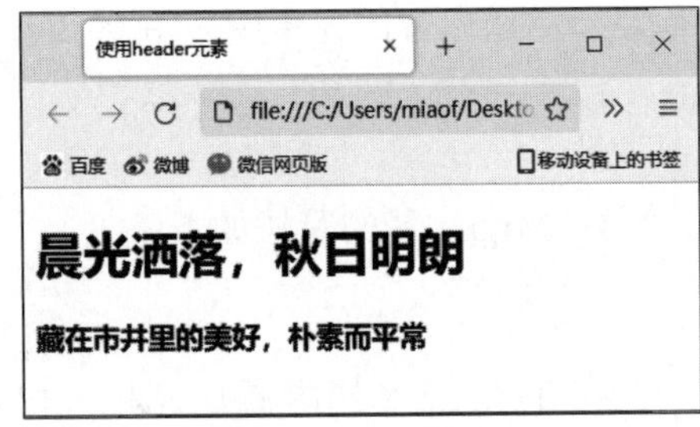

图 1-11　网页效果

1.5.2 导航

<nav>标签用于表示HTML页面中的导航，可以是页与页之间的导航，也可以是页内的段与段之间的导航。

【示例代码】

【例1-9】编写一段网页代码，在代码中使用<nav>标签创建一个可拖动的导航区域(扫码可查阅完整代码)，如图1-12所示。

```
<nav>
    <a href="index.html">官网</a>
```

```
        <a href="e-shop.html">商城</a>
        <a href="register.html">注册</a>
    </nav>
```

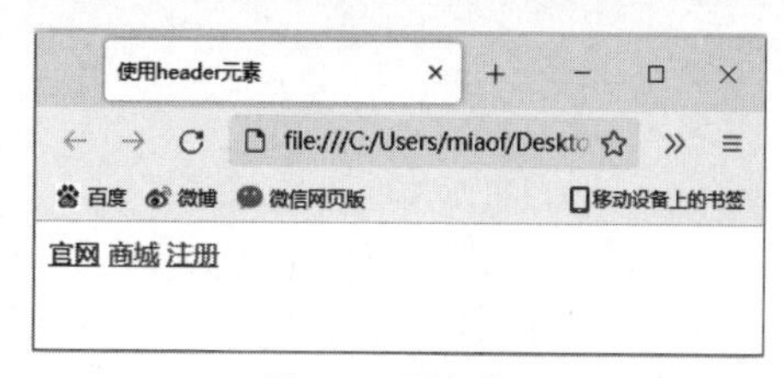

图 1-12　导航效果

【知识点滴】

在以上代码中，nav元素包含3个用于导航的超链接，即“官网”“商城”“注册”。该导航链接可用于全局导航，也可以放置在页面中的某个板块，作为区域导航。

1.5.3　主要区域

<main>标签用于指定文档的主体内容，并且标签中的内容在文档中是唯一的，不包含在文档中重复出现的内容，如侧边栏、导航栏、版权信息、站点标志或搜索表单等。

【示例代码】

【例1-10】编写一段网页代码，在代码中使用<main>标签包围表示页面主题的内容(扫码可查阅完整代码和示例效果)。

```
<main role="main">
    <article>
        <h4>01</h4>
        <p>岁月不晚不早，秋日恰似春朝。</p>
    </article>
    <article>
        <h4>02</h4>
        <p>夏天倾尽所有，酝酿了一个浪漫的秋。</p>
    </article>
    <article>
        <h4>03</h4>
        <p>秋天的声音很动听，日子也变得柔情。</p>
    </article>
</main>
```

【知识点滴】

main元素在一个页面中只能使用一次。在main开始标签中加上role="main"，可以帮助平面阅读器定位页面中的主要区域。

1.5.4　文章块

<article>标签定义外部的内容，用于标识页面中一块完整的、独立的、可被转发的内容，如论坛帖子、新闻文章、用户评论、微博信息条等。

【示例代码】

【例1-11】编写一段网页代码，在代码中演示<article>标签的使用方法(扫码可查阅完整代码和示例效果)。

```
<main role="main">
    <article>
        <h1>今日看点</h1>
        <p>我国自主研发大丝束碳纤维问世，被称为"新材料之王"。</p>
    </article>
</main>
```

【知识点滴】

可以将article嵌套在另一个article中，只要里面的article与外面的article是部分与整体的关系。一个页面可以有多个article元素。例如，新闻页面中一般包括多篇新闻文章，其中每一篇都是其自身的article。一个article可以包含一个或多个section元素。

1.5.5 区块

<section>标签用于定义文档中的节，多用于对内容进行区分(如章节、页眉、页脚或文档中的其他部分)。

【示例代码】

【例1-12】编写一段网页代码，在代码中使用<section>标签定义页面中特定的区块(扫码可查阅完整代码和示例效果)。

```
<section>
    <article>
        <header><h4>网友A的回复</h4></header>
            <p>评论内容……</p>
            <footer>发布时间：2023/12/3</footer>
    </article>
    <article>
        <header><h4>网友B的回复</h4></header>
            <p>评论内容……</p>
            <footer>发布时间：2023/12/2</footer>
    </article>
</section>
```

【知识点滴】

section用于定义通用区块，但不要将其与div元素混淆。从语义上讲，section标记的是页面中的特定区域，而div则不传达任何语义。div元素关注结构的独立性，而section元素包含的内容可以单独存储到数据库中，或输出到Word文档中。当一个容器需要被直接定义样式或通过脚本定义行为时，推荐使用div元素。

1.5.6 附栏

<aside>标签用于定义当前页面或者文章的附属信息部分，可以包含与当前页面或主要内容相关的引用、侧边栏、广告、导航条等其他类似的有别于主要内容的部分。

【示例代码】

【例1-13】编写一段网页代码，在代码中使用<aside>标签为页面添加一个友情链接导航(扫码可查阅完整代码和示例效果)。

```
<aside>
    <nav>
        <h2>友情链接导航</h2>
        <ul>
            <li><a href="https://www.zhihu.com/">知乎</a></li>
            <li><a href="https://www.ctrip.com/">携程</a></li>
            <li><a href="https://www.douyin.com/">抖音</a></li>
        </ul>
    </nav>
</aside>
```

【知识点滴】

aside元素主要有两种用法：一种是包含在article中，aside内容可以是与当前内容有关的参考资料或解释等；另一种是作为页面或站点辅助功能部分，在article之外使用，如设计侧边栏，其中的内容可以是文章列表、友情链接导航、评论列表等。

1.5.7　页脚

<footer>标签通常用于定义网页的底部布局，表示页脚，可以用作article、aside、blockquote、body、details、fieldset、figure、nav、section或td结构的页脚。

【示例代码】

【例1-14】编写一段网页代码，在代码中使用<footer>标签(扫码可查阅完整代码和示例效果)。

```
<footer>
    <p>© 2028 Gandalf</p>
</footer>
```

【知识点滴】

不能在footer内嵌套header或另一个footer。同时，也不能将footer嵌套在header或address元素里。

第2章 文本和图像

内容简介

在设计网页时，文本和图像是网页中最主要也是最常用的元素。网页文本的内容包括标题、文字、段落、列表、水平线等；图像在网页中往往具有画龙点睛的作用，能够装饰网页，表达网页设计者个人的情调和风格。

学习重点

- 定义标题和段落
- 定义文本格式
- 定义特殊效果
- 定义网页图像

2.1 标题和段落

网页的标题和正文是浏览者首先看到的内容。

2.1.1 定义标题

HTML文档中包含各种级别的标题，各种级别的标题由<h1>、<h2>、<h3>、<h4>、<h5>、<h6>标签来定义，<h1>～<h6>标题标签中的字母h是英文headline(标题行)的简称。其中，<h1>代表1级标题，级别最高，文本字号也最大，其他标题的标签依次递减，<h6>级别最低。

【示例代码】

【例2-1】设计一个宋词精选页面(如图2-1所示)，根据内容需要为页面中的文本内容指定一个标题和若干数量的子标题(扫码可查阅完整代码)。

```
<h1>宋词精选</h1>
    <h2>临江仙·梦后楼台高锁</h2>
        <h4>[宋]晏几道</h4>
            <p>梦后楼台高锁，酒醒帘幕低垂。</p>
            <p>去年春恨却来时。</p>
            <p>落花人独立，微雨燕双飞。</p>
            <p>记得小蘋初见，两重心字罗衣。</p>
            <p>琵琶弦上说相思。</p>
            <p>当时明月在，曾照彩云归。</p>
```

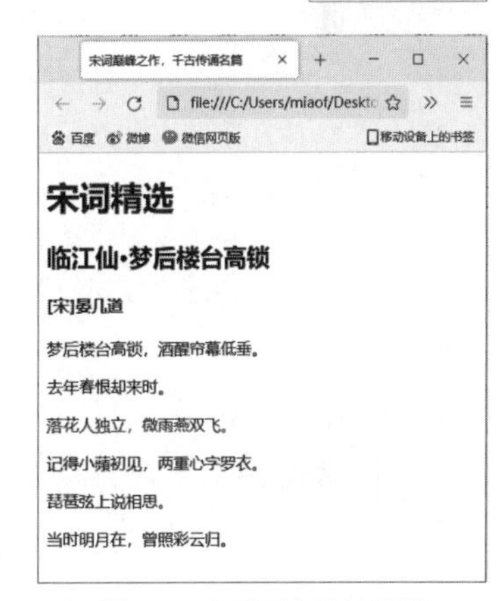

图 2-1　在页面中设计标题

【示例解析】

在以上代码中，标记为h2的“临江仙·梦后楼台高锁”是标记为h1的顶级标题“宋词精选”的子标题，而标记为h4的“[宋]晏几道”则为“临江仙·梦后楼台高锁”的子标题。如果继续编写页面其余部分的代码，相关的内容(段落、图像、视频等)就应紧跟在对应的标题之后。对于任何页面而言，分级标题都是最重要的HTML元素。

【知识点滴】

通常，浏览器会从h1到h6逐级减小标题符号。在默认状态下，页面中所有的标题文本都以粗体显示，h1字号比h2大，h2的字号又比h3大，以此类推。页面中每个标题之间的间隔也是由浏览器默认的CSS定制的，它们并不代表HTML文档中有空行。

在默认情况下，网页中的标题文字靠左对齐。在制作网页的过程中，用户可以根据网页设计的需求对标题文本进行编排设置，通过为标题标签添加align属性修改其对齐方式。语法格式如下：

```
<h1 align="对齐方式">文本内容</h1>
```

标题文本的对齐方式主要有靠左、居中、靠右和两端对齐等几种，其中两端对齐方式只在特殊布局的网页页面中使用。

【扩展示例】

【例2-2】继续例2-1的操作，设置页面中标题文档的对齐方式(扫码可查阅完整代码和示例效果)。

2.1.2　定义段落

网页的正文主要通过段落文本来呈现。HTML5使用<p>标签定义段落文本。有些用户习惯使用<div>或
等标签来分段文本，这不符合语义，妨碍了搜索引擎的检索。

【示例代码】

【例2-3】在例2-1设计的网页中使用<article>标签包裹页面中的所有内容，使用<h1>标签定义宋词名称，使用<h3>标签标注作者，使用<p>标签显示词句，页面效果如图2-2所示。

```
<article>
<h1>临江仙·梦后楼台高锁</h1>
        <h3>[宋]晏几道</h3>
            <p>梦后楼台高锁，酒醒帘幕低垂。</p>
            <p>去年春恨却来时。</p>
            <p>落花人独立，微雨燕双飞。</p>
            <p>记得小蘋初见，两重心字罗衣。</p>
            <p>琵琶弦上说相思。</p>
            <p>当时明月在，曾照彩云归。</p>
</article>
```

图 2-2　在页面中设计段落

【知识点滴】

在默认情况下，段落文本前后合计显示一个字距的间距，用户可以根据需要使用CSS重置这些样式，为段落文本添加样式，如字体、字号、颜色、对齐等。

2.2　文本格式

与Office软件中的文字一样，在HTML中也有相应的格式元素来改变网页文本的格式。

2.2.1　字体

在HTML文档中，font-family属性用于指定文字字体类型，如宋体、黑体、隶书、Roman等，即在网页中展示不同字体的形状，具体语法如下：

```
style="font-family: 宋体"
```

或者

```
style="font-family: 楷体,隶书, 宋体"
```

从上面的语法可以看出，font-family属性有两种声明方式，第一种指定一个元素的字体；第二种则可以把多个字体名称作为一个“回退”系统来保存，如果浏览器不支持第一个字体，则会尝试下一个。

【示例代码】

【例2-4】在例2-3创建的页面中设置文本字体及文本对齐方式(扫码可查阅完整代码和示例效果)。

```
<article>
<h1 align="center">临江仙·梦后楼台高锁</h1>
    <h3 align="center">[宋]晏几道</h3>
        <p style="font-family:华文中宋,黑体" align="center">梦后楼台高锁，酒醒帘幕低垂。</p>
        <p style="font-family:华文中宋,黑体" align="center">去年春恨却来时。</p>
        ......
</article>
```

2.2.2　字号

在网页中，标题通常使用较大字号显示，用于吸引观众的注意力。在HTML5规定中，通常使用font-size设置文字大小。

【示例代码】

【例2-5】在例2-3创建的页面中设置文本字号大小(扫码可查阅完整代码和示例效果)。

```
<article>
<h1 style="font-size: xx-large ">临江仙·梦后楼台高锁</h1>
    <h3 style="font-size: 150% ">[宋]晏几道</h3>
        <p style="font-size: 12pt">梦后楼台高锁，酒醒帘幕低垂。</p>
        <p style="font-size: 12pt">去年春恨却来时。</p>
        ......
</article>
```

【示例解析】

font-size语法格式如下：

```
style="font-size :数值 | inherit | xx-small | x-small | small | medium | large | x-large | xx-large | larger | smaller | length"
```

其中，数值是指通过数值来定义字号大小，如用font-size:12px的方式定义字号大小为12像素。此外，还可以通过medium之类的字体关键字定义字号的大小。font-size属性的属性值及其说明如表2-1所示。

表2-1　font-size属性的属性值及其说明

属性值	说明
inherit	规定从父元素继承文本尺寸

(续表)

属性值	说明
xx-small	绝对文本尺寸。根据对象字号进行调整。最小
x-small	绝对文本尺寸。根据对象字号进行调整。较小
small	绝对文本尺寸。根据对象字号进行调整。小
medium	默认值，绝对文本尺寸。根据对象字号进行调整。正常
large	绝对文本尺寸。根据对象字号进行调整。大
x-large	绝对文本尺寸。根据对象字号进行调整。较大
xx-large	绝对文本尺寸。根据对象字号进行调整。最大
larger	相对文本尺寸。相对于父对象中文本尺寸进行相对增大。使用成比例的em单位计算
smaller	相对文本尺寸。相对于父对象中文本尺寸进行相对减小。使用成比例的em单位计算
length	百分比数或由浮点数字和单位标识符组成的长度值，不可为负值。其百分比取值是基于父对象中字体的尺寸

2.2.3 颜色

在HTML5中，通常使用color属性来设置颜色。

【示例代码】

【例2-6】在例2-3创建的页面中设置网页文本的颜色(扫码可查阅完整代码和示例效果)。

```
<article>
<h1 style="color: #033">临江仙·梦后楼台高锁</h1>
    <h3 style="color: red">[宋]晏几道</h3>
        <p style="color: rgb(0,0,0)">梦后楼台高锁，酒醒帘幕低垂。</p>
        <p style="color: hsl(0,60%,30%)">去年春恨却来时。</p>
        <p style="color: hsla(120,50%,20%,1.00)">落花人独立，微雨燕双飞。</p>
        <p style="color: rgba(125,20,55,0.5)">记得小蘋初见，两重心字罗衣。</p>
        ......
</article>
```

【示例解析】

以上代码中，style="color: rgb(0,0,0)"使用rgb方式表示了一个黑色文本；style="color: hsl(0,60%,30%)"使用HSL函数，构建颜色；style="color: hsla(120,50%,20%,1.00)" 使用HSLA函数，构建颜色；style="color: rgba(125,20,55,0.5)" 使用RGBA函数，构建颜色。

【属性说明】

color属性的属性值一般使用表2-2所示的方式设定。

表2-2　设置字体颜色的属性值及其说明

属性值	说明
color_name	规定颜色值采用颜色名称(如red)
hex_number	规定颜色值采用十六进制值(如#ff0000)

(续表)

属性值	说明
rgb_number	规定颜色值采用rgb代码(如rgb(255,0,0))
inherit	规定从父元素继承颜色值
hsl_number	规定颜色值采用HSL代码(如hsl(0,75%,50%))，此为新增加的颜色表现方式
hsla_number	规定颜色值采用HSLA代码(如hsla(120,50%,50%,1))，此为新增加的颜色表现方式
rgba_number	规定颜色值采用RGBA代码(如rgba(125,10,45,0,5))，此为新增加的颜色表现方式

2.2.4 强调

HTML5提供两个强调内容的语义标签。

- strong：表示重要。
- em：表示着重(语气弱于strong)。

【示例代码】

【例2-7】使用<strong>标签设计一段强调文本，使用<em>着重强调特定区域，用于引起网页访问者的注意(扫码可查阅完整代码和示例效果)。

```
<h1>注意事项</h1>
<p><strong>您好！感谢您对本站的关注，请认真阅读<em>网站评论注意事项</em>，
以免造成不必要的损失。</strong></p>
```

【示例解析】

在默认状态下，strong文本以粗体显示，em文本以斜体显示。若将em嵌套在strong中，文本将同时以粗体和斜体显示。

2.2.5 注解

HTML5中，small元素表示注解，形式类似于细则、旁注，应用在网页中如注意、声明、版权、署名、注解等内容。

【示例代码】

【例2-8】编写一段网页代码，在页面中演示使用small标记网页中的行内文本(扫码可查阅完整代码)。页面效果如图2-3所示。

```
<dl>
<dt>属性-1</dt>
<dd>HTML属性<small>(字母排序)</small></dd>
<dt>事件-2</dt>
<dd>HTML事件<small>(功能排序)</small></dd>
</dl>
```

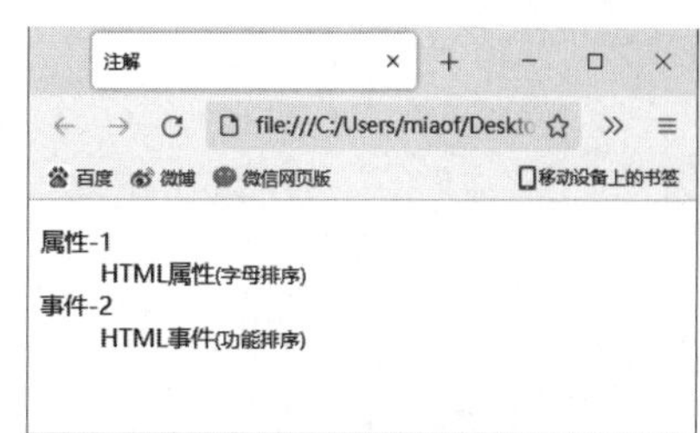

图 2-3 标记行内文本

【知识点滴】

small适用于标记行内文本(如短语、词语等)，不适用于段落文本或大块文本(如政策、隐私详细页等)。对于大块内容，建议使用p或其他语义标签标记。如下面的代码中，第1个small元素

表示简短的提示声明，第2个small元素包含在footer的版权声明中，这是small的一种常见用法。

```
<p>W3School 简体中文版提供的内容仅用于培训和测试，<small>不保证内容的正确性</small></p>
<footer role="contentinfo">
<p><small>使用条款和隐私条款。版权所有，保留一切权利。</small></p>
</footer>
```

2.2.6 备选

b和i是HTML4丢弃的两个元素，分别表示粗体和斜体。HTML5重新启用了这两个元素，用于其他语义元素都不适应的场景，即作为后备选项使用。

- b：表示出于实用目的提醒注意的文字，不传达任何额外的重要性，也不表示其他的语态和语气，用于如文档摘要里的关键词、评论中的产品名、基于文本的交互式软件中指示操作的文字、文章导语等。例如：

```
<p>我国自主研发大丝束碳纤维问世，被称为<b>"新材料之王"</b>。</p>
```

- i：表示不同于其他文字的文字，具有不同的语态或语气，或其他不同于常规之处，用于分类名称、技术术语、外语里的惯用词、翻译的散文等。例如：

```
<p>The <i>Felis silvestris catus</i> is cute.</p>
```

2.2.7 上下标

在HTML中用<sup>标签实现上标文字，用<sub>标签实现下标文字。<sup>和<sub>都是双标签，放在开始标签和结束标签之间的文本会分别以上标或下标的形式出现。

【示例代码】

【例2-9】使用sup元素标识脚注编号。根据从属关系将脚注放在article的footer里，而不是页面的footer里(扫码可查阅完整代码和示例效果)。

```
<article>
    <h1>出塞</h1>
    <h2>[唐]王昌龄</h2>
    <p><b>秦时</b>明月汉时关，万里<b>长征</b>人未还。</p>
    <p>但使龙城飞将在，不教胡马度阴山<a href="#footnote-1" title="译文"><sup>[1]</sup></a>。</p>
        <footer>
            <h3>译文</h3>
            <p id="footnote-1"><sup>[1]</sup>依旧是秦汉时期的明月和边关，出关万里去参加远征的人都还未回还。<br>倘若曾经能够抵御外敌的名将还在，绝不会许匈奴南下牧马度过阴山。</p>
        </footer>
</article>
```

【示例解析】

代码中为脚注编号定义链接，指向footer内对应的脚注，可以方便浏览者通过单击快速跳转。

【示例代码】

【例2-10】设计一个演示数学公式和化学方程式的页面，在其中应用sub和sup元素(扫码可查阅完整代码和示例效果)。

```
<h1>上标和下标的应用</h1>
<b>数学公式：</b>(<i>x</i>+<i>y</i>)<sup>2</sup> = <i>x</i><sup>2</sup> + 2<i>x</i><i>y</i> +
<i>y</i><sup>2</sup><br>
<b>化学方程式：</b>H<sub>2</sub>O = 2H + O
```

【示例解析】

以上代码中，使用i元素定义变量x和y；使用sup元素定义数学公式中的二次方；使用b元素加粗显示文本；使用sub元素定义化学方程式中的下标。

【知识点滴】

在默认状态下，sub和sup元素会稍微增大行高。用户可以使用CSS修复这个问题，也可以根据内容文本的字号对以下CSS做一些调整，使各行行高保持一致。

```
sub,sup{
    font-size: 75%;line-height: 0;
    position: relative;
    vertical-align: baseline;
}
sub {top: -0.5em;}
sub {bottom: -0.25em;}
```

2.2.8 术语

HTML5使用dfn元素标识专用术语，同时规定：如果一个段落、描述列表或区块是dfn元素最近的祖先，那么该段落、描述列表或区块必须包含该术语的定义，即dfn元素及其定义必须放在一起，否则便是错误的用法。

【示例代码】

【例2-11】使用dfn元素的两种常用形式：一种是在段落文本中定义术语；另一种是在描述列表中定义术语(扫码可查阅完整代码)。

```
<h1>HTML5简介</h1>
<p><dfn id="def-HTML">什么是HTML</dfn>——HTML是用来描述网页的
一种语言</p>
<dl>
    <!--"HTML5"的参考定义 -->
    <dt><dfn><abbr title="HTML是一种标记语言">HTML</abbr></dfn></dt>
    <br><br>
    <dd><a href="#def-HTML">HTML</a>不是编程语言，它是制作网页的基础语言，主要用于描
述超文本中内容的显示方式。</dd>
</dl>
```

【知识点滴】

dfn可以包含其他短语元素，例如例2-11中的以下代码：

```
<dt><dfn><abbr title="HTML是一种标记语言">HTML</abbr></dfn></dt>
```

如果在dfn中添加可选的title属性，其值应与dfn术语一致。如果只在dfn里嵌套一个单独的abbr，dfn本身没有文本，那么可选的title只能出现在abbr里。

2.2.9 代码

使用code元素可以标记代码或文件名。如果代码中包含“<”或“>”字符，应使用“<”和“>”表示。如果直接使用“<”或“>”字符，将被视为HTML源代码处理。

【扩展示例】

【例2-12】使用code显示一块代码，为了格式化显示，本例同时使用pre元素包裹code文本(扫码可查阅完整代码和示例效果)。

【知识点滴】

除了code外，其他与计算机相关的元素简要说明如下。

- kbd：用于指示用户输入的文本(kbd与code一样，默认以等宽字体显示)，例如：

```
<ol>
    <li>使用<kbd>TAB</kbd>键，切换到[提交]按钮</li>
    <li>点击或按下<kbd>RETURN</kbd>或<kbd>ENTER</kbd>键</li>
</ol>
```

- samp：用于指示程序或系统的示例输出(samp默认以等宽字体显示)，例如：

```
<p>在浏览器中预览时，显示<samp>HTML是用来描述网页的一种语言</samp></p>
```

- var：变量或占位符的值(var默认以斜体显示)，例如：

```
<p><var>e</var>=<var>m</var><var>c</var><sup>2</sup>是什么意思？</p>
```

2.2.10 预定义格式

所谓预定义格式，就是可以保持文本固有的换行和空格。使用pre元素可以定义预定义文本。

【示例代码】

【例2-13】编写一段网页代码，使用pre元素显示CSS样式代码(扫码可查阅完整代码)，如图2-4所示。

```
<pre>
pre {
    margin: 10px auto;
    padding: 10px;
```

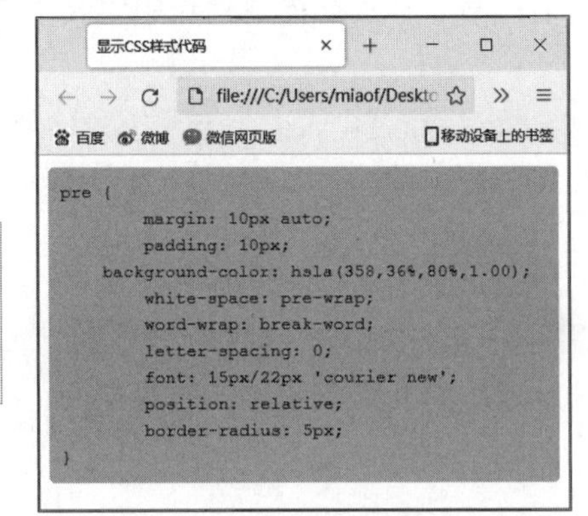

图 2-4　预定义格式

```
        background-color: hsla(358,36%,80%,1.00);
        white-space: pre-wrap;
        word-wrap: break-word;
        letter-spacing: 0;
        font: 15px/22px 'courier new';
        position: relative;
        border-radius: 5px;
        }
</pre>
```

【知识点滴】

预定义文本默认以等宽字体显示，用户可以使用CSS改变字体样式。

pre默认为块显示，即从新一行开始显示，浏览器通常会对pre文本关闭自动换行，因此，如果包含很长的单词，就会影响页面的布局或产生横向滚动条。使用以下CSS可以对pre包含内容打开自动换行：

```
pre {white-space: pre-wrap;}
```

2.2.11 缩写词

使用abbr元素可以标记缩写词并解释其含义。此外，还可以使用abbr的title属性提供缩写词的全称(也可以将全称放在缩写词后面的括号中，或混用这两种方式，如果使用复数形式的缩写，全称也要使用复数形式)。

有些浏览器对于设置了title属性的abbr文本显示为下画虚线样式，如果无法正常显示，可以为abbr的包含框添加line-height样式。下面用一个示例介绍使用CSS设计下画虚线样式的方法(兼容所有浏览器)。

【扩展示例】

【例2-14】编写一段网页代码，使用CSS设计文本下画虚线样式(扫码可查阅完整代码和示例效果)。

2.2.12 编辑提示

HTML5使用以下两个元素标记内容编辑的操作。

- ins：已添加的内容。
- del：已删除的内容。

以上两个元素可以单独使用，也可以搭配使用。例如，在下面的代码中，对于已经发布的信息，使用ins增加一个项目，同时使用del移除两个项目(使用ins时，不一定要使用del，反之亦然)。

```
<ul>
    <li><del>删除项目</del></li>
    <li>列表项目</li>
    <li><del>删除项目</del></li>
```

```
    <li><ins>插入项目</ins></li>
</ul>
```

在浏览器中预览以上代码，结果如图2-5所示。浏览器一般对已删除的文本加删除线，对插入的文本加下画线，用户也可以使用CSS重置这些样式。

- ~~删除项目~~
- 列表项目
- ~~删除项目~~
- 插入项目

图 2-5　使用 ins 和 del 元素

del和ins不仅可以标识短语内容，也可以包裹块级内容。例如：

```
<ins>
    <p>文本内容</p>
</ins>
```

此外，del和ins还包含两个重要属性cite和datetime。下面用一个示例演示这两个属性的用法。

【扩展示例】

【例2-15】编写一段网页代码，在段落文本中使用cite和datetime属性(扫码可查阅完整代码和示例效果)。

【知识点滴】

cite属性(不同于cite元素)用于提供一个URL，指向说明编辑原因的页面。datetime属性提供编辑的时间。浏览器不会将这两个属性的值显示出来(用户或搜索引擎可以通过脚本提取这些信息，以供参考)。

2.2.13　引用

使用cite元素可以标识引用或参考的对象，如图书、歌曲、电影、演唱会或音乐会、规范、报纸或法律文件等名称。

【示例代码】

【例2-16】编写一段网页代码，使用cite元素在网页中标记电影名称(扫码可查阅完整代码和示例效果)。

```
<p>正在播放<cite>[我和我的祖国]</cite></p>
```

【知识点滴】

HTML4允许cite引用人名，HTML5则不再建议使用。

2.2.14　引述

HTML5支持以下两种引述第三方内容的方法。

- blockquote：引述独立的内容，一般比较长，默认显示在新的一行。
- q：引述短语，一般比较短，用于句子中。

默认情况下，blockquote文本缩进显示，q文本自动添加引号，但不同浏览器的显示效果并不相同。

【示例代码】

【例2-17】编写一段网页代码，演示使用cite、q、blockquote元素及cite引文属性的用法(扫码可查阅完整代码)。

```
<div id="article">
    <h1>什么是CSS3</h1>
    <h2>CSS模块</h2>
    <blockquote cite="http://www.w3.org/TR/css3-roadmap/">
        <p>CSS3被划分成多个模块组……。</p>
    </blockquote>
        <p>2001年5月……。</p>
        <p>更详细信息，可以参见:<q>http://www.w3.org/Style/CSS/current-work.html</q></p>
    <blockquote cite="http://www.w3.org/Style/CSS/current-work.html">
        <p>其中……。</p>
    </blockquote>
</div>
```

【知识点滴】

以上代码的运行结果如图2-6所示。blockquote和q都有一个可选的cite属性，提供引述内容来源的URL。该属性对搜索引擎或其他收集引述文本及其引用的脚本来说是有用的。默认cite属性值不会显示出来，如果要让访问者看到这个URL，也在内容中使用链接(a)重复这个URL，也可以使用JavaScript将cite的值暴露出来，但这样做的效果差一些。

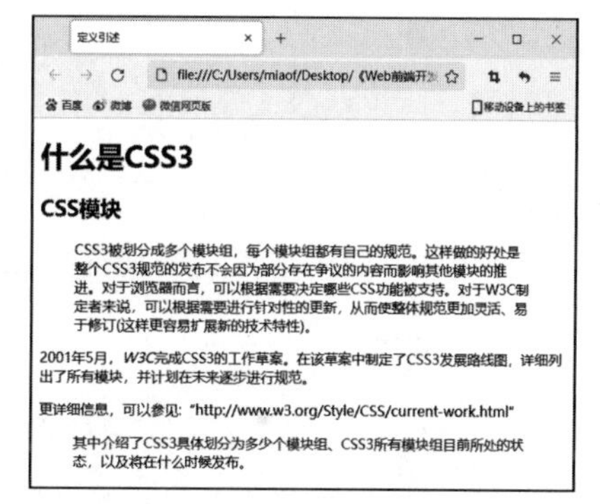

图 2-6 网页效果

2.2.15 修饰

span是没有任何语义的行内元素，适合包裹短语、流动对象等内容，而div适合包含块级内容，如果需要为行内对象应用以下项目，则可以考虑使用span元素。

- HTML5属性(如class、dir、id、lang、title等)。
- CSS样式。
- JavaScript脚本。

例如，使用span元素为行内文本应用CSS样式。

```
<style type="text/css">
    .red { color: brown; }
</style>
<p><span class="red">CSS3</span>是CSS规范的最新版本</p>
```

在上面的例子中，对文本“CSS3”指定颜色，从句子上下文看，没有一个语义上适合的HTML元素，因此额外添加了span元素，定义一个类样式。

【知识点滴】

span没有语义，也没有默认格式。用户可以使用CSS添加类样式。可以对一个span元素同时添加class和id属性(两者区别是：class用于一组元素，而id用于页面中单独的、唯一的元素)。在HTML5中，没有提供合适的语义化元素时，可以使用span为内容添加语义化类名，以填补语义上的空白。

2.2.16 换行显示

br元素用于在指定的位置插入一个换行符。

标签可以用来插入一个换行符，它是一个空标签(没有元素内容)，它没有结束标签，因此也被称为单标签。

标签有三种写法，即
、</br>、
。例如：

```
<p>第一个段落。<br>第二个段落。<br/>第三个段落。</p>
```

以上代码的运行结果如图2-7所示。若没有使用br元素，所有文字会显示在同一个行。

第一个段落。
第二个段落。
第三个段落。

图 2-7　换行效果

2.3 特殊效果

HTML5提供很多实用功能标记，可以帮助用户为页面文本定义各种特殊效果。

2.3.1 高亮

HTML5使用mark元素实现突出显示文本。用户可以使用CSS对mark元素里的文字应用样式，但应仅在合适的情况下使用该元素。无论何时使用mark，该元素总是用于引起浏览者对特定文本的注意。

【示例代码】

【例2-18】编写一段网页代码，使用mark元素高亮显示对关键词的搜索结果(扫码可查阅完整代码和示例效果)。

```
<article>
    <h2>什么是<mark>CSS3</mark>?</h2>
    <p><mark>CSS3</mark>是CSS规范的最新版本……。</p>
    <p><mark>参考网页:</mark>http://www.w3.org/TR/css3-roadmap/</p>
</article>
```

【知识点滴】

mark元素还可以用于标识引用原文，为了某种特殊目的而把原文作者没有重点强调的内容标识出来。例如，以下代码使用mark元素将唐诗中的韵脚高亮显示。

```
<article>
    <h2>书湖阴先生壁</h2>
    <h3>宋-王安石</h3>
    <p>茅檐长扫净无<mark>苔</mark>，花木成畦手自<mark>栽</mark>。</p>
    <p>一水护田将绿绕，两山排闼送青<mark>来</mark>。</p>
</article>
```

在HTML4中，用户习惯使用em或strong元素来突出显示文字，但是mark元素的作用与这两个元素的作用是有区别的，不能混用。

2.3.2 进度

progress是HTML5的新元素，它指示某项任务的完成进度，可以用它表示一个进度条，就像在Web应用中看到的指示保存或加载大量数据操作进度的那种组件。

支持progress的浏览器会根据属性值自动显示一个进度条，并根据值对其进行着色。<progress>和</progress>之间的文本则不会被浏览器显示出来。例如：

```
<p>网页读取进度：<progress max="100" value="55">55%</progress></p>
```

【扩展示例】

【例2-19】编写一段网页代码，在代码中演示使用progress元素设计载入进度条(扫码可查阅完整代码和示例效果)。

2.3.3 刻度

使用meter元素可以表示分数值或已知范围的测量结果，如考试分数(百分制，95分)、磁盘使用量(500GB中的100GB)等测量数据。

HTML5建议浏览器在呈现meter时，在旁边显示一个类似温度计的图形，或一个表示测量值的横条，测量值的颜色与最大值的颜色有所区别(FireFox作为当前少数几个支持meter的浏览器，就是这样显示的)。对于不支持meter的浏览器，可以通过CSS对meter添加一些额外的样式，或者使用JavaScript进行改进。

【示例代码】

【例2-20】编写一段网页代码，在代码中演示使用meter元素(扫码可查阅完整代码)，设计如图2-8所示的文章阅读进度条。

```
<p>载入完成状态：<meter value="0.60">60%完成</meter></p>
<p>本章阅读进度：<meter low="0.25" high="0.75" optimum="0" value="0.22">22%</meter></p>
<p>全书阅读进度：<meter min="0" max="13.1" value="4.5" title="miles">4.5</meter></p>
```

【知识点滴】

以上代码在浏览器(Firefox)中的预览效果如图2-8所示。支持meter的浏览器会自动显示测量值，并根据属性值进行着色。<meter>和</meter>之间的文字不会显示出来。如以上示例所示，如果包含title文本，在鼠标光标悬停时就会显示该文本。在设计网页时，建议用户在meter中包含一些反映当前测量值的文本，以供不支持meter的浏览器显示。

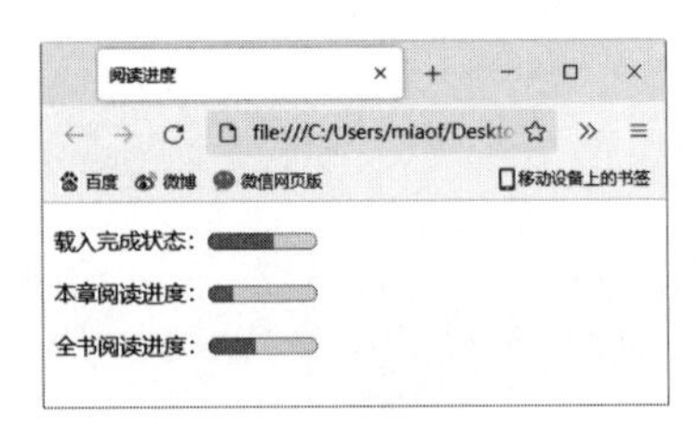

图 2-8　阅读进度条

meter元素包含的7个属性如表2-3所示。

表2-3　meter元素的属性说明

属性	说明
value	在元素中特别表示出来的实际值(唯一必须包含的属性)，该属性值默认为0，可以为该属性指定一个浮点小数值
min	设置规定范围时，允许使用的最小值，默认为0，设定的值不能小于0
max	设置规定范围时，允许使用的最大值(默认值为1)，如果在设定时，该属性值小于min属性的值，那么把min属性的值视为最大值
low	设置范围的下限值，必须小于或等于high属性的值。同样，如果low属性的值小于min属性的值，那么把min属性的值视为low属性的值
high	设置范围的上限值。如果该属性值小于low属性的值，那么把low属性的值视为high属性的值。同样，如果该属性值大于max属性的值，那么把max属性的值视为high属性的值
optimum	设置最佳值，该属性值必须在min属性值与max属性值之间，可以大于high属性值
form	设置meter元素所属的一个或多个表单

2.3.4　时间

使用HTML5的time元素，可以标记时间、日期或时间段。time有一个可选的datetime属性，用来指定时间格式。格式如下：

```
YYYY-MM-DDThh:mm:ss
```

如果没有设置datetime属性，time元素必须提供以上格式，即机器可读的日期和时间，例如：

```
2023-12-03T15:21:38
```

表示“当地时间2023年12月3日下午3点21分38秒”。小时部分使用24小时制，因此表示下午3点应使用15，而非03。如果包含时间，秒是可选的，也可以使用hh:mm.ss格式提供时间的毫秒数(注意，毫秒数之前的符号是一个点)。

如果要表示时间段，则格式稍有不同。有几种语法，其中最简单的形式如下：

```
nh nm ns
```

其中，三个n分别表示小时数、分钟数和秒数。

也可以将日期和时间表示为世界时。在末尾加上字母Z，就成了UTC(Coordinated Universal Time，全球标准时间)。例如，使用UTC的世界时：

```
2023-12-03T15:21:38Z
```

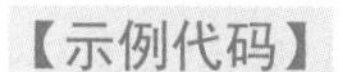

【示例代码】

【例2-21】编写一段网页代码，在代码中演示使用time元素(扫码可查阅完整代码和示例效果)。

```
<p>本群每天晚上<time>22:00</time>临时关闭</p>
<p>于<time datetime="2023-10-12">正式</time>投入商业化运营</p>
```

【知识点滴】

time元素如果提供了datetime属性，time元素中的文本可以不严格使用有效的格式；如果忽略datetime属性，文本内容就必须是合法的日期或时间格式。time中包含的文本内容会出现在浏览器中，对浏览者可见；而可选的datatime属性则是为机器准备的，该属性需要遵循特定的格式。浏览器只显示time元素的文本内容，而不会显示datetime的值。

2.3.5 联系信息

使用HTML5的address元素，可以定义与HTML页面或页面一部分(如一篇文章)有关的作者、相关人士或组织的联系信息，通常位于页面底部。而address具体表示的是哪一种信息，则取决于该元素的位置。

【示例代码】

【例2-22】编写一段网页代码，在代码中演示如何使用address元素(扫码可查阅完整代码和示例效果)。

```
<main role="main">
    <article>
        <h1>文章标题</h1>
        <p>文章正文</p>
        <footer>
            <p>说明文本</p>
            <address><a href="mailto:miaofa@sina.com">miaofa@sina.com</a></address>
        </footer>
    </article>
</main>
<footer role="contentinfo">
        <p><small>&copy; 2020 baidu, Inc.</small></p>
        <address>南京东郊11号<a href="index.html">首页</a></address>
</footer>
```

【示例解析】

在上面的例子中，页面有两个address元素，其中一个用于article的作者，另一个位于页面级的footer里，用于整个页面的维护(注意，article的address只包含联系信息)。尽管article的footer里也有关于作者的基本信息，但这些信息位于address元素外面。

【知识点滴】

article address只能包含作者的联系信息，不能包含其他内容，如文档或文章的最后修改时间。此外，HTML5禁止在address里面包含h1~h6、article、address、aside、footer、header、hgroup、nav及section等元素。

2.3.6 旁注

旁标注是东亚语言(如中文、日文)中的一种惯用符号，通常用于表示生僻字的发音。这些小的注解字符出现在它们标注的字符的上方或右方，简称旁注。日语中的旁注字符称为振假名。

rudy元素及其子元素rt和rp在HTML5中用于为内容添加旁注标记。rt指明对基准字符进行注解的旁注字符。可选的rp元素用于在不支持rudy的浏览器中的旁注文本周围显示括号。

【扩展示例】

【例2-23】编写一段网页代码，在代码中演示如何使用address元素(扫码可查阅完整代码和示例效果)。

【知识点滴】

支持旁注标记的浏览器会将旁注文本显示在基准字符的上方(或者旁边)，不显示括号。不支持旁注标记的浏览器会将旁注文本显示在括号里，就像普通文本一样。

2.4 网页图像

图像是网页中最基本的元素之一，网页图像有多种形式，如图标、标志、背景图像、产品图像、按钮图像、新闻图像等。制作精美的图像，可以大大增强网页的视觉效果。在网页中插入图像，通常用于添加图形界面(如按钮)、创建具有视觉感染力的内容(如照片、背景等)或交互式设计元素。

2.4.1 定义图像

使用<img>标签可以把图像插入网页中。

【基本语法】

```
<img src="URL" alt="替代文本" />
```

【语法说明】

<img>标签的属性及说明如表2-4所示。

表2-4　<img>标签的属性说明

属性	值	说明
alt	text	定义有关图像的简短的描述
src	URL	要显示的图像的URL

(续表)

属性	值	说明
height	pixels或%	定义图像的高度
ismap	URL	把图像定义为服务器端的图像映射
usemap	URL	定义作为客户端图像映射的一幅图像
vspace	pixels	定义图像顶部和底部的空白
width	pixels或%	定义图像的宽度

【示例代码】

【例2-24】编写一段网页代码，演示使用<img>标签在页面中插入本地计算机中保存的图像文件(扫码可查阅完整代码和示例效果)。

```
<img src="images/popstar.jpg" width="400" alt="明星图片" />
```

【例2-25】编写一段网页代码，演示使用<img>标签在页面中插入来自网络的图像(扫码可查阅完整代码和示例效果)。

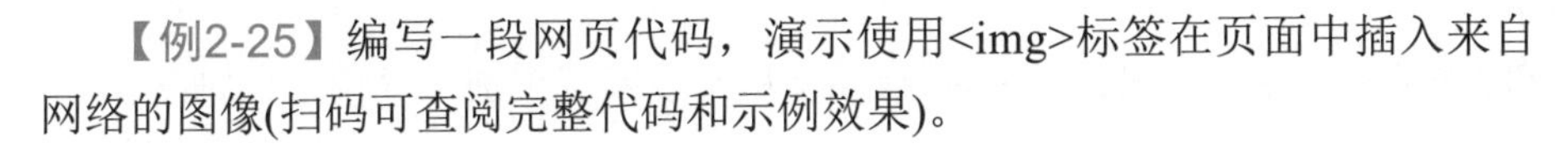

```
<img src="https://cdn.pixabay.com/photo/2018/11/09/16/20/photographer-3804979_
960_720.jpg" width="400" alt="摄影图像" />
```

【知识点滴】

如果图像是网页页面设计的一部分，而不是内容的一部分，则应该使用CSS的background-image属性引入图像，而不是使用<img>标签。

HTML4中有关图像的一些属性，如align(水平对齐)、border(边框)等，在HTML5中不再推荐使用，建议用CSS代替。

2.4.2　定义流

流表示图表、照片、图形、插图、代码片段等独立内容。在HTML5之前，没有专门的元素来实现这些内容，一些开发人员使用没有语义的div元素来表示。

HTML5使用figure和figcaption引入流，其中figcaption表示流的标题，流标题不是必须要有的，但如果包含它，就必须是figure元素内嵌的第一个或最后一个元素。

figure默认从新的一行开始显示流内容，当然也可以使用CSS改变这种显示方式。

【扩展示例】

【例2-26】编写一段网页代码，演示在网页中定义流(扫码可查阅完整代码和示例效果)。

【知识点滴】

figure元素可以包含多个内容块，但只允许有一个figcaption，且必须与其他内容一起包含在figure里面，不能单独出现在其他位置。figcaption中的文本是对内容的一句简短描述。

figure默认显示左右各缩进40px。用户可以使用CSS的margin-left和margin-right属性修改默认样式。

2.4.3　定义图标

网站图标一般显示在浏览器选项卡、历史记录、书签、收藏夹或地址栏中。图标大小一般为16×16px，透明背景。移动设备中iPhone图标大小为57×57px或114×114px，iPad图标大小为72×72px或144×144px。

【示例代码】

【例2-27】编写一段网页代码，演示在网页中定义图标(扫码可查阅完整代码)，图标效果如图2-9所示。

(1) 准备一张大小为16×16px的图像，并将其保存为favicon.ico，如图2-10左图所示。

(2) 准备一张网页图像，将其保存为png格式(将文件命名为appletouchicon.png)，如图2-10右图所示。

(3) 将图标图像放在网站根目录。创建HTML5文档，在网页头部位置输入代码：

```
<link rel="icon" href="favicon.ico" type="image/x-icon" />
<link rel="shortcut icon" href="favicon.ico" type="image/x-icon" />
```

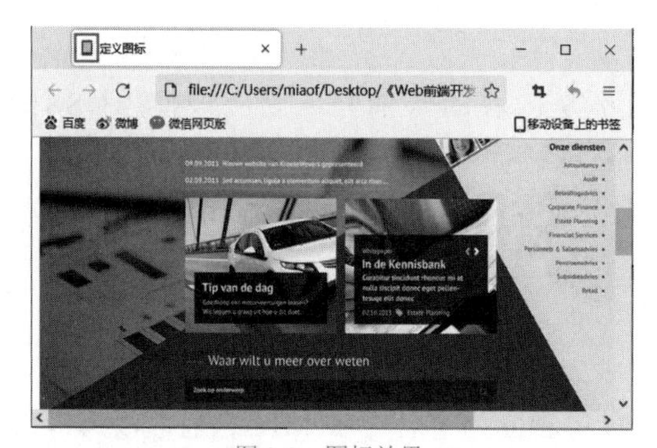

图 2-9　图标效果

图 2-10　图标和图像文件

【知识点滴】

在以上示例中，如果浏览器中无法显示图标，可能是浏览器缓存和生成图标慢的问题，用户可以尝试清除缓存，或者可以尝试先访问图标：http://localhost/favicon.ico，然后再访问网页，即可解决问题。

2.4.4　定义响应式图像

HTML5.1的picture元素和img元素的srcset、sizes属性，使得响应式图片的实现更为简单快捷，很多主流浏览器的新版本也对这些新增加的内容支持良好。关于这部分内容，用户可以扫描右侧的二维码获取扩展示例，进一步学习相关内容。

第3章

音频和视频

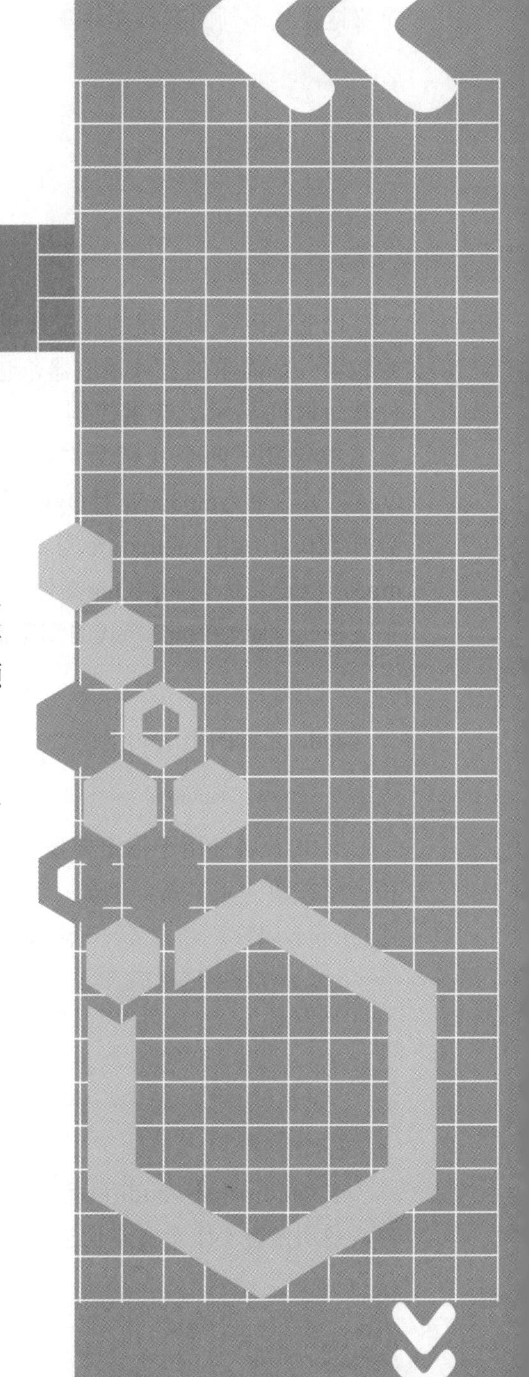

内容简介

HTML5提供原生的音频和视频元素，处理速度非常快，可以直接使用音频和视频元素在网页中嵌入音频和视频。

学习重点

- 使用audio元素
- 使用video元素
- 使用embed元素
- 使用object元素

3.1 使用audio元素

HTML5的audio元素用于播放声音文件或音频流。audio元素支持OggVorbis(简称Ogg)、mp3、wav等音频格式。

【示例代码】

【例3-1】在网页中使用audio元素。在audio元素中嵌入source元素，用于定义链接到不同的音频文件(扫码可查阅完整代码)。

```
<audio controls="controls">
    <source src="medias/test.ogg" type="audio/ogg">
    <source src="medias/test.mp3" type="audio/mpeg">
当前浏览器不支持audio标签。
</audio>
```

【示例解析】

以上代码在浏览器的显示效果如图3-1所示。其中包含一个简单的音频播放器，包括播放、暂停、位置、时间显示、音量控制等常用控件。在audio元素中定义了两个音频源文件，其中一个编码为Ogg，另一个为mp3。支持Ogg的浏览器(如Firefox)会加载test.ogg。Chrome浏览器同时支持Ogg和mp3，但是会优先加载Ogg文件，因为audio元素的代码中，Ogg文件位于mp3文件之前。不支持Ogg但支持mp3格式的浏览器，将会加载test.mp3文件。

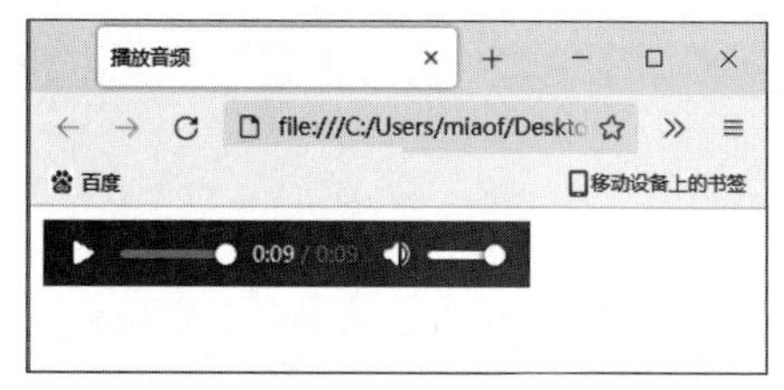

图 3-1　播放音频

【知识点滴】

audio元素的用法如下：

```
<audio src="samplesong.mp3" controls="controls"></audio>
```

其中src属性用于指定要播放的声音文件，controls属性用于设置是否显示播放、暂停和音量按钮的工具条。例如，下面的代码将在页面中插入背景音乐，在<audio>标签中设置autoplay属性，使背景音乐自动播放，设置loop属性，使背景音乐循环播放。

```
<audio autoplay loop>
    <source src="medias/test.ogg" type="audio/ogg">
    <source src="medias/test.mp3" type="audio/mpeg">
当前浏览器不支持audio标签。
</audio>
```

在<audio>和</audio>标签之间，可以包含浏览器不支持audio元素时显示的备用内容，备用内容不限于文本信息，也可以是播放插件或超链接。

<source>标签的src属性引用播放的媒体文件，为了兼容不同的浏览器，可以使用<source>标签包含多种媒体来源，浏览器可以从这些数据源中自动选择播放。

3.2　使用video元素

video元素用于播放视频文件或视频流，支持Ogg、MPEG4、WebM等视频格式。

【示例代码】

【例3-2】 使用video元素在页面中嵌入一段视频，并在video中使用source元素链接不同的文件(扫码可查阅完整代码)。

```
<video controls="controls">
    <source src="medias/volcano.Ogg" type="video/ogg">
    <source src="medias/volcano.mp4" type="video/mp4">
当前浏览器不支持video标签。
</video>
```

【示例解析】

以上代码在浏览器的显示效果如图3-2所示。当播放页面中的视频时，会显示一个简单的视频播放器，包含播放、暂停、位置、时间、音量等常用控件。

当为audio或video元素设置controls属性，可以在页面上以默认方式进行播放控制。如果不设置controls属性，在播放时就不会显示控制界面。

图 3-2　播放视频

【知识点滴】

video元素的用法如下：

```
<video src="samplemovie.mp4" controls="controls"></video>
```

其中src属性用于指定要播放的视频文件，controls属性用于提供播放、暂停和音量控件，也可以包含宽度和高度属性。

如果播放的是音频，浏览器页面上不会显示任何信息，因为audio元素的唯一可视化信息就是对应的控制界面。如果播放的是视频，那么视频内容会显示。即使不添加controls属性，也不会影响页面正常显示。有一种方法可以让没有controls特性的音频或视频正常播放，就是在audio元素或video元素中设置另一个属性autoplay。例如：

```
<video autoplay>
    <source src="medias/volcano.ogg" type="video/ogg">
    <source src="medias/volcano.mp4" type="video/mp4">
当前浏览器不支持video标签。
</video>
```

通过设置autoplay属性，不需要任何交互，音频或视频文件就会在加载完成后自动播放。

此外，用户也可以使用JavaScript脚本控制媒体播放(简单说明如表3-1所示)。例如，以下代码可以通过移动鼠标来触发视频的play和pause功能，当鼠标指针移至视频界面上时，播放视频，鼠标指针移出视频界面，则暂停播放视频。

```
<body>
<video id="movies" onMouseOver="this.play()" onmouseout="this.pause()" autobuffer="true"
width="400px" height="300px">
    <source src="medias/volcano.ogg" type="video/ogg"; codecs="theora, vorbis">
    <source src="medias/volcano.mp4" type="video/mp4">
当前浏览器不支持video标签。
</video>
</body>
```

表3-1　JavaScript脚本控制媒体播放的属性说明

属性	说明
load()	加载音频或视频文件
play()	加载并播放音频或视频文件。除非已经暂停，否则默认从头开始播放
pause()	暂停处于播放状态的音频或视频文件
canPlayType(type)	检测video元素是否支持给定MIME类型的文件

3.3　使用embed元素

<embed>标签可以在网页中定义嵌入插件，从而播放多媒体信息。嵌入的插件能否正常显示，取决于浏览器是否支持或是否安装有相应的插件。

【示例代码】

【例3-3】在<body>标签内使用<embed>标签在网页中插入背景音乐(扫码可查阅完整代码)。

```
<embed src="medias/bg.mp3" width="300" height="30" hidden="true" autostart="true"
loop="infinite">
</embed>
```

【示例解析】

以上代码指定背景音乐为medias/bg.mp3，通过hidden="true"属性隐藏插件显示，使用autostart="true"设置背景音乐可以自动播放，使用loop="infinite"属性设置背景音乐循环播放。

【知识点滴】

<embed>标签的用法如下：

```
<embed src="music.swf"/>
```

其中src属性用于指定媒体来源，必须设置。<embed>标签包含的属性说明如表3-2所示。

表3-2　<embed>标签的属性说明

属性	值	说明
height	pixels(像素)	设置嵌入内容的高度
src	url	设置嵌入内容的URL
type	type	定义嵌入内容的类型
width	pixels(像素)	设置嵌入内容的宽度

使用<embed>标签也可以播放视频，代码如下：

```
<embed src="medias/COUNT-1.avi" width="300" height="200"></embed>
```

3.4　使用object元素

使用<object>标签可以定义一个嵌入对象，主要用于在网页中插入多媒体信息，如图像、音频、视频、Java Applets、ActiveX、PDF和Flash/Animate。

【示例代码】

【例3-4】编写一段网页代码，在代码中使用<object>标签在网页中嵌入图片、网页和音频(扫码可查阅完整代码)。

(1) 创建HTML5文档，使用<object>标签在页面中嵌入图片。

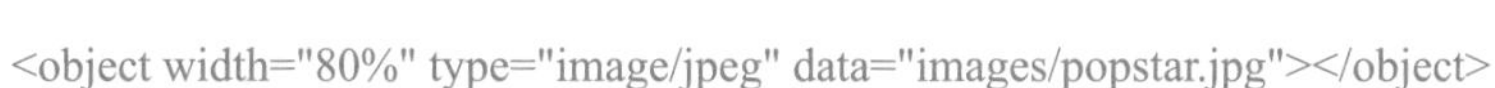

```
<object width="80%" type="image/jpeg" data="images/popstar.jpg"></object>
```

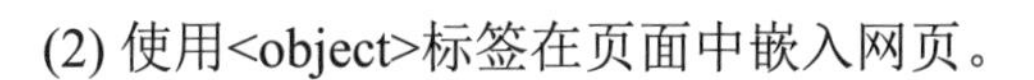

(2) 使用<object>标签在页面中嵌入网页。

```
<object type="text/html" height="1200px" width="100%" data="http://www.tupwk.com.cn/"></object>
```

(3) 使用<object>标签在页面中嵌入音频。

```
<object width="20%" data="music/bj.mp3"></object>
```

【属性说明】

<object>标签包含大量属性，具体说明如表3-3所示。

表3-3　<object>标签的属性说明

属性	值	说明
data	URL	定义引用对象数据的URL。如果有需要对象处理的数据文件，要用data属性来指定这些数据文件
form	form_id	定义对象所属的一个或多个表单
height	pixels	定义对象的高度
width	pixels	定义对象的宽度
name	unique_name	定义对象唯一的名称(以便在脚本中使用)
type	MIME_type	定义被规定在data属性中指定的文件中出现的数据的MIME类型
usemap	URL	定义与对象一同使用的客户端图像映射的URL

【知识点滴】

<param>标签必须包含在<object>标签内，用于定义嵌入对象的配置参数，通过名/值对属性进行设置，name属性设置配置项目，value属性设置项目值。

第4章 列表和超链接

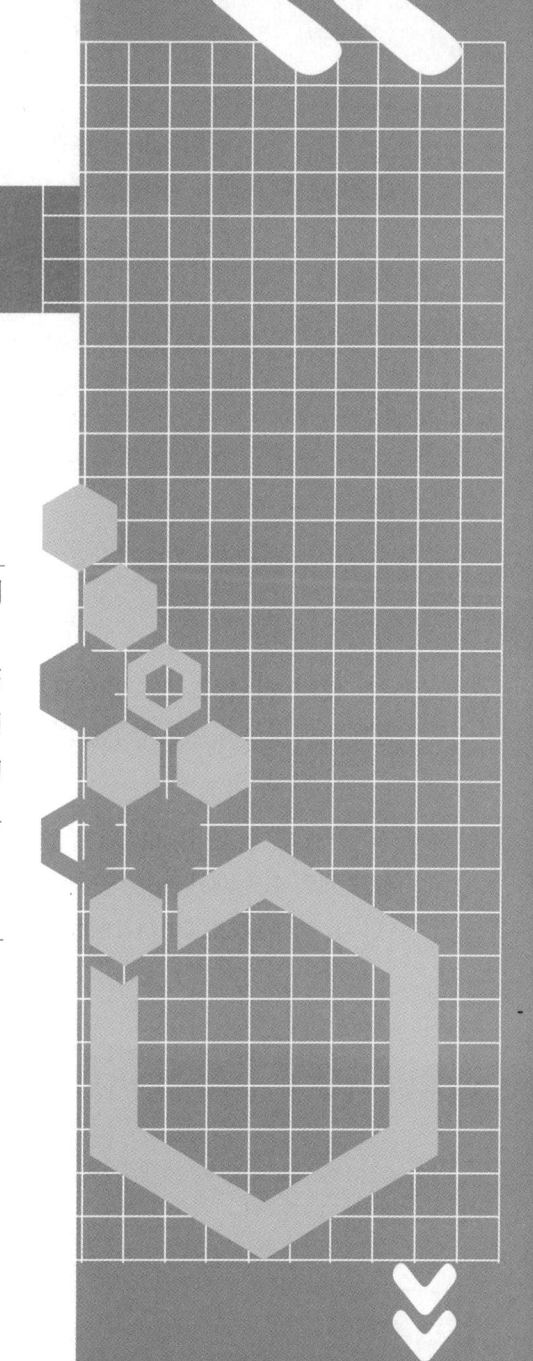

内容简介

在设计网页时，页面中大部分的信息都是通过列表结构进行组织的，如分类导航、菜单栏、文章列表、关键词列表等。HTML5提供了多种列表结构，可以帮助用户选择使用。将列表与超链接结合使用，可以使网页与网络中的其他页面建立联系。超链接是一个网站的"灵魂"，Web前端设计者不仅要知道如何创建页面之间的链接，还需要了解链接地址的真正意义。

学习重点

- 定义有序和无序列表
- 定义项目编号
- 定义嵌套列表
- 定义菜单列表
- 定义超链接

4.1 列表

HTML5列表包括无序列表、有序列表、项目编号、嵌套列表、描述列表和菜单列表等。

4.1.1 无序列表

使用<ul>标签可以在页面中定义无序列表，在<ul>标签中可以包含一个或多个<li>标签，用于定义列表项。无序列表是一种不分排序的列表结构，其列表项之间没有主次之分。

【示例代码】

【例4-1】使用<ul>标签在页面中定义一个无序列表作为网站导航(扫码可查阅完整代码)，示例效果如图4-1所示。

```
<nav id="menu">
    <h1>网站导航</h1>
    <ul>
        <li><a href="#" title="">首页</a></li>
        <li><a href="#" title="">番剧</a></li>
        <li><a href="#" title="">直播</a></li>
        <li><a href="#" title="">会员购</a></li>
        <li><a href="#" title="">下载客户端</a></li>
    </ul>
</nav>
```

图 4-1 网站导航

4.1.2 有序列表

使用<ol>标签可以定义有序列表，其中包含一个或多个<li>列表项。有序列表是一种有序的列表结构，可用于呈现强调排名顺序、先后顺序、时间顺序的网页内容。

【示例代码】

【例4-2】使用<ol>标签在页面中设计一个有序列表作为网站热帖排行榜(扫码可查阅完整代码)，示例效果如图4-2所示。

```
<h1>热帖排行榜</h1>
<ol>
    <li><h3>周五猜歌中文特辑来了！</h3><span>音乐制作人
    kurt</span></li>
    <li><h3>主线动画《明日方舟：黎明前奏》定档PV</
    h3><span>明日方舟</span></li>
    <li><h3>我改造舍友的一天</h3><span>一壶大瓶白开水</
    span></li>
```

图 4-2 有序编号

```
    <li><h3>非官方英雄联盟S12宣传片</h3><span>英雄联盟赛事解说</span></li>
    <li><h3>猫骨折之后，各种离奇的后续……！</h3><span>本喵叫兔兔</span></li>
</ol>
```

4.1.3　项目编号

<ol>标签包含3个较实用的属性，这些属性同时获得HTML5支持，具体如表4-1所示。<li>标签包含两个实用属性type和value，其中value属性可以设置项目编号的值。

表4-1　<ol>标签的属性说明

属性	值	说明
reversed	reversed	定义列表顺序为降序，如5、4、3…
start	Number	定义有序列表的起始值
type	1、A、a、I、i	定义在列表中使用标记类型

【示例代码】

【例4-3】设计一个有序列表结构，为列表指定编号(扫码可查阅完整代码)，示例效果如图4-3所示。

```
<ol>
    <li><h3>周五猜歌中文特辑来了！</h3><span>音乐制作人kurt</span></li>
    <li value="1"><h3>主线动画《明日方舟：黎明前奏》定档PV</h3><span>明日方舟</span></li>
    <li value="2"><h3>我改造舍友的一天</h3><span>一壶大瓶白开水</span></li>
    <li><h3>非官方英雄联盟S12宣传片</h3><span>英雄联盟赛事解说</span></li>
    <li><h3>猫骨折之后，各种离奇的后续……！</h3><span>本喵叫兔兔</span></li>
</ol>
```

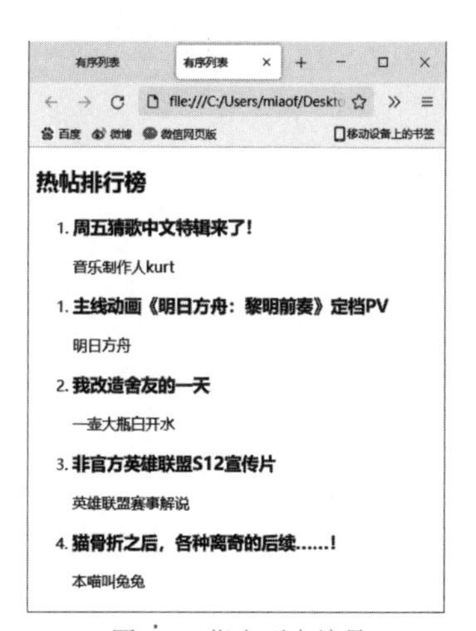

图4-3　指定列表编号

【知识点滴】

以下代码设计有序列表降序呈现，序列的起始值为3，类型为大写罗马数字。

```
<ol type="I" start="3" reversed>
    <li>华为</li>
```

```
    <li>中兴</li>
    ……
</ol>
```

4.1.4 嵌套列表

在一个列表中嵌入另一个列表，作为此列表的一部分，称为嵌套列表。有序列表、无序列表可以混合嵌套，浏览器能够自动地嵌套排列。

【示例代码】

【例4-4】编写一段网页代码，在代码中设计一个嵌套列表结构(扫码可查阅完整代码)，示例效果如图4-4所示。

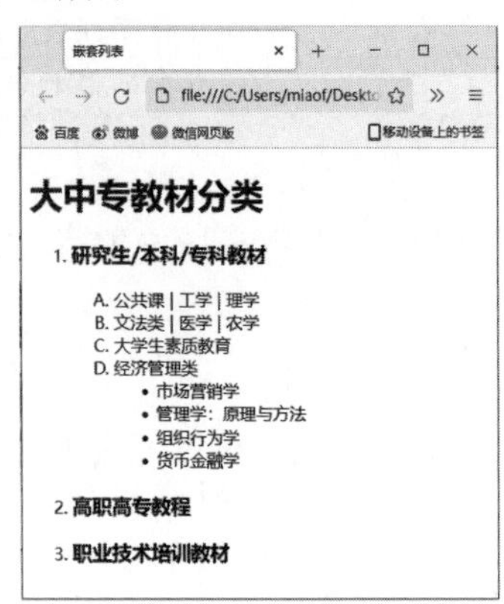

图 4-4　大中专教材分类

```
<h1>大中专教材分类</h1>
<ol type="1">
    <li><h3>研究生/本科/专科教材</h3>
    <ol type="A">
        <li>公共课 | 工学 | 理学</li>
            <li>文法类 | 医学 | 农学</li>
            <li>大学生素质教育</li>
            <li>经济管理类
                <ul type="disc">
                    <li>市场营销学</li>
                    <li>管理学：原理与方法</li>
                    <li>组织行为学</li>
                    <li>货币金融学</li>
                </ul>
            </li>
    </ol>
    </li>
    <li><h3>高职高专教程</h3></li>
    <li><h3>职业技术培训教材</h3></li>
</ol>
```

【知识点滴】

每个嵌套的ul都包含在其父元素的开始标签<li>和结束标签</li>之间。

4.1.5　描述列表

描述列表是一种特殊的列表结构，它可以是术语和定义、元数据主题和值、问题和答案，以及任何其他的名/值对。每个描述列表都包含在<dl>标签中，其中每个名/值对都有一个或多个<dt>标签(名称或术语)，以及一个或多个<dd>标签(值)。

【示例代码】

【例4-5】编写一段网页代码，在代码中使用描述列表定义一个词条列表(扫码可查阅完整代码和示例效果)。

```
<h2>Bootstrap简介</h2>
<dl>
    <dt>什么是Bootstrap</dt>
    <dd>Bootstrap是Twitter推出的一个用于前端开发的开源工具包。它由Twitter的设计师Mark Otto和Jacob Thornton合作开发，是一个CSS/HTML框架。</dd>
</dl>
```

4.1.6　菜单列表

<menu>标签用于定义命令的列表或菜单(如上下文菜单、工具栏)，以及用于列出表单控件和命令。<menu>标签可以包含<command>和<menuitem>标签，用于定义命令和项目。

【示例代码】

【例4-6】编写一段网页代码，在代码中使用<menu>和<command>标签定义一个命令，选择该命令将弹出提示对话框(扫码可查阅完整代码和示例效果)。

```
<menu>
    <command onClick="alert('提示：本页面即将关闭！')">关闭命令</command>
</menu>
```

【知识点滴】

<menu>标签包含两个专用属性，其说明如表4-2所示。

表4-2　<menu>标签的属性说明

属性	说明
label	定义菜单的可见标签
type	定义要显示何种菜单类型，包括 • list：定义列表菜单，一个用户可执行或激活的命令列表(li元素)； • context：定义上下文菜单，该菜单必须在用户能够与命令进行交互之前被激活； • toolbar：定义工具栏菜单，允许用户立即与命令进行交互

以下代码演示使用type属性定义两组工具条按钮：

```
<h2>文件菜单命令</h2>
<menu type="toolbar">
    <li>
        <menu label="File" type="toolbar">
            <button type="button" onClick="Ctrl_N()">新建(N)…</button>
             <button type="button" onClick="Ctrl_O()">打开(O)…</button>
            <button type="button" onClick="Ctrl_C()">保存(C)…</button>
        </menu>
    </li>
    <li>
        <menu label="File" type="toolbar">
            <button type="button" onClick="Ctrl_A()">全选(A)…</button>
             <button type="button" onClick="Ctrl_I()">导入(I)…</button>
            <button type="button" onClick="Ctrl_E()">导出(E)…</button>
        </menu>
    </li>
</menu>
```

4.2 超链接

超链接(简称链接)是网页中重要的组成部分，其本质上属于一个网页的一部分，它是一种允许网页访问者与其他网页或站点之间进行连接的元素。各个网页链接在一起后，才能真正构成一个网站。

4.2.1 页间链接

创建超链接所使用的HTML标签是<a></a>。超链接有两个重要要素，即设置为超链接的网页元素和超链接指向的目标地址。

【示例代码】

【例4-7】定义一个链接文本和一个链接图像，在网页中单击文本或图像后，网页将跳转至网站www.tupwk.com.cn(扫码可查阅完整代码和示例效果)。

- 定义文本链接：

```
<a href="http://www.tupwk.com.cn" target="_blank">清华大学出版社</a>
```

- 定义图像链接：

```
<a href="http://www.tupwk.com.cn">
<img src="images/hyperlink.png"></a>
```

【知识点滴】

定义超链接的基本方法如下：

```
<a href=URL>网页元素</a>
```

其中href表示hypertext reference(超文本引用)。值可以为相对路径(站点链接)、绝对路径(站外链接)。仅指定路径省略文件名，可以创建指向对应目录下默认文件(如index.html)的链接，例如：www.site.com/directory/。

如果省略路径，就指向网站的默认页(首页)，例如：www.site.com。

<a>标签除了href属性外，还包括其他属性，如rel、hreflang、media、target、type等，其具体属性说明如表4-3所示。

表4-3　<a>标签的属性说明

属性	值	说明
href	URL	链接的目标 URL
rel	alternate、archives、author、bookmark、contact、external、first、help、icon、index、last、license、next、nofollow、noreferrer、pingback、prefetch、prev、search、stylesheet、sidebar、tag、up	规定当前文档与目标 URL 之间的关系(仅在 href 属性存在时可使用)
hreflang	language_code	规定目标 URL 的基准语言(仅在 href 属性存在时可使用)
media	media query	规定目标 URL 的媒介类型(仅在 href 属性存在时可使用)
target	_blank、_parent、_self、_top	在何处打开目标 URL(仅在 href 属性存在时可使用)
type	MIME_type	规定目标 URL 的 MIME 类型(仅在 href 属性存在时可使用)

4.2.2　块级链接

HTML4允许链接中只能包含图像、文本，以及标记文本短语的元素(如em、strong、cite等)。HTML5允许在链接内包含任意对象，如标题、段落、列表、整篇文章和区块，但是不能包含其他链接、视频、表单元素、iframe等交互内容。

【示例代码】

【例4-8】以一段文本(包含标题)为链接载体，定义块级链接指向完整的网站文章(扫码可查阅完整代码和示例效果)。

```
<a href="http://www.tupwk.com.cn">
<h1>标题文本</h1>
<p>一个段落</p>
</a>
```

【例4-9】在网页中定义一个链接文本，单击该文本后，网页将跳转至例4-7创建的网页(扫码可查阅完整代码和示例效果)。

```
<a href="例4-7-页间链接.html" target="_blank">跳转</a>
```

【例4-10】以文章摘要为链接载体，定义指向整篇文章的链接(扫码可查阅完整代码和示例效果)。

```
<a href="pages.html">
    <h1>标题文本</h1>
    <p>摘要</p>
    <img src="images/html5.png" width="200" alt="1"/>
    <h3>附加信息</h3>
</a>
```

【知识点滴】

在HTML4中，<a>标签可以定义链接，也可以定义锚记；但是在HTML5中，<a>标签只能定义链接，如果未设置href属性，则只是定义一个链接的占位符，而不是锚记。

块级链接在移动页面中应用较广泛，其方便浏览者在移动设备上触摸交互。

4.2.3 锚记链接

锚记链接是指网页中指向同一页面中不同位置的链接。例如，在一个很长的页面中，在页面的底部设置一个锚记，单击后可以跳转到页面顶部，这样就避免了上下滚动浏览器窗口的麻烦。

创建锚记链接的一般步骤如下。

步骤1：创建用于链接的锚点。页面中任何被定义了ID值的元素，都可以作为锚点标记。给标签的ID锚记命名时不要含有空格，同时不要置于绝对定位元素内。

步骤2：定义链接，为<a>标签设置href属性，属性值为“#+锚点名称”，如输入“#p6”。如果链接到不同的页面，如test-1.html，则输入“test-1.html#p6”。可以使用绝对路径，也可以使用相对路径(锚点名称区分大小写)。

【扩展示例】

【例4-11】编写一段网页代码，在代码中定义一个锚点链接(扫码可查阅完整代码和示例效果)。

4.2.4 目标链接

超链接指向的目标可以是网页，也可以是页面位置，还可以是一个图片、电子邮件、文件、FTP服务器，或者是一个应用程序，也可以是一段JavaScript脚本。

【示例代码】

【例4-12】编写一段网页代码，在代码中定义一个目标链接，单击该链接将打开“文件下载提示”对话框(扫码可查阅完整代码和示例效果)。

```
<p><a href="images/明-文征明《赤壁赋》.png">链接到图片</a></p>
<p><a href="例4-11-锚点链接.html" >链接到网页</a></p>
<p><a href="明-文征明《赤壁赋》.rar">链接到文件</a></p>
<a href="javascript:alert(&quot;感谢关注，投票已经结束。&quot;); ">我要投票</a>
```

【知识点滴】

如果将href属性设置为“#”，则表示一个空链接，单击空链接，页面不会发生变化：

```
<a href="#">空链接</a>
```

如果将href属性设置为JavaScript脚本，单击脚本链接，将会执行脚本。

```
<a href="javascript:alert(&quot;感谢关注，投票已经结束。&quot;); ">我要投票</a>
```

4.2.5　邮件链接

当网页浏览者单击页面中的邮件链接后，浏览器会自动打开默认的邮件处理程序(如Outlook)，邮件收件人的电子邮件地址将被邮件链接中指定的地址自动更新。

在网页中创建邮件链接，应为<a>标签设置href属性，属性值为：

```
mailto:+电子邮件地址+?+subject=+邮件主题
```

其中subjec表示邮件主题，为可选项目，如mailto:namee@mysite.cn?subject=意见和建议。

【示例代码】

【例4-13】继续例4-12的操作，在网页代码中定义一个邮件链接(扫码可查阅完整代码和示例效果)。

```
<p><a href="mailto:namee@meysite.cn">name@mysite.cn</a></p>
```

4.2.6　下载链接

当网页中被链接的文件不能被浏览器解析时(如二进制文件、压缩文件等)，浏览器将直接将文件下载到本地计算机中，这种链接形式就是例4-12介绍的目标链接。而对于能够被浏览器解析的目标对象，也可以使用HTML5的download属性强制浏览器执行下载操作。

【示例代码】

【例4-14】继续例4-12的操作，在网页代码中定义一个下载链接(扫码可查阅完整代码和示例效果)。

```
<p><a href="images/明-文征明《赤壁赋》.png" download >下载图片</a></p>
```

4.2.7　图像热点

图像热点就是为图像的局部区域定义链接，当单击该热点区域时，则会触发链接。定义图像热点，需要<map>标签和<area>标签配合使用。

1. <map>标签

<map>标签用于定义热点区域，包含必需的id属性以定义热点区域的ID，或者定义可选的name属性，也可以作为一个句柄，与热点图像进行绑定。

<img>中的usemap属性可引用<map>中的id或name属性(根据浏览器而定)，所以应同时向<map>添加id和name属性，并且设置相同的值。

2. <area>标签

<area>标签用于定义图像映射中的区域，<area>标签必须嵌套在<map>标签中。<area>标签包含一个必须设置的属性alt，用于定义热点区域的替换文本。此外，<area>标签还包含多个可选属性，其说明如表4-4所示。

表4-4　<area>标签的属性说明

属性	值	说明
coords	坐标值	定义可点击区域(对鼠标敏感的区域)的坐标
href	URL	定义此区域的目标URL
nohref	nohref	从图像映射排除某个区域
shape	default、rect(矩形)、circle(圆形)、poly(多边形)	定义区域的形状
target	_blank、_parent、_self、_top	规定在何处打开href属性指定的目标URL

【扩展示例】

【例4-15】编写一段网页代码，在代码中为一幅图片定义多个热点区域(扫码可查阅完整代码和示例效果)。

第5章

CSS3 基础

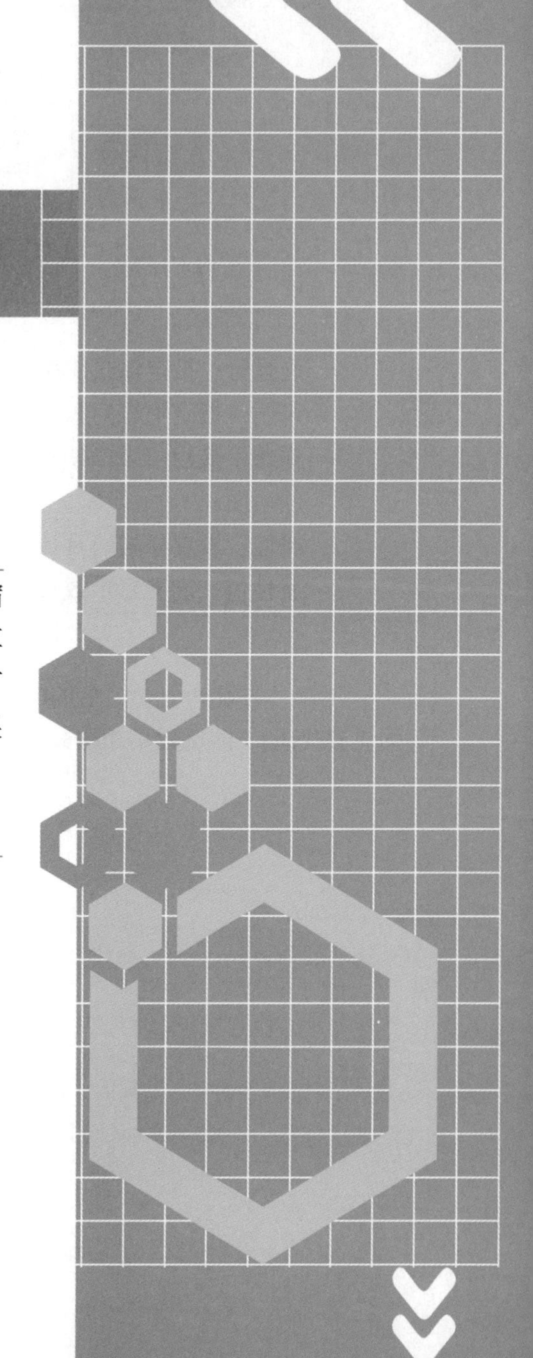

内容简介

CSS是英语Cascading Style Sheets(层叠样式表)的缩写，它是一种用于表现HTML或XML等文件样式的计算机语言。用户在制作网页的过程中，使用CSS样式，可以有效地对页面的布局、字体、颜色、背景和其他效果实现精确控制。

学习重点

- 应用CSS3样式
- CSS3样式表
- CSS3代码格式化
- CSS3继承性与层叠性
- CSS3选择器

5.1 CSS3概述

CSS3是CSS规范的最新版本，它在CSS2.1的基础上增加了很多强大的新功能，可以帮助网页开发人员解决一些实际面临的问题，并且不再需要非语义标签、复杂的JavaScript脚本和图片。例如，圆角功能、多背景、透明度、阴影等功能。

5.1.1 CSS3样式

样式是CSS3最小的语法单元，由选择器和声明(规则)构成，如图5-1所示。

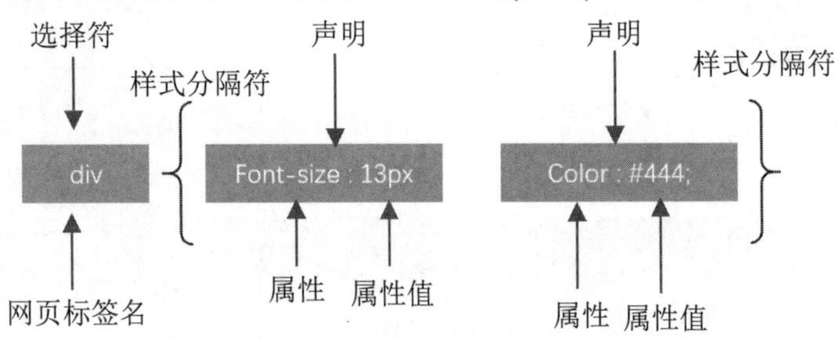

图 5-1　CSS3 样式的基本格式

- 选择符：指定样式作用的对象，可以是标签名、类名或ID等。
- 声明：指定渲染对象的效果，包括属性和属性值。使用分号结束一个声明，一个样式中最后一个声明可以省略分号。所有声明包含在一对大括号内，位于选择器的后面。
- 属性：设置样式的具体效果项。
- 属性值：定义显示效果的值，包括数值、单位，或者关键字。

【示例代码】

【例5-1】设计一个简单的CSS3样式，控制网页中文本的格式(扫码可查阅完整代码)，网页效果如图5-2所示。

```
<style type="text/css">
    p{font-size: 24px; color: #f00;}
</style>
<body>
<article>
    <h1 align="center">出塞</h1>
        <h3 align="center">[唐]王昌龄</h3>
        <p style="font-family: 黑体" align="center">秦时明月
        汉时关，万里长征人未还。</p>
        <p style="font-family: 黑体" align="center">但使龙城飞将在，不教胡马度阴山。</p>
</article>
</body>
```

图 5-2　网页效果

5.1.2　应用CSS3样式

应用CSS3样式的方法有以下几种。

- 行内样式：将CSS3样式设置为HTML标签的style属性值。
- 内部样式：将CSS3样式放在<style>标签内。
- 外部样式：将CSS3样式保存到独立的文本文件中。

【示例代码】

【例5-2】使用上面介绍的内部样式方式，在网页中应用CSS3样式(扫码可查阅完整代码和示例效果)。

(1) 创建一个HTML5文档并保存(文件名为index.html)，在<body>标签内输入一段文本，直接为<p>标签设置style属性值。

```
<p style="color:red">红色字体</p>
```

(2) 创建一个HTML5文档并保存(文件名为test-2.html)，在<head>标签内添加：<style type="text/css">标签，定义一个内部样式。

(3) 定义一个CSS3样式，设计段落文本字体颜色为红色。

```
<style type="text/css">
    p{color: red;}
</style>
```

(4) 在<body>标签中内输入代码。

```
<p>红色字体</p>
```

【知识点滴】

对于行内样式而言，由于HTML结构与CSS3样式混在一起，不利于代码优化，因此一般建议慎重使用。内部样式一般位于网页头部区域，确保CSS3样式先被浏览器解析。内部样式适合设计单个页面样式。外部样式能够实现HTML结构和CSS3样式分离，绝大部分网站都采用这种方法来设计CSS3样式。

5.1.3　CSS3样式表

CSS3样式表由一个或多个CSS3样式组成，它分为内部样式表和外部样式表。这两种样式表在本质上并没有什么不同，区别只在于存放位置不同。

一个<style>标签可以定义一个内部样式表。如果网页包含多个<style>标签，就表示该文档包含了多个内部样式表。一个CSS3文件可以定义一个外部样式表，外部样式表是一个文件，其扩展名为.css。

外部样式表必须导入网页文档中才能有效，具体方法有以下两种。

- 使用<link>标签导入。
- 使用@import关键字导入。

【示例代码】

【例5-3】编写一段网页代码，在代码中演示使用CSS3样式表的方法(扫码可查阅完整代码)。示例效果如图5-3所示。

(1) 使用Windows系统自带的记事本工具创建一个文件，并保存为style-1.css。

(2) 输入CSS3代码，定义一个样式，设计段落文本字体大小为16px。

```
p{font-size: 16px;}
```

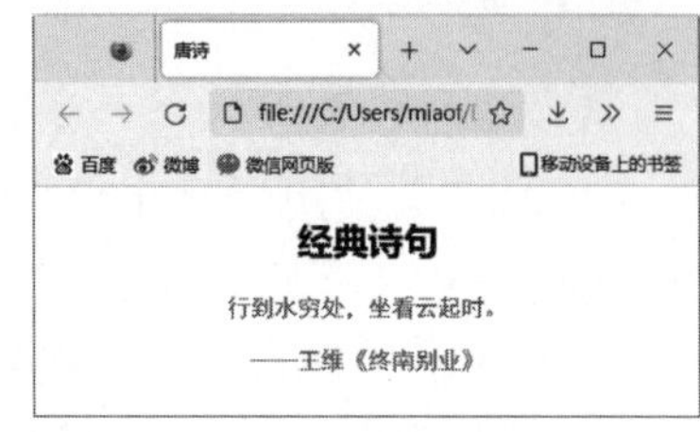

图 5-3 网页效果

(3) 使用记事本工具创建style-2.css文件，输入以下CSS3代码，定义一个样式，设计段落文本字体颜色为红色。

```
p{color: red;}
```

(4) 使用记事本工具创建test.html文件，使用<link>标签导入外部样式表文件style-1.css。

```
<link href="style-1.css" rel="stylesheet" type="text/css" />
```

该标签必须设置的属性说明如下。

- href：定义外部样式表文件URL。
- type：定义导入文件类型。
- rel：表示导入文件是关联样式表。

(5) 在网页文档的<style>标签内，使用@import关键字导入外部样式表文件style-2.css。

```
<style type="text/css">
@import url("style-2.css");
</style>
```

(6) 在<body>标签中输入以下代码。

```
<link href="style-1.css" rel="stylesheet" type="text/css" />
<article>
    <h1 align="center">经典诗句</h1>
    <p style="font-family: 黑体" align="center">行到水穷处，坐看云起时。</p>
    <p style="font-family: 黑体" align="center">——王维《终南别业》</p>
</article>
```

【知识点滴】

在浏览器中预览test.html文件，效果如图5-3所示。网页代码中两种导入外部样式的方法比较如下。

- <link>是HTML定义的标签，而@import是CSS3定义的命令。
- 页面被加载时，<link>会同时被加载，而@import引用的CSS3会等到页面被加载完毕后再加载。

- @import只在IE5以上才能识别，而<link>是HTML标签，无兼容问题。
- <link>方式的样式权重高于@import的权重。

因此，一般推荐使用<link>方式导入外部样式表。@import可以作为补充方法，适用于外部样式表分类管理，批量导入多个CSS3分类样式表。

5.1.4 CSS3代码注释

在CSS3代码中增加注释有以下方式。

```
/*单行注释文本*/
```

或

```
/*
多行注释
文本
*/
```

【知识点滴】

所有被放置在“/*”和“*/”分隔符之间的字符都视为注释信息，不会被浏览器解析。

5.1.5 CSS3代码格式化

在CSS3代码中，各种空格符号是不会被浏览器解析的。因此，利用Tab键、Space键对CSS3样式代码进行格式化排版，以便于阅读和管理。

【示例代码】

【例5-4】为例5-1创建的CSS3代码添加注释，并进行格式化显示(扫码可查阅完整代码)。

```
<style type="text/css">
/*定义网页段落文本样式*/
p{
    font-size: 24px;                    /*定义字体大小为24px*/
    color: #f00;                        /*定义字体颜色为红色*/
}
</style>
```

5.1.6 CSS3继承性

CSS3样式具有两个基本特性，即继承性和叠层性。其中，CSS3继承性指的是在HTML结构中，后代元素可以继承祖先元素的样式。继承样式主要包括文本的基本属性，如字体、字号、颜色、行距等。对于边框、边界、背景、补白、尺寸、布局、定位等属性，则不允许继承。

【示例代码】

【例5-5】编写一段网页代码，在代码中灵活应用CSS3继承性，优化CSS3代码(扫码可查阅完整代码)。示例效果如图5-4所示。

(1) 创建一个HTML5文档，在<body>标签中输入以下代码。

```
<article>
    <h1>使用HTML编辑器</h1>
    <p>除了使用记事本工具……</p>
    <section>
        <h2>Adobe Dreamweaver</h2>
        <article>
        <p>Adobe Dreamweaver是……</p>
        </article>
    </section>
</article>
```

图 5-4　网页效果

(2) 在<head>标签内添加<style type="text/css">标签，定义内部样式。

```
body{font-size: 16px;}
```

【知识点滴】

在设计网页时，一般都会在body元素中定义整个页面的字体大小、字体颜色等基本属性，这样就不需要重复为每个标签或对象定义这些样式，从而实现页面显示效果的统一。

5.1.7　CSS3层叠性

CSS3层叠性是指可以为同一个对象应用多个样式。当多个样式作用于同一个对象时，会根据选择器的权重来确定优先级，并显示最终渲染效果。

基本选择器的权重值说明如表5-1所示。

表5-1　基本选择器的权重值说明

基本选择器	权重值	基本选择器	权重值
标签选择器	1	类选择器	10
伪元素或伪对象选择器	1	属性选择器	10
ID选择器	100	其他选择器(如通配符选择器)	0

复合选择器的权重值等于组成的基本选择器的权重值之和。

【示例代码】

【例5-6】继续例5-5的操作，重新设置内部样式(扫码可查阅完整代码)。示例效果如图5-5所示。

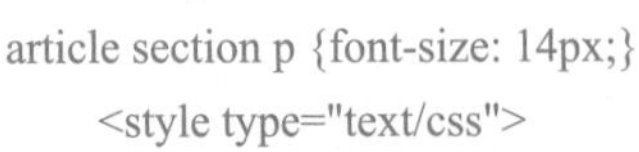

```
article section p {font-size: 14px;}
    <style type="text/css">
```

```
    article p {font-size: 18px;}
</style>
```

【知识点滴】

图 5-5　网页效果

以上代码中第1个样式设计article下的段落文本字体大小为18px，第2个样式设计article下section内的段落文本字体大小为14px。两个样式都定义了字体大小，但是权重值不同，第1个样式的权重值为2，第2个样式的权重值为3，显然第2个样式会优先于第1个样式。在浏览器中预览网页，效果将如图5-5所示。

除了要考虑选择器的权重值以外，还应注意以下几点。

- 行内样式优先级最高，继承样式优先级最低。
- 在样式表中，如果两个样式的权重值相同，则靠近对象最近的样式优先级最高。
- 使用!important命令声明的样式优先级最高。!important命令必须位于属性值和分号之间，如pr{color:red!important;}，否则无效。

5.2　CSS3选择器

在CSS3中，选择器是一种模式，用于选择需要添加样式的元素。根据所获取页面中元素的不同，可以把CSS3选择器分为以下5大类：元素选择器、关系选择器、属性选择器、伪类选择器、伪对象选择器。下面分别对其进行介绍。

5.2.1　元素选择器

元素选择器包括标签选择器、类选择器、ID选择器等。

1. 标签选择器

标签选择器(也称类型选择器)根据HTML标签名匹配同类型的所有标签。

【示例代码】

【例5-7】设计一个内部样式表，使用标签选择器统一页面内段落文本的样式，字体大小为14px，字体颜色为red(扫码可查阅完整代码)。

```
p {
    font-size: 14px;
    color: red;
}
```

【知识点滴】

标签选择器的优点是使用简单，引用直接，不需要为标签添加属性；缺点是影响范围大，容易干扰不同的结构，精度不够。

此外，CSS3还定义了一个特殊类型的选择器——通配符选择器，该选择器使用星号(*)表示，用于匹配所有标签。一般使用通配符选择器统一所有标签的样式。例如，使用* {margin: 0; padding: 0;}可以清除所有标签的边距。

2. 类选择器

类选择器以句点(.)为前缀，后面为类名。应用方法：在标签中定义class属性，然后设置属性值为类选择器的名称。

【示例代码】

【例5-8】设计一个内部样式表，定义3个类样式：red、underline、italic(扫码可查阅完整代码)。示例效果如图5-6所示。

```
/*颜色类*/
.red {color: #f00;}
/*下画线类*/
.underline {text-decoration: underline;}
/*斜体类*/
.italic {font-style: italic;}
```

在段落中分别引用以上类(代码如下)，其中第3段文本标签引用了3个类。在浏览器中预览网页，效果如图5-6所示。

```
<article>
    <h3>CSS3允许背景属性设置多个属性，如：</h3>
    <p class="underline">background-image</p>
    <p class="italic">backgroundrepeat</p>
    <p class="italic red underline">background-size</p>
</article>
```

图 5-6　网页效果

【知识点滴】

类选择器是最常用的样式设计方法，其应用灵活，可以为不同对象或者同一个标签定义一个或多个类样式。类选择器的缺点是需要手动添加class属性，操作较麻烦。

当应用多个样式时，类名之间通过空格进行分隔，效果不受前后顺序影响。

3. ID选择器

ID选择器以井号(#)为前缀，后面为ID名称。在标签中定义id属性，然后设置属性值为ID名称，即可应用ID选择器。

【示例代码】

【例5-9】继续例5-8的操作，清除类样式，为<article>标签设置id="tangshi"属性。设置网页居中显示，文章块显示红色实线边框，文章内文本居中显示(扫码可查阅完整代码)。示例效果如图5-7所示。

```
#tangshi {
    /*ID样式*/
```

```
    width:400px;
    border: solid 2px red;
    margin: auto;
    text-align:left;
}
```

清除<body>标签中的类样式，并为<article>标签设置id="tangshi"属性：

```
<article id="tangshi">
    <h3>CSS3允许背景属性设置多个属性，如：</h3>
    <p>background-image</p>
    <p>backgroundrepeat</p>
    <p>background-size</p>
</article>
```

图 5-7　网页效果

【知识点滴】

类选择器和ID选择器可以同时作用于同一个标签，但ID选择器优先级高于类选择器。

通过为类选择器或ID选择器添加标签名前缀，可以增加选择器的权重值，这种形式也称为附加选择器，如article@tangshi、p.red。相对于.red选择器，浏览器将优先解析p.red的样式。

5.2.2　关系选择器

关系选择器包括包含选择器、子选择器、相邻选择器和兄弟选择器等。

1. 包含选择器

简单的选择器包括标签选择器、类选择器、ID选择器和通配符选择器。如果把两个选择器组合在一起，就形成了一个复杂的关系选择器。在HTML5文档结构中，通过关系选择器可以精确匹配结构中特定关系元素。

包含选择器通过空格连接两个选择器，前面的选择器表示包含的祖先元素，后面的选择器则表示被包含的后代元素。

【示例代码】

【例5-10】设计一个简单的网页，然后利用包含选择器限定h1选择器的应用范围(扫码可查阅完整代码)。示例效果如图5-8所示。

(1) 创建一个HTML5文档，在<body>内输入代码。

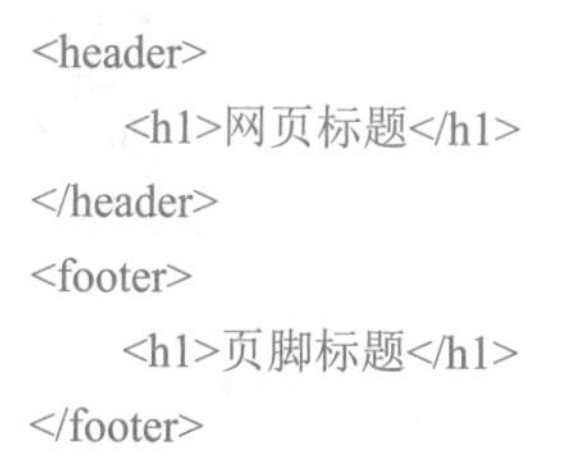

```
<header>
    <h1>网页标题</h1>
</header>
<footer>
    <h1>页脚标题</h1>
</footer>
```

图 5-8　网页效果

(2) 创建内部样式表，利用包含选择器限定h1选择器的应用范围。

```
header h1{font-size: 28px;}
footer h1{font-size: 18px;}
```

【知识点滴】

以上代码实现以下设计：

- 定义网页标题字体大小为28px。
- 定义页脚标题字体大小为18px。

2. 子选择器

子选择器使用尖角号(>)连接两个选择器，前面的选择器表示要匹配的父元素，后面的选择器表示被包含的匹配子对象。

【示例代码】

【例5-11】设计一个简单的网页，使用子选择器定义其中包含的特定文本的字体大小(扫码可查阅完整代码及示例效果)。

(1) 创建一个HTML5文档，在<body>标签内输入以下代码。

```
<article>
    <p>CSS3模块</p>
    <section>
        <p>CSS3被划分成多个模块组……</p>
    </section>
</article>
```

(2) 创建内部样式表，定义<article>内所有段落文本的字体大小为16px，字体颜色为黑色，使用子选择器定义文本“CSS模块”的字体大小为26px，字体颜色为红色。

```
article p {font-size: 16px; color: red;}
article> p {font-size: 26px; color: #000;}
```

3. 相邻选择器

相邻选择器使用加号(+)连接两个选择器，前面的选择器匹配特定元素，后面的选择器根据结构关系指定同级、相邻的匹配元素。

【示例代码】

【例5-12】设计一个简单的网页，通过相邻选择器准确匹配出标题后面相邻的p元素(扫码可查阅完整代码)。示例效果如图5-9所示。

(1) 创建一个HTML5文档，在<body>标签内输入以下代码。

```
<article>
    <h1>增强背景功能</h1>
    <p>CSS3允许背景属性设置多个属性，如：</p>
    <p>background-image；</p>
    <p>backgroundrepeat；</p>
    <p>background-size；</p>
```

```
        <p>background-position；</p>
        <p>background-originand；</p>
        <p>background-clip等。</p>
</article>
```

(2) 创建内部样式表，在内部样式表中通过相邻选择器准确匹配出标题后面相邻的p元素，并设计文本突出显示。

```
article p {font-size: 12px;color: #000;}
h1 + p {font-size: 18px;color: blue;}
```

图 5-9　网页效果

【知识点滴】

如果不使用相邻选择器，为达到相同的设计目的，则需要使用类选择器，这样就要手动添加class属性，这样做会干扰结构的简洁。

4. 兄弟选择器

兄弟选择器使用波浪号(~)连接两个选择器，前面的选择器匹配特定元素，后面的选择器根据结构关系，指定其后同级所有匹配的元素。

【示例代码】

【例5-13】以例5-12创建的网页为基础，添加以下样式，定义标题后所有段落文本的字体大小为12px，字体颜色为蓝色(扫码可查阅完整代码)。示例效果如图5-10所示。

```
article p {font-size: 20px;color: #000;}
h1 ~ p {font-size: 12px;color: blue;}
```

【知识点滴】

在浏览器中预览网页，效果如图5-10所示。从页面中可以看到兄弟选择器匹配范围覆盖了相邻选择器匹配的对象。

图 5-10　网页效果

在设计网页时，如果多个样式效果相同，可以把它们合并在一起，这种形式称为选择器分组。具体的分组方法是：使用逗号(,)连接多个选择器，则样式渲染效果将作用于每个选择器所匹配的对象。例如，以下示例使用分组将h1、h2、h3标题元素统一样式：

```
h1,h2,h3{
    margin: 0;
    margin-bottom: 10px;
}
```

5.2.3　属性选择器

属性选择器根据标签的属性来匹配元素，使用中括号进行标识。

【基本语法】

[属性表达式]

【语法说明】

CSS3包括表5-2所示的几种属性选择器形式。

表5-2　CSS3中的属性选择器及其说明

属性选择器	说明
E[attr]	根据是否设置特定属性来匹配元素
E[attr="value"]	根据是否设置特定属性值来匹配元素
E[attr~"value"]	根据属性值是否包含特定value来匹配元素(注意：属性值是一个词列表，以空格分隔，其中词列表中包含了一个value)
E[attr^="value"]	根据属性值是否包含特定value来匹配元素(注意：value必须位于属性值的开头)
E[attr$="value"]	根据属性值是否包含特定value来匹配元素(注意：value必须位于属性值的结尾)
E[attr*="value"]	根据属性值是否包含特定value来匹配元素
E[attr|="value"]	根据属性值是否包含特定value来匹配元素(注意：属性值是value或者以value-开头，如zh-cn)

以上属性选择器中，E表示匹配元素的选择符，可以省略；中括号为属性选择器标识符，不可或缺；attr表示HTML属性名，value表示HTML属性值或者HTML属性值包含的子字符串。

【扩展示例】

【例5-14】编写一段网页代码，在代码中设计一个简单的导航条结构(扫码可查阅完整代码和示例效果)。

5.2.4　伪类选择器

伪类选择器包括结构伪类选择器、否定伪类选择器和状态伪类选择器等。

1. 结构伪类选择器

结构伪类选择器可以根据文档结构的关系来匹配特定的元素。CSS3包括表5-3所示的几种结构伪类选择器。

表5-3　结构伪类选择器的类型及其说明

类型	说明	类型	说明
:first-child	匹配第一个子元素	:last-child	匹配最后一个子元素
:nth-child()	按正序匹配特定子元素	:nth-last-child()	按倒序匹配特定子元素
:nth-of-type()	在同类型中匹配特定子元素	:nth-last-of-type()	按倒序在同类型中匹配特定子元素
:first-of-type	匹配第一个同类型子元素	:last-of-type	匹配最后一个同类型子元素
:only-child	匹配唯一子元素	:only-of-type	匹配同类型的唯一子元素
:empty	匹配空元素		

【示例代码】

图 5-11　网页效果

【例5-15】设计一个简单的列表栏，使用数字图标代替默认符号。通过结构伪类选择器，分别匹配每个列表项目，使其每个项目(每行)仅显示指定的数字区域(扫码可查阅完整代码)。示例效果如图5-11所示。

(1) 创建一个HTML5文档，在<body>标签中输入代码，设计一个列表。

```
<ul>
  <li><a href="#">:first-child:匹配第一个子元素</a></li>
  <li><a href="#">:last-child:匹配最后一个子元素</a></li>
  <li><a href="#">:nth-child():按正序匹配特定子元素</a></li>
    <li><a href="#">:nth-last-child():按倒序匹配特定子元素</a></li>
</ul>
```

(2) 创建内部样式表，定义列表框基本样式。

```
<style type="text/css">
/*列表框样式：清除默认的项目符号和缩进显示，统一列表文本字体大小为14px*/
ul{list-style-type: none;margin: 0;padding: 0;font-size: 14px;}
/*列表项样式：定义背景图，固定在左侧显示，文本缩进显示列表内容，露出背景图，固定行高*/
ul li {
    background: url("images/bullet.png") no-repeat 2px 10px;
    padding-left: 24px;line-height: 30px;
}
/*超链接样式：清除默认的下画线样式，定义字体颜色为深灰色*/
li a {text-decoration: none;color: #444;}
</style>
```

(3) 使用结构伪类选择器分别匹配每列列表项，控制背景图的显示位置。

```
/*应用结构伪类选择器*/
li:first-child {background-position: 1px 1px;}
li:last-child {background-position: 1px -110px;}
li:nth-child(2) {background-position: 1px -36px;}
li:nth-child(3) {background-position: 1px -73px;}
```

【知识点滴】

:nth-child()函数的多种用法如下：

```
:nth-child(length)              /*参数为具体数字*/
:nth-child(n)                   /*参数是n，n从0开始计算*/
:nth-child(n*length)            /*n的倍数选择，n从0开始计算*/
:nth-child(n+length)            /*选择大于或等于length的元素*/
:nth-child(-n+length)           /*选择小于或等于length的元素*/
:nth-child(n*length+1)          /*表示间隔几选一*/
```

在nth-child()函数中，参数length为一个整数，n表示一个0开始的自然数。:nth-child可以定义值，值可以是整数，也可以是表达式，用于选择特定的子元素。

2. 否定伪类选择器

:not()表示否定伪类选择器，它能够过滤掉not()函数匹配的元素。

【示例代码】

【例5-16】设计一个简单的页面，为页面中所有段落文本设置字体大小为12px，然后使用:not(.author)排除第一段文本，设置其他段落文本的字体大小为16px(扫码可查阅完整代码)。示例效果如图5-12所示。

(1) 创建一个HTML5文档，在<body>标签中输入以下代码。

```
<h2>泊秦淮</h2>
<p class="author">杜牧</p>
<p>烟笼寒水月笼沙，夜泊秦淮近酒家。</p>
<p>商女不知亡国恨，隔江犹唱后庭花。</p>
```

(2) 创建内部样式表。

```
p {font-size: 12px;}
p:not(.author){font-size: 16px;}
```

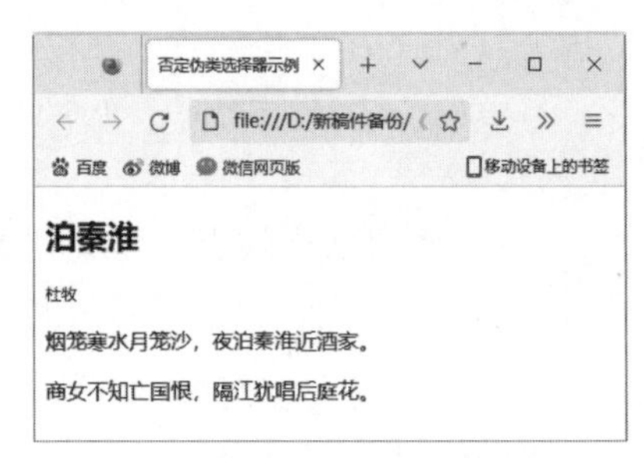

图 5-12　网页效果

3. 状态伪类选择器

CSS3包含表5-4所示的3个UI状态伪类选择器。

表5-4　UI状态伪类选择器说明

UI状态伪类选择器	说明
:enabled	匹配指定范围内所有可用的UI元素
:disabled	匹配指定范围内所有不可用的UI元素
:checked	匹配指定范围内所有选择的UI元素

【扩展示例】

【例5-17】编写一段网页代码，在代码中设计一个简单的用户协议交互表单(扫码可查阅完整代码和示例效果)。

4. 目标伪类选择器

目标伪类选择器(E:target)表示选择匹配E的所有元素，并且匹配元素被相关URL指向。

【扩展示例】

【例5-18】设计一个带锚记链接的网页，当用户单击页面中的锚点时，页面将跳转至指定标题位置，同时使用目标伪类选择器设计该标题高亮显示(扫码可查阅完整代码和示例效果)。

5. 动态伪类选择器

动态伪类是一类行为类样式，只有当用户与页面进行交互时才有效，包括以下两种形式。

- 锚点伪类：如:link、:visited；
- 行为伪类：如:hover、:active和:focus。

【扩展示例】

【例5-19】编写一段网页代码，在代码中设计立体按钮效果(扫码可查阅完整代码和示例效果)。

5.2.5　伪对象选择器

伪对象选择器主要用于匹配内容变化的对象，如第一行文本、第一个字符、前面内容、后面内容。这些对象是存在的，但其内容又无法具体确定，需要使用特定类型的选择器来匹配它们。

伪对象选择器以冒号(:)作为语法标识符。冒号前可以添加选择符，限定伪对象应用的范围，冒号后为伪对象名称，冒号前后没有空格。语法格式如下：

```
:伪对象名称
```

CSS3新语法格式如下：

```
::伪对象名称
```

【扩展示例】

【例5-20】编写一段网页代码，在代码中设计字号放大显示的艺术文本(扫码可查阅完整代码和示例效果)。

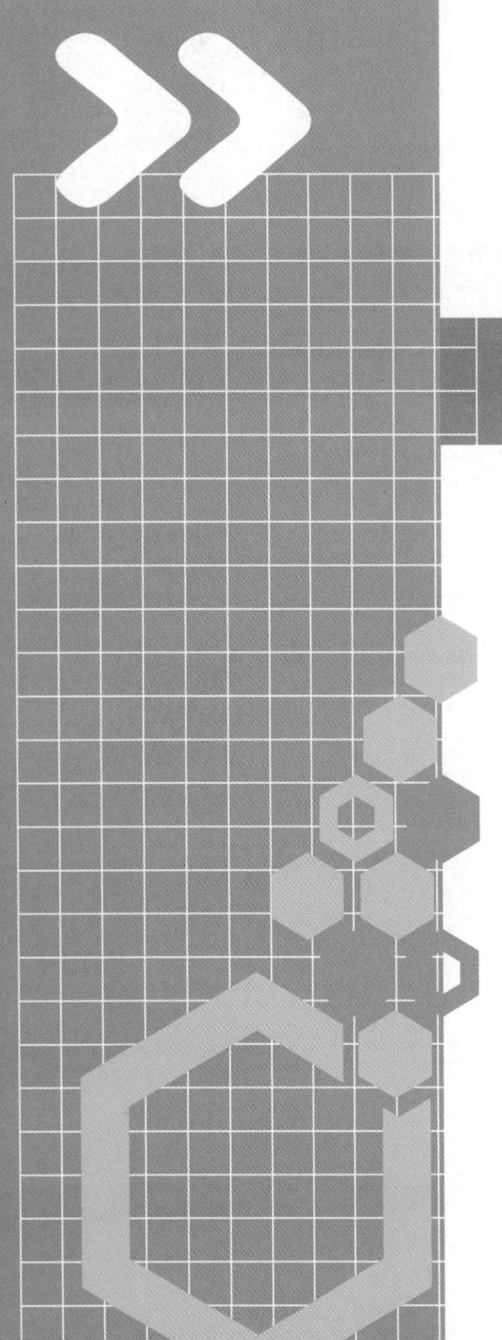

第6章 文本样式

内容简介

使用CSS3文本模块(Text Module)可以将网页中与文本相关的属性单独进行规范，不仅可以设置文本的字体、大小、粗细等，还可以对网页中文本的显示效果进行更加精细的排版。

学习重点

- 字体样式
- 文本格式
- 文本效果
- 动态内容

6.1 字体样式

在网页中，通过CSS3可以定义的文本基本属性包括字体类型、大小、粗细、修饰线、斜体、大小写格式等。

6.1.1 字体

使用font-family属性可以定义字体类型。

【基本语法】

```
font-family：name;
```

【语法说明】

其中name表示字体名称，或字体名称列表。多个字体类型按优先级顺序排列，以逗号隔开。如果字体名称包含空格，则应使用引号括起。

【示例代码】

【例6-1】编写一段网页代码，为网页中的文本定义字体类型(扫码可查阅完整代码)。示例效果如图6-1所示。

(1) 创建HTML5文档，在<body>标签中输入以下代码。

```
<div id="wrap">
    <div id="header">
        <h1>网站首页标题</h1>
    </div>
    <ul id="nav">
        <li>导航菜单</li>
        <li>关键页面</li>
    </ul>
    <div id="main">
        <h2>栏目标题</h2>
        <p>首页描述文本</p>
    </div>
    <div id="footer">
        <p>版权信息</p>
    </div>
</div>
```

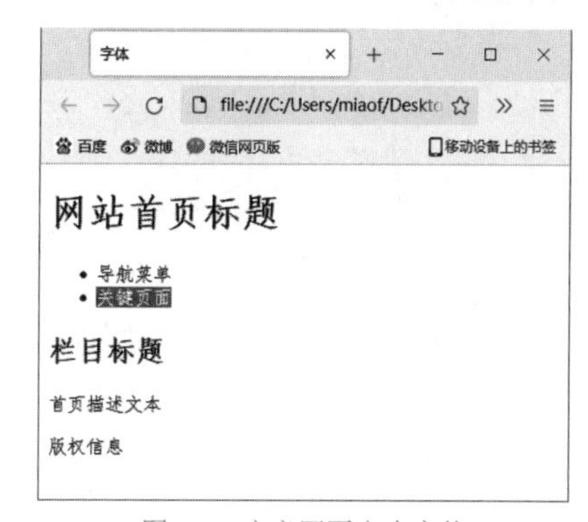

图 6-1 定义网页文本字体

(2) 新建内部样式表，定义网页字体类型采用“仿宋”。

```
<style type="text/css">
    body {font-family: 仿宋}
</style>
```

6.1.2 大小

使用font-size属性可以定义文本大小。

【基本语法】

font-size：xx-small | x-small | small | medium | large | x-large | xx-large | larger | smaller | length

【语法说明】

其中，xx-small(最小)、x-small(较小)、small(小)、medium(正常)、large(大)、x-large(较大)、xx-large(最大)表示绝对字体。smaller(减少)和larger(增大)表示相对字体，根据父元素字体大小进行相对缩小或者增大。length可以是百分数、浮点数，但不可为负值。百分比取值基于父元素字体大小来计算，与em相同。

【示例代码】

【例6-2】继续例6-1的操作，使用em和%练习为网页中的文本设计字体大小(扫码可查阅完整代码)。示例效果如图6-2所示。

(1) 在内部样式表中定义页面文本的字体大小(12px/16px)*1em=0.75em(相当于12px)。

```
body {font-size: 0.75em;}
```

(2) 以网页字体大小为参考，分别定义各个栏目字体大小。其中正文内容继承body字体大小，因此无须重复定义：

```
#header h1 {font-size: 1.333em;}
#main h2{font-size: 1.167em;}
#nav li{font-size: 1.08em;}
#footer p{font-size: 0.917em;}
```

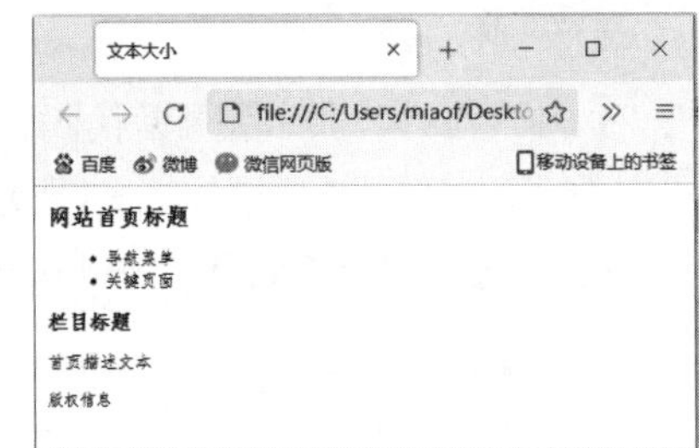

图 6-2　定义网页文本大小

根据CSS继承规则，子元素的字体大小都是以父元素的字体大小为1em作为参考来计算的。例如，如果网站标题为1em，而body字体为0.75em，则网站标题页应该为0.75em，即等于12px，而非16px。图6-2中字体大小定义如下：

- 栏目标题的字体大小是body的14/12倍，即(14px、12px)*1em=1.167em。
- 导航栏的字体大小是body的13/12倍，即(13px/12px)*1em=1.08em。
- 正文的字体大小是body的1倍，即(12px/12px)*1em=1em。
- 版权与注释信息的字体大小是body的11/12，即(11px/12px)*1em=0.917em。

【知识点滴】

网页对象宽度单位为%和em时，它们所呈现的效果是不同的，这与字体大小中%和em表现截然不同。例如，当网页宽度单位为%(百分比)时，它的宽度将以父元素的宽度为参考进行计算，这与字体大小中的%和em单位计算方式类似，但是如果将网页宽度单位设置为em，则它将以内部包含字体的大小作为参考进行计算。

6.1.3 颜色

在网页中，用户可以使用color属性定义字体颜色。

【基本语法】

color : color

【语法说明】

参数color表示颜色值，可以为颜色名、十六进制值、RGB等颜色函数。

6.1.4 粗体

使用font-weight属性可以定义字体粗细。

【基本语法】

foot-weight : normal | bold | bolder | lighter | 100 | 200 | 300 | 400 | 500 | | 600 | 700 | 800 | 900

【语法说明】

normal为默认值，表示正常字体，相当于400。bold表示粗体，相当于700。bolder表示较粗，lighter表示较细，它们是相对于normal字体相对的粗体与细体。100、200、300、400、500、600、700、800、900表示字体的粗细级别，值越大就越粗。

网页中的中文字体一般使用bold(加粗)、normal(普通)两个属性。

6.1.5 斜体

使用font-style属性可以定义字体倾斜效果。

【基本语法】

font-style : normal | italic | oblique

【语法说明】

normal为属性值，表示正常的字体；italic表示斜体；oblique表示倾斜字体。italic和oblique两个取值只在英文等西方文字中有效。

6.1.6 修饰线

使用text-decoration属性可以定义文本修饰线效果。

【基本语法】

text-decoration : none | underline | blink | overline | line-through

【语法说明】

none为默认值，表示无装饰线；blink表示闪烁线；underline表示下画线效果；line-through表示贯穿线效果；overline表示上画线效果。

【示例代码】

【例6-3】编写一段网页代码，在代码中设计文本修饰线效果(扫码可查阅完整代码)。示例效果如图6-3所示。

(1) 创建HTML5文档，定义内部样式表。

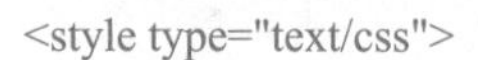

```
<style type="text/css">
    .underline {text-decoration: underline;}
    .overline{text-decoration: overline;}
    .line-through{text-decoration: line-through;}
</style>
```

(2) 在<body>标签中输入以下代码。

```
<h1>HTML5的新特性</h1>
<p class="underline">智能表单</p>
<p class="overline">绘图画布</p>
<p class="line-through">地理定位</p>
```

图 6-3　文本修饰线

(3) 定义一个样式，在该样式中同时声明多个修饰值。

```
.line{text-decoration:line-through overline underline;}
```

(4) 在<body>标签中输入一行代码，将步骤3定义的line样式应用于该文本。

```
<p class="line">数据存储</p>
```

【知识点滴】

CSS3将text-decoration从文本模块中独立出来，新增文本修饰模块，并增加了以下几个子属性，如表6-1所示。

表6-1　CSS3新增的文本修饰属性

属性	说明
text-decoration-line	设置修饰线的位置，其取值包括none(无)、underline、overline、line-through、blink
text-decoration-color	设置装饰线的颜色
text-decoration-style	设置装饰线的形状，其取值包括solid、double、dotted、dashed、wavy(波浪线)
text-decoration-skip	设置文本修饰线条必须略过内容中的哪些部分
text-decoration-position	设置对象中下画线的位置

6.1.7　变体

使用font-variant属性可以定义字体的变体效果。

【基本语法】

```
font-variant : normal | small-caps
```

【语法说明】

normal为默认值，表示正常的字体；small-caps表示小型的大写字母字体。

font-variant仅支持拉丁字体，中文字体没有大小写效果区分。

6.1.8　大小写

使用text-transform属性可以定义字体大小写效果。

【基本语法】

```
text-transform : none | capitalize |uppercase | lowercase
```

【语法说明】

none为默认值，表示无转换发生；capitalize表示将每个单词的第一个字母转换成大写，其余无转换发生；uppercase表示把所有字母都转换成大写；lowercase表示把所有字母都转换成小写。

【示例代码】

【例6-4】编写一段网页代码，在代码中使用text-transform设计单词首字母大写样式(扫码可查阅完整代码)。示例效果如图6-4所示。

(1) 创建HTML5文档，定义内部样式表。

```
<style type="text/css">
      .capitalize {text-transform: capitalize;}
      .uppercase{text-transform: uppercase;}
      .lowercase{text-transform: lowercase;}
</style>
```

(2) 在<body>标签中输入以下代码。

```
<p class="capitalize">Cascading Style Sheets</p>
<p class="uppercase">Cascading Style Sheets</p>
<p class="lowercase">Cascading Style Sheets</p>
```

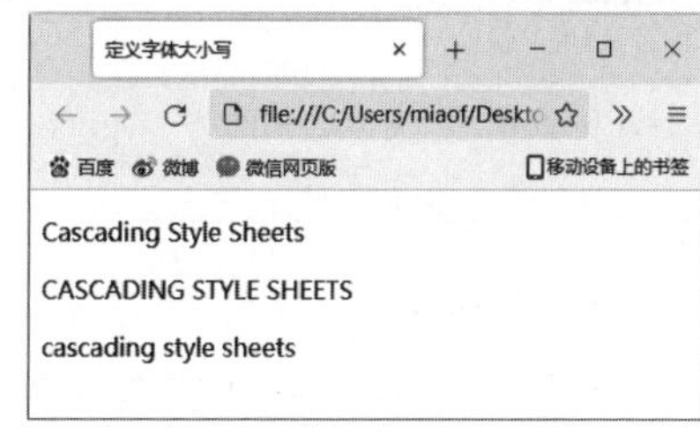

图 6-4　定义字母大小写

6.2　文本格式

在CSS3中，字体属性以font为前缀名，文本属性以text为前缀名。

6.2.1　对齐

使用text-align属性可以定义文本的水平对齐方式。

【基本语法】

```
text-align : left | right | center | justify
```

【语法说明】

left为默认值，表示左对齐；right为右对齐；center为居中对齐；justify为两端对齐。

CSS3为text-align属性新增了多个属性，其取值说明如表6-2所示。

表6-2　text-align属性取值说明

属性值	说明
justify	内容两端对齐(CSS2曾经支持过，后来又放弃)
start	内容对齐开始边界
end	内容对齐结束边界
match-parent	与inherit(继承)表现一致
justify-all	效果等同于justify，但还会让最后一行也两端对齐

使用vertical-align属性可以定义文本垂直对齐，其具体用法如下：

```
vertical-align : auto | baseline | sub |super | top | text-top | middle | bottom | text-bottom | length
```

vertical-align属性取值说明如表6-3所示。

表6-3　vertical-align属性取值说明

属性值	说明	属性值	说明
auto	自动对齐	baseline	默认值，基线对齐
sub	下标	super	上标
top	顶端对齐	text-top	文本顶端对齐
middle	居中对齐	bottom	底端对齐
text-bottom	文本底端对齐	length	定义位置，取值为长度值或者百分数，可为负数，定义由基线算起的偏移量，基线对于数值0而言为0，对于百分数而言就是0%

【扩展示例】

【例6-5】编写一段网页代码，在代码中为图片定义各种垂直对齐效果(扫码可查阅完整代码和示例效果)。

6.2.2　间距

文本间距包括字距和词距，字距表示字母之间的距离，词距表示单词之间的距离。

词距以空格为分隔符进行调整，如果多个单词连在一起，则视为一个单词；如果汉字被空格分隔，则分隔的多个汉字就被视为不同的单词。

使用letter-spacing属性可以定义字距，使用word-spacing属性可以定义词距。取值都是长度值，默认为normal，表示默认距离。

【示例代码】

【例6-6】编写一段网页代码，在代码中定义文本字距和词距(扫码可查阅完整代码和示例效果)。

(1) 创建HTML5文档，定义内部样式表。

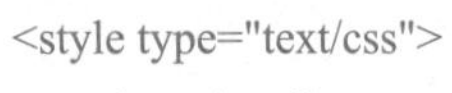

```
<style type="text/css">
    .lspacing {letter-spacing: lem;}
    .wspacing {word-spacing: 1em;}
</style>
```

(2) 在<body>标签中输入代码，定义两行段落文本，应用上面两个样式。

```
<p class="lspacing">Bind the sack before it be full(字间距)</p>
<p class="wspacing">Bind the sack before it be full(词间距)</p>
```

【知识点滴】

在设计网页时，一般很少使用字距和词距，对于中文字符而言，letter-spacing属性有效，而word-spacing属性则无效。

6.2.3　行高

使用line-height属性可以定义行高。

【基本语法】

```
line-height : normal | length
```

【语法说明】

normal表示默认值，约为1.2em；length为长度值或百分比(允许为负值)。

【扩展示例】

【例6-7】编写一段网页代码，在代码中定义文本行高(扫码可查阅完整代码和示例效果)。

6.2.4　缩进

使用text-indent属性可以定义首行缩进。

【基本语法】

```
text-indent : length
```

【语法说明】

length表示长度值或百分比(允许为负值)。建议以em为单位，em表示一个字距，这样可以让缩进效果更整齐、美观。

text-indent取负值可以设计悬挂缩进。使用margin-left和margin-right可以设计左右缩进。

【扩展示例】

【例6-8】编写一段网页代码，在代码中定义文本缩进效果(扫码可查阅完整代码和示例效果)。

6.2.5　换行

使用word-break属性可以定义文本自动换行。

【基本语法】

```
word-break : normal | keep-all | break-all
```

【语法说明】

normal表示使用浏览器默认的换行规则(默认值)；keep-all表示不允许文本中的单词换行；break-all表示允许在单词内换行。

【示例代码】

【例6-9】编写一段网页代码，在代码中定义文本换行(扫码可查阅完整代码)。示例效果如图6-5所示。

(1) 创建HTML5文档，在<body>标签中输入代码，设计一个表格(参见源代码)。

(2) 定义内部样式表。

```
<style type="text/css">
    table{width: 100%; font-size: 14px; border-collapse: collapse; border: 1px solid #cad9es; table-layout: fixed;}
    th {background-image: url("images/bj1.png"); background-repeat: repeat-x; height: 30px; vertical-align: middle; border: 1px solid #f12; padding: 0 1em 0;}
    td {height: 20px; border: 1px solid #f12; padding: 6px 1em;}
    tr:nth-child(even) {background-color: #0282;}
    .w4 {width: 8.5em;}
</style>
```

(3) 此时，在浏览器中预览网页，效果如图6-5左图所示。

(4) 修改内部样式表，添加以下代码：

```
th {
    overflow: hidden;
    word-break: keep-all;
    white-space: nowrap;
}
```

(5) 再次在浏览器中预览网页，效果如图6-5右图所示。

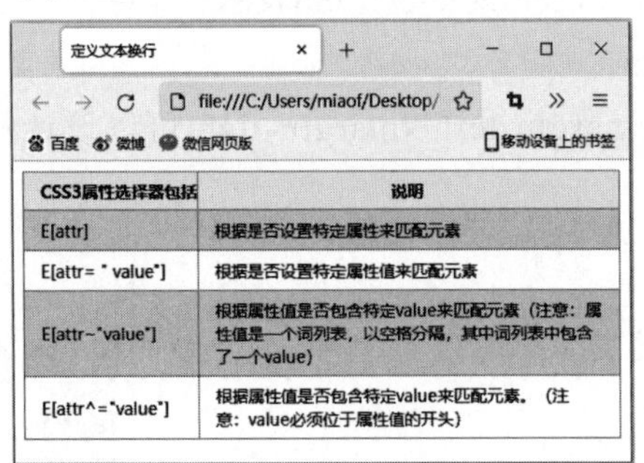

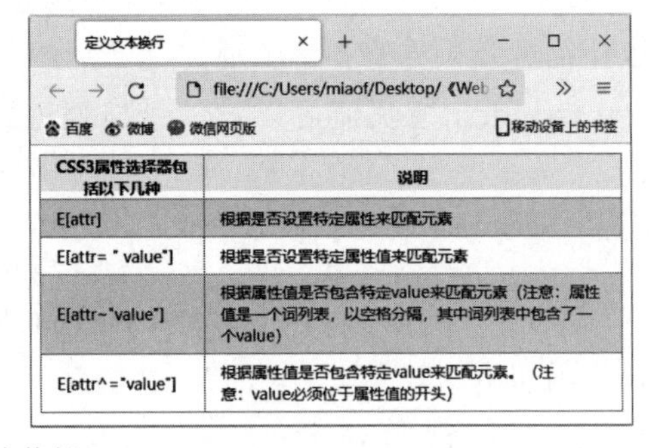

图 6-5　定义换行

【示例解析】

- overflow: hidden;定义超出单元格范围的内容隐藏显示，避免单元格多行显示。
- word-break: keep-all;定义禁止单词断开显示。
- white-space: nowrap;定义强制在一行内显示单元格内容。

6.3 书写模式

CSS3增加了书写模式模块，新增了writing-mode属性。使用writing-mode属性，可以定义文本的书写方向。

【基本语法】

```
writing-mode : horizontal-tb | vertical-rl | vertical-lr | lr-tb | tb-rl
```

【语法说明】

以上取值说明如表6-4所示。

表6-4 writing-mode属性取值说明

属性值	说明
horizontal-tb	水平方向自上而下的书写，类似IE私有值lr-tb
vertical-rl	垂直方向自右而左的书写，类似IE私有值tb-rl
vertical-lr	垂直方向自左而右的书写
lr-tb	书写方向：左-右，上-下。对象中的内容在水平方向上从左向右流入，后一行在前一行的下面显示
tb-rl	书写方向：上-下，右-左。对象中的内容在垂直方向上从上向下流入，自右向左。后一竖行在前一竖行的左面。全角字符竖直向上，半角字符旋转90°

【示例代码】

【例6-10】编写一段网页代码，在代码中模拟古文书写格式(扫码可查阅完整代码)。示例效果如图6-6所示。

(1) 创建HTML5文档，定义内部样式表。

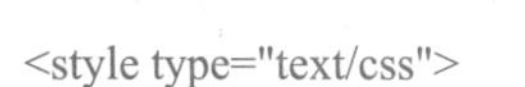

```
<style type="text/css">
    #box {float: right; writing-mode: tb-rl; -webkit-writing-mode: vertical-rl; writing-mode: vertical-rl;}
</style>
```

(2) 在<body>标签中输入以下代码，设计网页内容。

```
<div id="box">
<h2>兵车行</h2>
    <p>车辚辚，马萧萧……。</p>
</div>
```

【例6-11】编写一段网页代码，在代码中设计栏目垂直居中显示(扫码可查阅完整代码)。示例效果如图6-7所示。

(1) 创建HTML5文档，在<body>标签内输入以下代码设计一个简单的模板结构。

```
<div class="box">
    <div class="auto">
```

```
            <main>
                <h1>栏目标题</h1>
                <p>内容文本</p>
            </main>
        </div>
    </div>
```

(2) 定义内部样式表。

```
.box {writing-mode: tb-rl; -webkit-writing-mode: vertical-rl; writing-mode: vertical-rl; height:100%; }
.auto {margin-top: auto;margin-bottom: auto;height: 100px;}
```

图 6-6　古文书写格式

图 6-7　栏目垂直居中

【扩展示例】

【例6-12】编写一段网页代码，在代码中设计一个象棋棋子(扫码可查阅完整代码和示例效果)。

6.4　特殊值

在CSS3中有几个比较特殊的值，在网页设计开发中很实用。

1. initial

initial表示初始化属性的值，所有CSS3属性都支持该值。如果网页设计人员想重置某个属性为浏览器默认设置，就可以使用该值(这样做可以取消已定义的CSS样式)。

【示例代码】

【例6-13】编写一段网页代码，在代码中设计一个导航条(扫码可查阅完整代码)。示例效果如图6-8所示。

(1) 创建HTML5文档，在<body>标签内输入代码设计一个导航条。

```
<nav>
    <a href="#">首页</a>
        <a href="#">新闻</a>
```

```
        <a href="#">日历</a>
        ……
</nav>
```

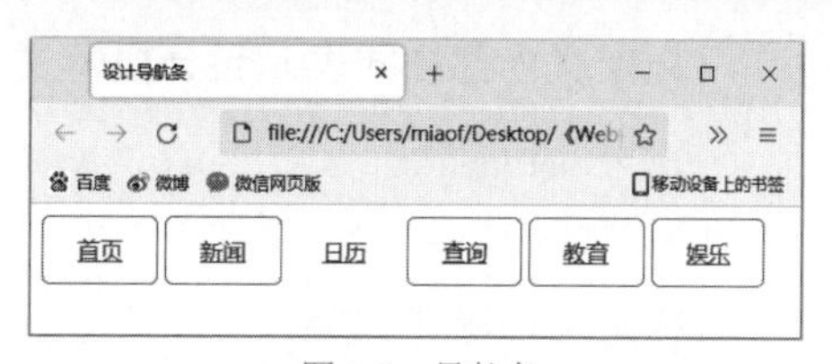

图 6-8 导航条

(2) 定义内部样式表。此时如果想禁用导航条中的某个链接按钮的边框样式，只需要在内部样式表中添加一个独立样式，将border属性设为initial值即可。

```
a{display:inline-block; padding: 12px 24px; border: solid 1px #082; border-radius: 6px; }
a:nth-child(3) { border: initial; }
```

2. inherit

inherit表示一个元素从父元素继承它的属性值(所有CSS属性都支持该值)。

【扩展示例】

【例6-14】在网页中设计一个包含框，包含两个盒子，定义高度分别为100%和inherit，正常情况下会显示200px，在特殊情况下(如定义盒子绝对定位显示)，则设置height: inherit;能够按预设效果显示，而height: 100%就可能溢出包含框(扫码可查阅完整代码和示例效果)。

【知识点滴】

inherit表示继承值，一般用于字体、颜色、背景等；auto表示自适应，一般用于高度、宽度、外边距和内边距等关于长度的属性。

3. unset

unset表示擦除用户声明的值。所有CSS3属性都支持该值。如果有继承值，则unset等效于inherit，即继承的值不被擦除；如果无继承值，则unset等效于initial，即擦除用户值后，恢复初始值。

【示例代码】

【例6-15】编写一段网页代码，在代码中设计网页文本显示为30px蓝色字体，若擦除第2段和第4段文本样式，则第2段文本显示继承样式(12px红色字体)，而第4段文本则进行初始化显示(16px黑色字体)(扫码可查阅完整代码)。示例效果如图6-9所示。

(1) 创建HTML5文档，在<body>标签内输入代码设计4段不同层级的段落文本。

```
<div class="box">
    <p>CSS3概述</p>
    <p class="unset">什么是CSS3</p>
</div>
<p>CSS3特性</p>
<p class="unset">完善选择器</p>
```

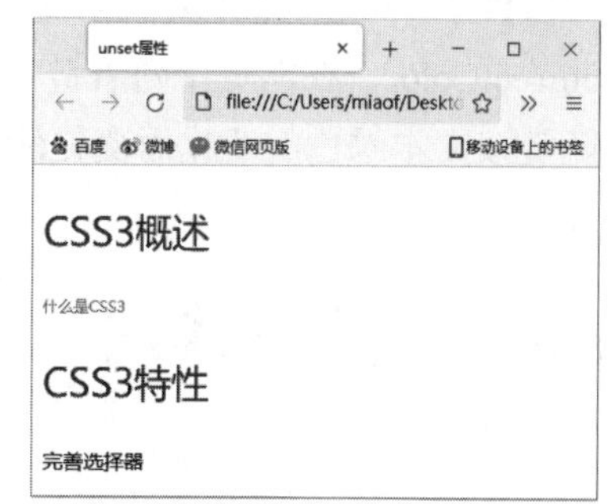

图 6-9 网页效果

(2) 定义内部样式表。设计段落文本的基本样式。

```
.box {color: red;font-size: 12px;}
p{color: blue;font-size: 30px;}
```

(3) 定义擦除样式类。

```
p.unset { color: unset; font-size: unset;}
```

4. all

all表示所有CSS属性，不包括unicode和direction属性。

【示例代码】

【例6-16】简化例6-15的设计，如果样式声明的属性非常多，使用all会更方便(扫码可查阅完整代码和示例效果)。

```
p.unset { all: unset; }
```

5. transparent

transparent表示完全透明，等效于rgba(0,0,0,0)值。

【扩展示例】

【例6-17】使用border属性在网页中设计三角形样式。通过使用transparent值让边框一侧边透明显示(扫码可查阅完整代码和示例效果)。

【知识点滴】

通过调整各边颜色、宽度，可以在页面中设计不同形状的三角形。例如：

```
#demo {width: 0;height: 0;border-top: 100px solid red;border-right: 150px solid transparent;}
```

6. currentColor

在CSS1和CSS2中，border-color、box-shadow和text-decoration-color属性的默认值是color属性的值。CSS3新增了currentColor，代码当前的Color色彩，即currentColor的值等于color属性的值。

【扩展示例】

【例6-18】设计网页导航按钮代码，定义导航按钮图标背景颜色为currentColor，在网页中随着链接文本的字体颜色不断变化，图标的颜色也跟随链接文本颜色的变化而变化(扫码可查阅完整代码和示例效果)。

6.5 文本效果

在CSS3中使用text-shadow属性可以给页面上的文字添加阴影效果。同时，灵活运用text-shadow属性，可以在网页中设计出许多特殊效果，如阴影对比度、多色阴影、火焰文

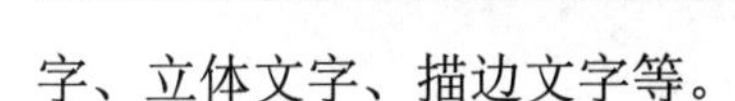

字、立体文字、描边文字等。

6.5.1 文本阴影

在显示字体时，如果需要给文字添加阴影效果，并为阴影添加颜色，以增强网页整体的效果，可以使用text-shadow属性。

【基本语法】

```
text-shadow:none | <shadow> [ , <shadow> ]*<shadow> = <length>{2,3} && <color>?
```

【语法说明】

text-shadow属性的初始值为无，适用于所有元素，其取值说明如表6-5所示。

表6-5 text-shadow属性取值说明

属性值	说明
none	无阴影
<length>①	第1个长度值用来设置对象的阴影水平偏移值。可以为负值
<length>②	第2个长度值用来设置对象的阴影垂直偏移值。可以为负值
<length>③	如果提供了第3个长度值，则用来设置对象的阴影模糊值。不允许为负值
<color>	设置对象阴影的颜色

【示例代码】

【例6-19】编写一段网页代码，在代码中为网页中的段落文本定义一个简单的阴影效果(扫码可查阅完整代码)。示例效果如图6-10所示。

(1) 创建HTML5文档，在<body>标签内输入以下代码。

```
<p>阴影文本</p>
```

(2) 定义内部样式表。

```
p {
    text-align: center;
    font: bold 60px "微软雅黑",helvetica,arial;
    color: #999;
    text-shadow: 0.1em 0.1em #333;
}
```

图 6-10 定义阴影文本

【知识点滴】

以上代码中，text-shadow: 0.1em 0.1em #333;声明了网页右下角文本阴影的效果。如果把阴影设置到右上角(如图6-11左图所示)，可以使用以下声明：

```
text-shadow: -0.1em -0.1em #333
```

同样，如果设置阴影在文本的左下角(如图6-11中图所示)，则可以设置以下样式：

```
text-shadow: -0.1em 0.1em #333
```

同时，也可以使用以下样式增加模糊的阴影(如图6-11右图所示)：

```
text-shadow: 0.1em 0.1em 0.5em #333;
```

text-shadow属性的第1个值表示水平位移；第2个值表示垂直位移，正值偏右或偏下，负值偏左或偏上；第3个值表示模糊半径(为可选值)；第4个值表示阴影的颜色(为可选值)。在阴影偏移之后，可以指定一个模糊半径。模糊半径是一个长度值，指出模糊效果的范围。如何计算模糊效果，具体算法并没有指定。在阴影效果的长度值之前或之后，还可以选择指定一个颜色值。如果没有指定颜色，那么将会使用color属性值来替代。

图 6-11　阴影模式

6.5.2　文本特效

灵活运用text-shadow属性可以解决网页设计中的许多实际问题。

1. 通过阴影增加前景色/背景色对比度

【示例代码】

【例6-20】编写一段网页代码，在代码中设计字体颜色使字体更加清晰(扫码可查阅完整代码)。示例效果如图6-12所示。

(1) 创建HTML5文档，在<body>标签内输入以下代码。

```
<p>阴影文本</p>
```

(2) 定义内部样式表。

```
p { color: #ff1; text-shadow: black 0.1em 0.1em 0.2em; }
```

图 6-12　增加前景色和背景色对比度

2. 定义多色阴影

text-shadow属性可以接收一个以逗号分隔的阴影效果列表，并应用到该元素的文本上。阴影效果按照给定的顺序应用，因此有可能出现相互覆盖(但是它们永远不会覆盖文本本身)。阴影效果不会改变框的尺寸，但可能延伸到它的边界之外。阴影效果的堆叠层次和元素本身的层次是一样的。例如：

```
p {
text-align: center;
    font: bold 60px "微软雅黑",helvetica,arial;
    color: #ff1;
```

```
    text-shadow: 0.2em 0.5em 0.1em #060,
                 -0.5em 0.1em 0.1em #666,
                  0.4em -0.3em 0.1em #f12;
}
```

【扩展示例】

【例6-21】编写一段网页代码，在代码中设计将阴影设置到文本线框之外(扫码可查阅完整代码和示例效果)。

3. 定义火焰效果文字

借助阴影效果列表机制，可以使用阴影叠加出燃烧的文字特效。

【示例代码】

【例6-22】编写一段网页代码，在代码中设计火焰效果文字(扫码可查阅完整代码)。示例效果如图6-13所示。

```
p {
color: #ff1;
text-shadow: 0 0 4px white,
             0 -5px 4px #ff3,
             2px -10px 6px #fd3,
             -2px -15px 11px #f80,
             2px -25px 18px #f20;
}
body {background: #012;}
```

图 6-13　火焰文字

4. 定义立体效果文字

text-shadow属性可以应用在:first-line伪元素上。同时，还可以利用该属性设计立体效果文字。

【示例代码】

【例6-23】编写一段网页代码，在代码中设计凸起效果文本(扫码可查阅完整代码)。示例效果如图6-14所示。

```
p {
    color: #d1d1d1;
    background: #ccc;
    text-shadow: -2px -2px white,
                 2px 2px #333;
}
body {background: #000;}
```

图 6-14　文字凸起效果

【例6-24】编写一段网页代码，在代码中设计凹下效果文本(扫码可查阅完整代码)。示例效果如图6-15所示。

```
p {
    color: #d1d1d1;
    background: #ccc;
text-shadow: 2px 2px white,
          -2px -2px #333;
}
body {background: #000;}
```

图 6-15　文字凹下效果

5. 定义描边效果文字

text-shadow属性可以为文本描边，设计方法是分别为文本4条边添加1像素的实体阴影。

【示例代码】

【例6-25】编写一段网页代码，在代码中设计描边效果文本(扫码可查阅完整代码)。示例效果如图6-16所示。

```
p {
    color: #fff; background: #ccc;
    text-shadow: -1px 0 black,
              0 1px black,
              1px 0 black,
              0 -1px black;
}
body {background: #000;}
```

图 6-16　文字描边效果

6. 定义发光效果文字

设计阴影不发生位移，同时定义阴影模糊显示，这样就可以模拟出文字外发光效果。

【扩展示例】

【例6-26】编写一段网页代码，在代码中设计外发光效果文本(扫码可查阅完整代码和示例效果)。

6.6　颜色模式

CSS3支持RGBA、HSL和HSLA三种颜色模式。

6.6.1　RGBA

RGBA是RGB模式的扩展，在红、绿、蓝三色通道基础上增加了Alpha通道。

【基本语法】

```
rgba(r,g,b,<opacity>)
```

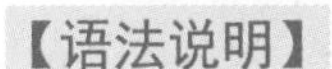

【语法说明】

以上语法参数说明如表6-6所示。

表6-6 rgba参数说明

参数	说明
<opacity>	表示不透明度
r、g、b	分别表示红色、绿色、蓝色3种原色所占的比重。取值为正整数(0~255)，或者百分数(0.0%~100.0%)。超出范围的数值将被截至其最近的取值极限(注意：并非所有浏览器都支持使用百分数值)

【扩展示例】

【例6-27】使用box-shadow属性和rgba()函数为表单控件设置半透明阴影和柔和边框效果(扫码可查阅完整代码和示例效果)。

6.6.2 HSL

HSL通过色调(H)、饱和度(S)和亮度(L)三色通道的叠加来表现各种颜色，表现力丰富，应用比较广泛。

【基本语法】

```
hsl(<length>,<percentage>,<percentage>)
```

【语法说明】

以上语法参数说明如表6-7所示。

表6-7 hsl参数说明

参数	说明
<length>	用于确定颜色(任意数值)，其中0(或360、-360)表示红色，60表示黄色，120表示绿色，180表示青色，240表示蓝色，300表示洋红
<percentage>(第1个)	表示饱和度(Saturation)，取值为0%和100%之间的值。其中0%表示灰度，即没有使用该颜色；100%饱和度最高，即颜色最鲜艳
<percentage>(第2个)	表示亮度(Lightness)。取值为0%和100%之间的值。其中0%最暗，显示为黑色；50%表示均值；100%最亮，显示为白色

【扩展示例】

【例6-28】编写一段网页代码，使用HSL在网页中设计一个颜色表(扫码可查阅完整代码和示例效果)。

6.6.3 HSLA

HSLA在色相、饱和度、亮度三要素的基础上增加了不透明度参数。

【基本语法】

```
hsla(<length>,<percentage>,<percentage>,<opacity>)
```

以上语法中前3个参数与hsl()函数参数的含义和用法相同，第4个参数<opacity>表示不透明度，取值为0～1。

【扩展示例】

【例6-29】编写一段网页代码，在代码中为网站登录页面设计透明效果(扫码可查阅完整代码和示例效果)。

6.6.4 opacity

使用opacity属性可以定义不透明度。

【基本语法】

```
opacity:<alphavalue>|inherit;
```

【语法说明】

以上语法参数取值说明如表6-8所示。

表6-8 opacity参数说明

参数	说明
<alphavalue>	介于0和1之间的浮点数，默认值为1。取值为1，表示完全不透明；取值为0，表示完全透明
inherit	继承不透明性

【扩展示例】

【例6-30】在网页中使用opacity属性设计窗口遮罩特效(扫码可查阅完整代码和示例效果)。

6.7 动态内容

动态内容模块用于在CSS中为HTML临时添加非结构性内容。

1. 定义动态内容

使用content属性可以定义动态内容。

【基本语法】

```
content: normal | string | attr() | url() | counter() | none;
```

【语法说明】

以上语法的取值说明如表6-9所示。

表6-9　content属性取值说明

属性值	说明
normal	默认值
string	插入文本内容
attr()	插入元素的属性值
url()	插入外部资源，如图像、音频、视频或浏览器支持的其他任何资源
counter()	计数器，用于插入排序标识
none	无任何内容

【示例代码】

【例6-31】使用content属性将超链接的URL字符串动态显示在页面中(扫码可查阅完整代码)。示例效果如图6-17所示。

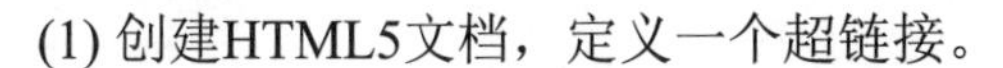

(1) 创建HTML5文档，定义一个超链接。

```
<a href="http://www.sina.com/">新浪</a>
```

(2) 定义内部样式表。

```
a:after { content: attr(href); }
```

图 6-17　动态显示超链接 URL 字符串

2. 设计目录索引

【示例代码】

【例6-32】编写一段网页代码，在代码中设计一个动态目录索引(扫码可查阅完整代码和示例效果)。

(1) 创建HTML5文档，设计多层嵌套的列表结构。

(2) 创建内部样式表，设计目录索引效果。

```
ol { list-style:none;}                                   /*清除默认的序号*/
li:before {color:#f00; font-family:Times New Roman;}     /*设计层级目录序号的字体样式*/
li{counter-increment:a 1;}                               /*设计递增函数a，递增起始值为1 */
li:before{content:counter(a)". ";}                       /*把递增值添加到列表项前面*/
li li{counter-increment:b 1;}                            /*设计递增函数b，递增起始值为1 */
li li:before{content:counter(a)"."counter(b)". ";}       /*把递增值添加到二级列表项前面*/
li li li{counter-increment:c 1;}                         /*设计递增函数c，递增起始值为1 */
li li li:before{content:counter(a)"."counter(b)"."counter(c)". ";}  /*把递增值添加到三级列表项前面*/
```

3. 设计引号

【示例代码】

【例6-33】编写一段网页代码，在代码中设计一个动态引号效果(扫码可查阅完整代码)。示例效果如图6-18所示。

(1) 创建HTML5文档，设计3段引文文本。

```
<p lang="no"><q>HTML5+CSS3网页设计案例教程</q></p>
<p lang="en"><q>HTML5+CSS3</q></p>
```

```
<p lang="ch"><q>案例教程</q></p>
```

(2) 创建计内部样式表。

```
p {font-size:24px;}
/* 为不同语言指定引号的表现 */
:lang(en) > q {quotes:'"' '"';}
:lang(no) > q {quotes:"«" "»";}
:lang(ch) > q {quotes:"“" "”";}
/* 在q标签的前后插入引号 */
q:before {content:open-quote; padding-right:6px;}
q:after  {content:close-quote; padding-left:6px;}
```

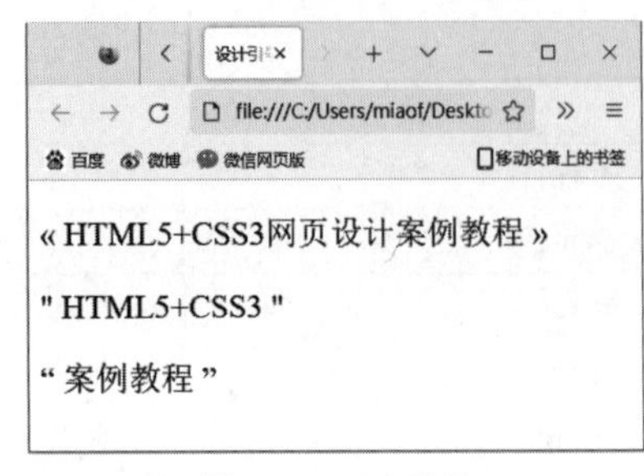

图 6-18　动态引号

4. 动态引入外部资源

【示例代码】

【例6-34】使用content属性，配合url()函数为动图内容加载外部图像资源，并添加到超链接文本前面显示(扫码可查阅完整代码)。示例效果如图6-19所示。

(1) 创建HTML5文档，设计两个超链接。

```
<a href="http://tupwk.com.cn/1.book">《HTML5+CSS3网页设计案例教程》</a><br>
<a href="http://tupwk.com.cn/" rel="external">《HTML5案例教程》</a>
```

(2) 创建内部样式表，设计插入定义动态图标，并使其显示在链接文本的前面。

```
a[href $=".book"]:before {
    content:url(images/icon-1.png);
}
a[rel = "external"]:before {
    content:url(images/icon-2.png);
}
```

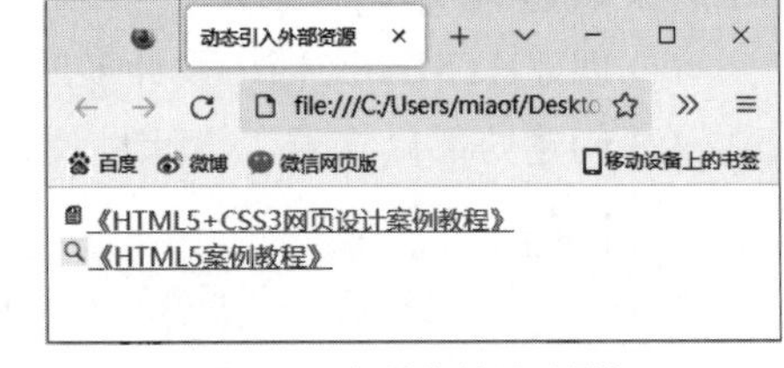

图 6-19　超链接前显示图像

5. 动态绘制图形

【示例代码】

【例6-35】编写一段网页代码，设计一个纯CSS消息提示框(扫码可查阅完整代码)。示例效果如图6-20所示。

(1) 创建HTML5文档，设计提示框。

```
<div class="bubble bubble-left">消息提示框(左侧)<br>这里是提示框中显示的内容</div>
```

(2) 创建内部样式表，在内部样式表设计消息框基本框架样式。

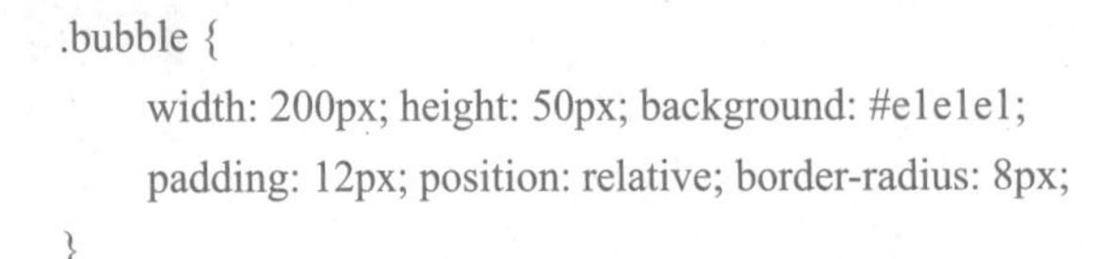

```
.bubble {
    width: 200px; height: 50px; background: #e1e1e1;
    padding: 12px; position: relative; border-radius: 8px;
}
```

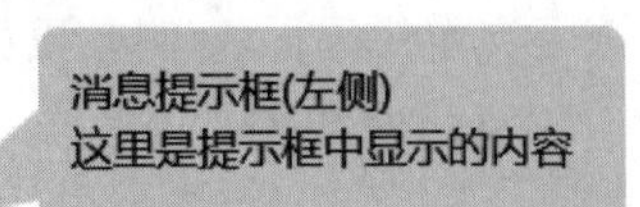

图 6-20　提示框

(3) 使用content属性生成箭头基本样式。

```
.bubble:before { content: ""; width: 0; height: 0; position: absolute; z-index:-1; }
```

(4) 设计消息提示框的扩展样式。

```
.bubble.bubble-left:before {
    right: 90%; top: 50%;
    transform: rotate(-25deg);
    border-top: 20px solid transparent;
    border-right: 80px solid #e1e1e1;
    border-bottom: 20px solid transparent;
}
```

(5) 设计消息提示框在页面中的位置。

```
div { margin:50px;}
```

【知识点滴】

调整消息提示框箭头的方向，可以在页面中设计出指向各种不同方向的提示框。

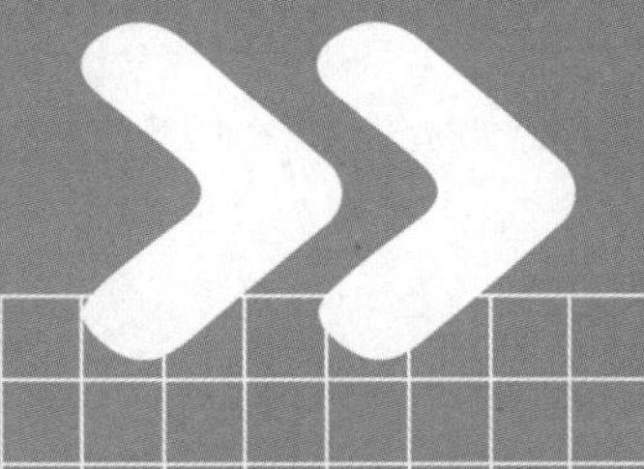

第7章 图像和背景样式

内容简介

使用CSS3可以控制图像大小、边框样式，也可以设计圆角、半透明、阴影等特殊效果。同时，CSS3还允许设计师为网页设计多重背景图，控制背景图像的大小、坐标原点，并应用渐变色增强背景图像效果。

学习重点

- 美化网页图像
- 定义背景图像
- 定义渐变背景

7.1　美化图像

设计人员使用CSS3，可以对网页中图像的大小、边框、阴影等效果进行设置，从而通过图文混排制作出复杂版式的页面。

7.1.1　图像大小

<img>标签包含width和height属性，使用它们可以控制图像大小。同时，使用CSS的width和height属性可以灵活地调整图像在网页中的大小。

另外，针对移动端网页浏览设备，使用min-width(定义最小宽度)、max-width(定义最大宽度)、min-height(定义最小高度)和max-height(定义最大高度)等属性可定义弹性布局。

【示例代码】

【例7-1】使用CSS3设计一个简单的图文混排网页，使文字环绕显示在图片左侧(扫码可查阅完整代码)。示例效果如图7-1所示。

(1) 创建HTML5网页，在<body>标签内输入以下代码。

```
<div class="pic_news">
    <h2>HTML的发展历史</h2>
    <p><img src="images/xtml.png" alt="" /></p>
    <p>1993年6月 ……。</p>
</div>
```

图 7-1　图文混排网页

(2) 在<head>标签内添加<style type="text/css">标签，定义一个内部样式。

```
<title>图文混排</title>
<style type="text/css">
    .pic_news{width: 600px;}           /*控制内容区域的宽度，此处应根据实际情况设置*/
    .pic_news h2 { font-family: "仿宋"; font-size: 26px; text-align: center;
    }
    .pic_news img {
        float: right;                  /*使图片旁边的文字产生浮动效果*/
        margin-right: 16px; margin-bottom: 16px; height: 250px;
    }
    pic_news p{text-indent: 2em;}      /*首行段落文本缩进2个字符*/
</style>
```

【知识点滴】

如果只为图像定义高度或者宽度中的单一项，浏览器会自动根据宽度或者高度调整图像的纵横比，使用图片的宽高比协调缩放。但是如果同时为图像定义宽度和高度参数，就应注意图像的宽高比，以避免图像变形。

7.1.2　图像边框

网页中的图像在默认状态下不会显示边框，但在为图像定义超链接时会自动显示2~3px宽的蓝色粗边框。使用border属性可以清除这个边框。

【基本语法】

```
<a href="#"><img src="images/xtml.png" alt="XHTML" border="0" /></a>
```

使用CSS3的border属性可以更灵活地定义图像边框，同时CSS3提供了丰富的样式，如边框的粗细、颜色和样式。

【示例代码】

【例7-2】使用CSS3为网页中的背景图像设计镶边效果(扫码可查阅完整代码)。示例效果如图7-2所示。

(1) 准备一个渐变阴影图像(参考本例提供的素材文件)。

(2) 创建HTML5文档，在<head>标签内添加<style type="text/css">标签(为页面图片添加镶边效果)。

```
img {
    background: white;                    /*白色背景*/
    padding: 5px 5px 9px 5px;             /*增加内边距*/
    background: white url(images/shad_bottom.gif)
    repeat-x bottom left;                 /*底边阴影*/
    border-left: 2px solid #dcd7c8;       /*左侧阴影*/
    border-right: 2px solid #dcd7c8;      /*右侧阴影*/
}
```

图 7-2　定义图片边框样式

(3) 在<body>标签中输入以下代码，定义3张网页图片。

```
<img src="images/p1.png" width="100">
<img src="images/p2.png" width="200">
<img src="images/p3.png" width="300">
```

7.1.3　半透明图片

使用opacity可以设计图像的不透明度。

【示例代码】

【例7-3】在网页中使用opacity属性为图片设置水印(扫码可查阅完整代码)。示例效果如图7-3所示。

(1) 创建HTML5网页，在<body>标签内输入以下代码。

```
<div class="watermark">
    <img src="images/bg-1.png" class="img" width="500">
    <img src="images/logo.png" class="logo" width="100">
</div>
```

(2) 设计一个包含框为水印图片提供定位参考(插入的第一张图片为照片，第二张图片为水印图片，如图7-4所示)。

(3) 在<head>标签内添加<style type="text/css">标签，输入代码定义包含框为相对定位。

```
.watermark { position: relative; float: left; display: inline; }
```

(4) 定义水印图像半透明显示，并精确定位到图片的右下角显示。

```
.logo {filter: alpha(opacity=40); -moz-opacity: 0.4; opacity: 0.4;
    position: absolute;                /*绝对定位*/
    right: 20px;                       /*定位到照片右侧*/
    bottom: 20px;                      /*定位到照片底部*/
}
```

(5) 设计图片边框效果。

```
.img {
    background: white;
    padding: 5px 5px 9px 5px;
    background: white url(images/shad_bottom.gif) repeat-x bottom left;
    border-left: 2px solid #dcd7c8;
    border-right: 2px solid #dcd7c8;
}
```

图 7-3　设计半透明图片水印

图 7-4　背景图片和水印图片

7.1.4　图像圆角

使用CSS3的border-radius属性可以在网页中设计圆角样式的图片。

【基本语法】

```
border-radius:none | <length>{1,4} [ / <length{1,4}>]?;
```

【语法说明】

border-radius属性适用于所有元素，其取值说明如表7-1所示。

表7-1　border-radius属性取值说明

属性值	说明
none	默认值，表示元素没有圆角
<length>	长度值，不可为负值

使用border-top-right-radius(定义右上角的圆角)、border-bottom-right-radius(定义右下角的圆角)、border-bottom-left-radius(定义左下角的圆角)、border-top-left-radius(定义左上角的圆角)等子属性，可以单独定义元素4个顶角。

【扩展示例】

【例7-4】 使用border-radius属性在网页中设计图片的圆角样式(扫码可查阅完整代码和示例效果)。

【知识点滴】

border-radius属性可以包含两个参数值，其中第一个值表示圆角的水平半径，第二个值表示圆角的垂直半径，两个参数值通过中间斜线分隔。如果仅包含一个参数值，则第2个值与第1个值相同，它表示这个角就是一个四分之一的圆角。如果参数值包含0，则就是矩形，不会显示为圆角。

7.1.5　图像阴影

使用CSS3的box-shadow属性可以定义图像阴影效果。

【基本语法】

```
box-shadow:none | <shadow> [ , <shadow>]*;
```

【语法说明】

box-shadow属性适用于所有元素，其取值说明如表7-2所示。

表7-2　box-shadow属性取值说明

属性值	说明
none	默认值，表示元素没有阴影
<shadow>	该属性值可以使用公式表示为inset&&[<length>]{2,4}&&<color>?]，其中inset表示设置阴影的类型为内阴影，默认为外阴影；<length>是长度值，可取正负值，定义阴影水平偏移、垂直偏移，以及阴影大小(即阴影模糊度)、阴影扩展；<color>表示阴影颜色

【示例代码】

【例7-5】在网页中设计两个阴影样式，其中一个定义圆角阴影效果，另一个定义多重阴影效果(扫码可查阅完整代码)。示例效果如图7-5所示。

(1) 创建HTML5网页，在<body>标签中输入以下代码。

```
<img class="r1" src="images/p6.png" title="阴影图像" />
<img class="r2" src="images/p6.png" title="多重阴影图像" />
```

(2) 在<head>标签内添加<style type="text/css">标签，定义内部样式表。

```
.r1 {
    border-radius:8px;
    box-shadow:8px 8px 14px #999;
}
.r2 {
    border-radius:12px;
    box-shadow:-10px 0 12px red,
        10px 0 12px blue,
        0 -10px 12px yellow,
        0 10px 12px green;
}
```

图 7-5　定义阴影图像

7.2　背景图像

CSS3提供了多个background子属性来修饰网页背景图像。

7.2.1　定义背景图像

使用background-image属性可以定义网页背景图像。

【基本语法】

```
background-image: none | <url>
```

【语法说明】

默认值为none，表示无背景图；<url>表示使用绝对或相对地址指定背景图像。

【知识点滴】

使用background-repeat属性可以控制背景图像的显示。

```
background-repeat: repeat-x | repeat-y | [repeat | space | round | no-repeat] {1,2}
```

background-repeat属性取值说明如表7-3所示。

表7-3　background-repeat属性取值说明

属性值	说明
repeat-x	横向上平铺
repeat-y	纵向上平铺
repeat	横向和纵向平铺
space	以相同的间距平铺且填充满整个容器或某个方向
round	自动缩放直到适应且填充满整个容器
no-repeat	不平铺

【扩展示例】

【例7-6】设计网站公告栏，其宽度固定，高度会根据内容文本进行动态调整(扫码可查阅完整代码和示例效果)。

7.2.2　定义背景原点/位置/裁剪

背景图像默认显示在左上角，使用background-position属性可以改变显示位置。

【基本语法】

```
background-position：[left | center | right | top | bottom | <percentage> | <length>] | [left | center | right | <percentage> | <length>] [top | center |bottom | <percentage> | <length>] | [ center |[ left | right] [<percentage> | <length>]?] &&[center | [ top | bottom ] [ <percentage> | <length>]?]
```

【语法说明】

background-position属性的取值包括两个值，分别指定背景图像在x、y轴的偏移值，均默认为0%，等效于left top。

使用background-origin属性可以定义background-position的定位原点。用法如下：

```
background-origin:border-box | padding-box | content-box;
```

background-origin取值简单说明如表7-4所示。

表7-4　background-origin属性取值说明

属性值	说明
border-box	从边框区域开始显示背景
padding-box	从补白区域开始显示背景(默认值)
content-box	仅在内容区域显示背景

使用background-clip属性可以定义背景图像的裁剪区域。用法如下：

```
background-clip:border-box | padding-box | content-box | text;
```

background-clip属性取值简单说明如表7-5所示。

表7-5　background-clip属性取值说明

属性值	说明
border-box	从边框区域向外裁剪背景(默认值)
padding-box	从补白区域向外裁剪背景
content-box	从内容区域向外裁剪背景
text	从前景内容(如文字)区域向外裁剪背景

【示例代码】

【例7-7】使用上面介绍的方法，设计一个包含多重背景图像的网页(扫码可查阅完整代码)。示例效果如图7-6所示。

(1) 创建HTML5网页，在<body>标签中输入以下代码。

```
<div class="demo multipleBg"></div>
```

(2) 在内部样式表中定义<div>标签的基本样式。

```
.demo {
    width: 410px;height: 610px;
    border: 5px solid rgba(104, 104, 142,0.5);
    border-radius: 5px;
    padding: 30px 30px;
    color: #f36; font-size: 80px;
    font-family:"隶书";
    line-height: 1.5;
    text-align: center;
}
```

图 7-6　多重背景图像

(3) 为<div>标签定义4个背景图像(如图7-7所示)。

```
.multipleBg {
    background: url("images/bg-bl.png") no-repeat left bottom,
        url("images/bg-tr.png") no-repeat right top,
        url("images/bg-tl.png") no-repeat left top,
        url("images/bg-br.png") no-repeat right bottom;
    /*改变背景图片的position起始点*/
    -webkit-background-origin: border-box, border-box, border-box, border-box, padding-box;
    -moz-background-origin: border-box, border-box, border-box, border-box, padding-box;
    -o-background-origin: border-box, border-box, border-box, border-box, padding-box;
    background-origin: border-box, border-box, border-box, border-box, padding-box;
    /*控制背景图片的显示区域，所有背景图片超过border外边缘都将被剪切掉*/
    -moz-background-clip: border-box;
    -webkit-background-clip: border-box;
    -o-background-clip: border-box;
    background-clip: border-box;
}
```

bg-bl.png

bg-tr.png

bg-tl.png

bg-br.png

图 7-7　4 张背景图像

7.2.3　控制背景图像显示大小

使用background-size属性，可以控制背景图像显示大小。

【基本语法】

```
background-size:[<length> | <percentage> | auto ]{1,2} | cover | contain;
```

【语法说明】

background-size属性取值简单说明如表7-6所示。

表7-6　background-size属性取值说明

属性值	说明
<length>	长度值，不可为负值
<percentage>	取值为0~100%
cover	保持宽高比，将图片缩放到正好完全覆盖背景区域
contain	保持宽高比，将图片缩放到宽度或高度正好适应背景区域

【示例代码】

【例7-8】使用上面介绍的background-size属性，在网页中设计圆角栏目(扫码可查阅完整代码)。示例效果如图7-8和图7-9所示。

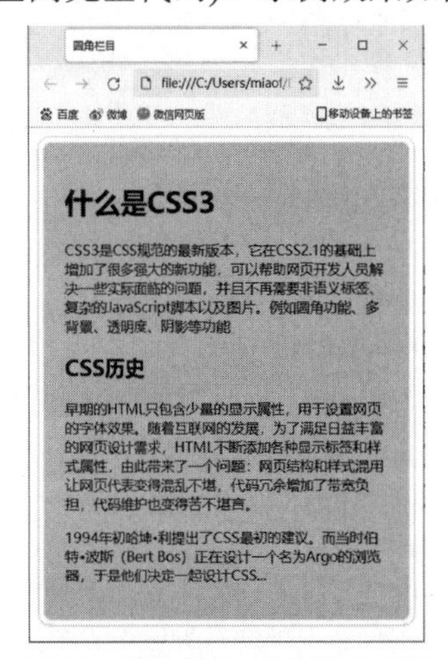

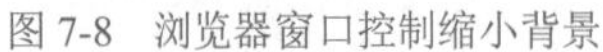
图 7-8　浏览器窗口控制缩小背景

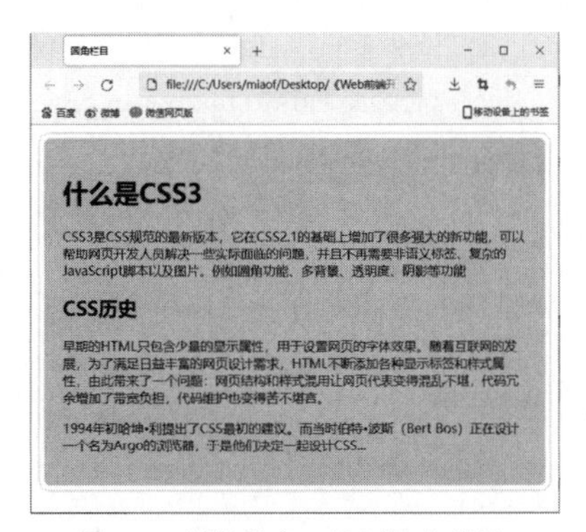

图 7-9　浏览器窗口控制放大背景

(1) 创建HTML5网页，在<body>标签中输入以下代码。

```
<div class="roundbox">
    <h1>什么是CSS3</h1>
    <p>CSS3是……。</p>
</div>
```

(2) 在内部样式表中设计包含框的背景图像样式。

```
<style type="text/css">
    .roundbox {
    padding: 2em;
    /*为容器定义多个背景图像*/
    background-image: url(images/tl.gif),
                      url(images/tr.gif),
```

```
            url(images/bl.gif),
            url(images/br.gif),
            url(images/right.gif),
            url(images/left.gif),
            url(images/top.gif),
            url(images/bottom.gif);
    /*定义背景图像4个顶角禁止平铺，4个边框分别沿X轴或Y轴平铺*/
    background-repeat: no-repeat,
            no-repeat,
            no-repeat,
            no-repeat,
            repeat-y,
            repeat-y,
            repeat-x,
            repeat-x;
    /*定义4个顶角图像分别固定在4个顶角位置，4个边框图像分别固定在四边位置*/
    background-position: left 0px,
            right 0px,
            left bottom,
            right bottom,
            right 0px,
            0px 0px,
            left 0px,
            left bottom;
    background-color: #ccc;
}
</style>
```

7.2.4　固定背景图像

在默认情况下，背景图像会跟随对象所包含的内容上下滚动。用户可以使用background-attachment属性定义背景图像在窗口内固定显示。

【基本语法】

```
background-attachment: fixed | local | scroll
```

【语法说明】

background-attachment属性取值说明如表7-7所示。

表7-7　background-attachment属性取值说明

属性值	说明
fixed	背景图像相对于浏览器窗口固定
local	背景图像相对于元素内容固定
scroll	背景图像相对于元素固定

【示例代码】

【例7-9】为<body>标签设置背景图片。当滚动浏览网页时，背景图片始终显示(扫码可查阅完整代码)。示例效果如图7-10所示。

(1) 创建HTML5网页，在<body>标签中输入以下代码。

```
<div id="box">
    <h1>人工智能 </h1>
    <h2>什么是人工智能</h2>
    <pre>人工智能(Artificial Intelligence)……。</pre>
</div>
```

图 7-10　定义固定显示的背景图像

(2) 定义内部样式表，设计网页背景图像。

```
<style type="text/css">
body {
    background-image: url(images/bg-2.png);
    background-repeat: no-repeat;
    background-position: left center;
    background-attachment: fixed;
    height: 1200px; }
#box {
    float:right;
    width:400px;
}
</style>
```

7.3 渐变背景

还可以将背景图像定义为渐变背景，包括线性渐变和径向渐变两种类型。

7.3.1 线性渐变

创建一个线性渐变，至少需要两种颜色，同时可以选择设置一个起点或方向。

【基本语法】

```
linear-gradient(angle,color-stop1,color-stop2,…)
```

【语法说明】

linear-gradient参数说明如表7-8所示。

表7-8　linear-gradient参数说明

参数	说明
angle	渐变方向，取值为角度或者关键字，其关键字包括以下4个。 (1) to left：设置渐变从右到左，相当于270deg； (2) to right：设置渐变从左到右，相当于90deg； (3) to top：设置渐变从下到上，相当于0deg； (4) to bottom：设置渐变从上到下，相当于180deg(该值为默认值)
color-stop	指定渐变的色点，包括一个颜色值和一个起点位置。颜色的起点位置以空格分隔。起点位置可以为一个长度值(不可为负值)，也可以是一个百分比值，如果是百分比值，则参考应用渐变对象的尺寸，最终会被转换为具体的长度值

【示例代码】

【例7-10】使用上面介绍的方法，在网页中设计渐变背景(扫码可查阅完整代码)。示例效果如图7-11所示。

(1) 创建HTML5网页，在<body>标签中输入以下代码。

```
<div class="box">
    <h1>CSS3文本模块概述</h1>
    <p>CSS3版本规范…….
</div>
```

(2) 在内部样式表中设计线性渐变。

```
body {
    /*让渐变背景填满整个页面*/
    padding: 15em;
    margin: 0;
    background: -webkit-linear-gradient(#FF6666, #ffffff);
    background: -o-linear-gradient(#FF6666, #ffffff);
    background: -moz-linear-gradient(#FF6666, #ffffff);
    background: linear-gradient(#FF6666, #ffffff);
    filter: progid:DXImageTransform.Microsoft.Gradient(gradientType=0, startColorStr=#FF6666,
    endColorStr=#ffffff);
}
```

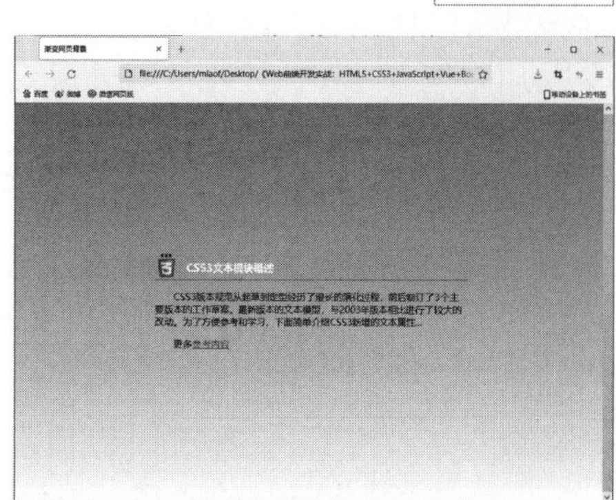

图 7-11　渐变背景

(3) 在内部样式表中，为标题添加背景图像，并禁止平铺，固定在左侧居中位置。

```
/* 定义标题样式 */
h1 { color: white; font-size: 18px; height: 45px; padding-left: 3em; line-height: 50px; border-bottom: solid
2px red; background: url(images/p7.png) no-repeat left center; }
p { text-indent: 2em; }
```

【知识点滴】

相同的线性渐变设计效果可以有不同的实现方法。

- 设置一个方向从上到下覆盖，为默认值：

```
linear-gradient( to bottom #fff #333);
```

○ 使用角度值设置方向：

```
linear-gradient(180deg, #ff1f, #333);
```

○ 明确起止颜色的具体位置：

```
linear-gradient(to bottom, #fff 0%,#333 100%)
```

使用repeating-linear-gradient()函数可以定义重复线性渐变，用法与linear-gradient()函数相同。

【扩展示例】

【例7-11】使用repeating-linear-gradient()函数为网页设计重复线性渐变背景(扫码可查阅完整代码和示例效果)。

7.3.2 径向渐变

创建一个径向渐变，至少需要定义两种颜色，同时可以指定渐变的中心点位置、形状类型(圆形或椭圆形)和半径大小。

【基本语法】

```
radial-gradient(shape, size, position, color-stop1, color-stop2,...);
```

【语法说明】

radial-gradient参数说明如表7-9所示。

表7-9 radial-gradient参数说明

参数	说明
shape	用于指定渐变的类型，包括circle(圆形)和ellipse(椭圆)两种
size	若类型为circle，size用于指定一个值设置圆的半径；若类型为ellipse，size用于指定两个值，分别设置椭圆的X轴和Y轴半径。取值包括长度值、百分比、关键字，其中关键字的说明如下。 (1) closest-side：指定径向渐变的半径长度为从中心点到最近的边； (2) closest-corner：指定径向渐变的半径长度为从中心点到最近的角； (3) farthest-side：指定径向渐变的半径长度从中心点到最远的边； (4) farthest-corner：指定径向渐变的半径长度为从中心点到最远的角
position	用于指定中心点的位置。如果提供两个参数，第1个表示X轴坐标，第2个表示Y轴坐标；如果只提供一个值，第2个值默认为50%，即center
color-stop	用于指定渐变的色点，包括一个颜色和一个起点位置，颜色值和起点位置以空格分隔。起点位置可以为一个具体的长度值(不可为负值)，也可以是一个百分比值，如果是百分比值，则参考应用渐变对象的尺寸，最终会被转换为具体的长度值

【示例代码】

【例7-12】使用CSS3径向渐变制作圆形球体(扫码可查阅完整代码)。示例效果如图7-12所示。

(1) 创建HTML5网页，在<body>标签中输入<div>和</div>标签。

```
<div></div>
```

(2) 定义内部样式表，为div元素设计径向渐变。

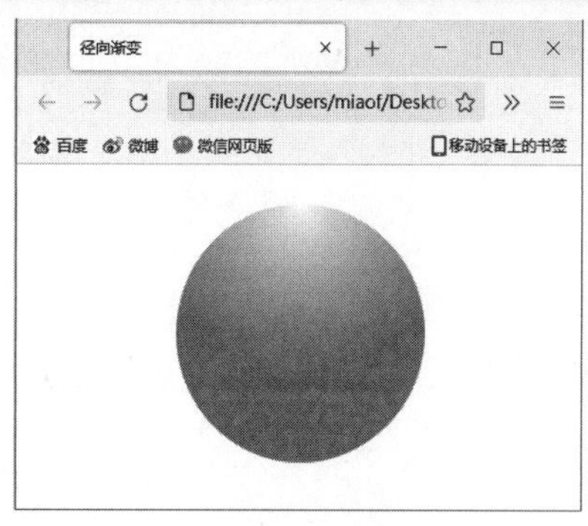

图 7-12　径向渐变

```
<style type="text/css">
* {
    margin: 0;
    padding: 0;
}
div {
    width: 200px;
    height: 200px;
    border-radius: 100%;
    margin: 30px auto;
    background-image: -webkit-radial-gradient(8em circle at top, hsla(220,89%,100%,1),
    hsla(30,60%,60%,.9));
    background-image: radial-gradient(8em circle at top, hsla(210,89%,100%,1), hsla(330,60%,60%,.9));
}
</style>
```

【知识点滴】

相同的径向渐变设计效果，还可以有其他不同的实现方法。

- 设置径向渐变形状类型，默认值为ellipse。

```
background: radial-gradient(ellipse, red, blue, yellow);
```

- 设置径向渐变中心点坐标，默认为对象中心点。

```
background: radial-gradient(ellipse at center 50%, red, blue, yellow);
```

- 设置径向渐变大小，如定义填充整个对象。

```
background: radial-gradient(farthest-corner, red, green, blue);
```

使用repeating-radial-gradient()函数可以定义重复径向渐变，用法与radial-gradient()函数相同。

【示例代码】

【例7-13】使用CSS3重复径向渐变制作圆形球体(扫码可查阅完整代码)。示例效果如图7-13左图所示。

(1) 创建HTML5网页，在<body>标签中输入以下代码。

```
<div id="demo"></div>
```

(2) 定义内部样式表。

```
<style type="text/css">
#demo {
    height:200px;
    background: -webkit-repeating-radial-gradient(red, #fff 10%, #cc1 15%);
    background: -o-repeating-radial-gradient(red, #fff 10%, #cc1 15%);
```

```
        background: -moz-repeating-radial-gradient(red, #fff 10%, #cc1 15%);
        background: repeating-radial-gradient(red, #fff 10%, #cc1 15%);
    }
</style>
```

【知识点滴】

使用径向渐变同样可以创建条纹背景，方法与线性渐变类似，将上面的内部样式表修改为：

```
#demo {
    height:200px;
    background: -webkit-repeating-radial-gradient(center bottom, circle, red, blue 20px, yellow 20px,
    #d8ffe7 40px);
    background: -o-repeating-radial-gradient(center bottom, circle, red, blue 20px, yellow 20px, #d8ffe7
    40px);
    background: -moz-repeating-radial-gradient(center bottom, circle, red, blue 20px, yellow 20px, #d8ffe7
    40px);
    background: repeating-radial-gradient(circle at center bottom, red, blue 20px, yellow 20px, #d8ffe7
    40px);
}
```

此时，在浏览器中预览网页效果，如图7-13右图所示。

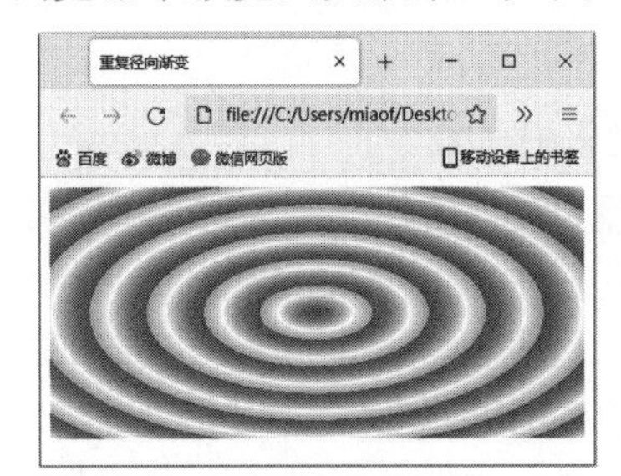

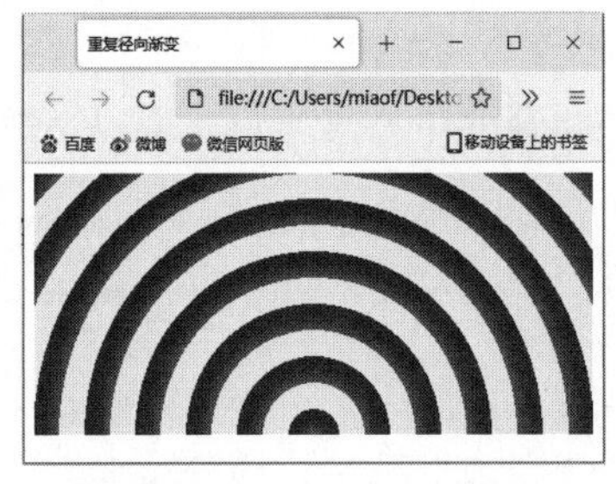

图 7-13　重复径向渐变背景效果

第8章

表　格

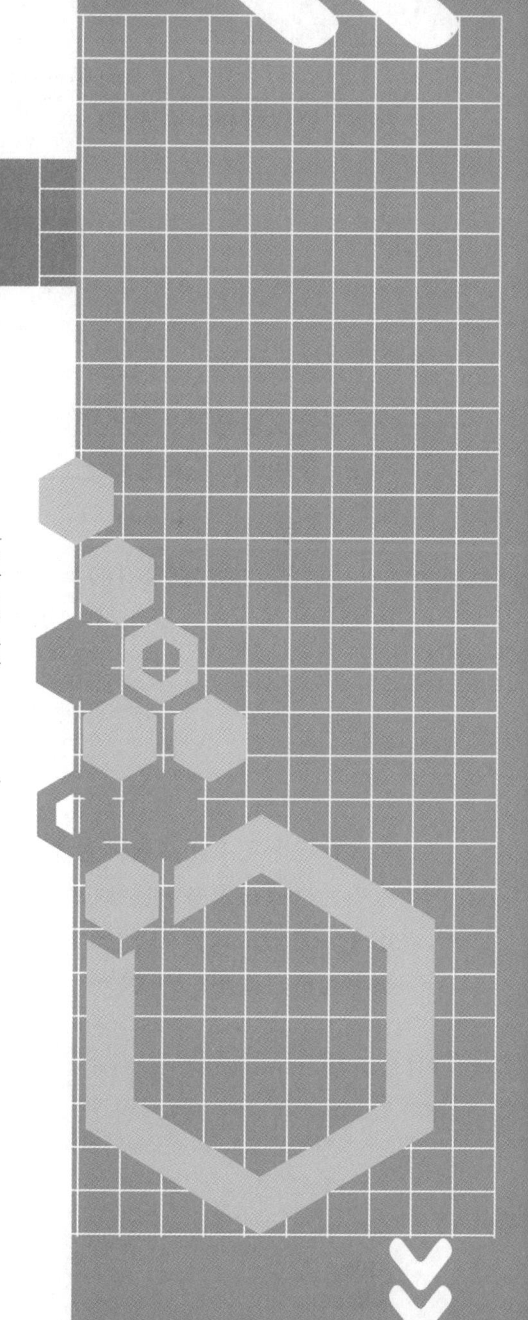

内容简介

表格是最常用的网页布局工具。表格在网页中不仅可以排列数据(如调查表、产品表、时刻表等)，还可以对页面中的图像、文本、动画等元素进行准确定位，使网页页面效果显得整齐而有序。

学习重点

- 定义表格
- 定义表格属性
- 定义单元格属性
- 定义表格样式

8.1 定义表格

网页中，表格由行组成，行又由单元格组成，单元格可分为标题单元格(th)和数据单元格(td)。

8.1.1 普通表格

在HTML5中，简单的表格由一个table元素，以及一个或多个td元素组成，其中tr定义行，td定义行内单元格。

【示例代码】

【例8-1】定义一个简单的HTML表格，其中包含两行三列数据(扫码可查阅完整代码和示例效果)。

```
<table>
    <tr><td>alt</td><td>text</td><td>定义有关图像的简短的描述</td></tr>
    <tr> <td>src</td><td>URL</td><td>要显示的图像的URL</td></tr>
</table>
```

8.1.2 列标题

在定义表格时，表格的每列通常都包含一个标题。在HTML5中，此类标题被称为列标题，使用th元素来定义。

【示例代码】

【例8-2】继续例8-1的操作，在<table>标签中添加代码，为表格定义列标题(扫码可查阅完整代码)。示例效果如图8-1所示。

```
<tr>
    <th>属性</th><th>值</th><th>说明</th>
</tr>
```

【知识点滴】

标题所在单元格被称为表头单元格。表头单元格一般位于表格的第一行，也可以把表头单元格放在表格中任意位置，如第一行、最后一行、第一列或最后一列。一个表格允许定义多重表头。例如，下面代码在例8-2的基础上设计了行标题，即表格被定义了两类表头单元格，如图8-2所示。

```
<table>
    <tr><th>编号</th><th>属性</th><th>值</th><th>说明</th></tr>
    <tr><th>1</th> <td>alt</td><td>text</td><td>定义有关图像的简短的描述</td></tr>
    <tr><th>2</th> <td>src</td><td>URL</td><td>要显示的图像的URL</td></tr>
</table>
```

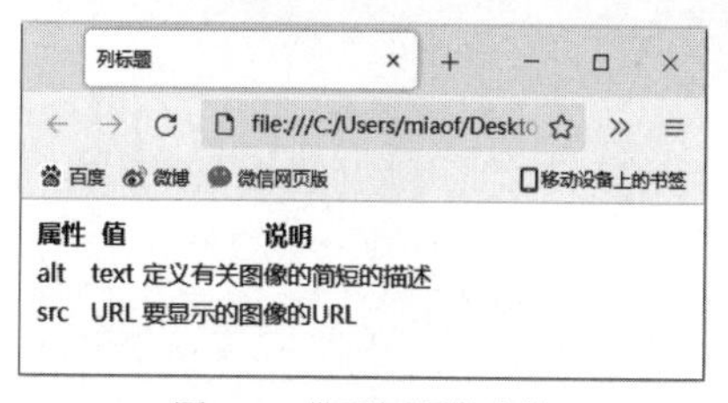

图 8-1 带列标题的表格

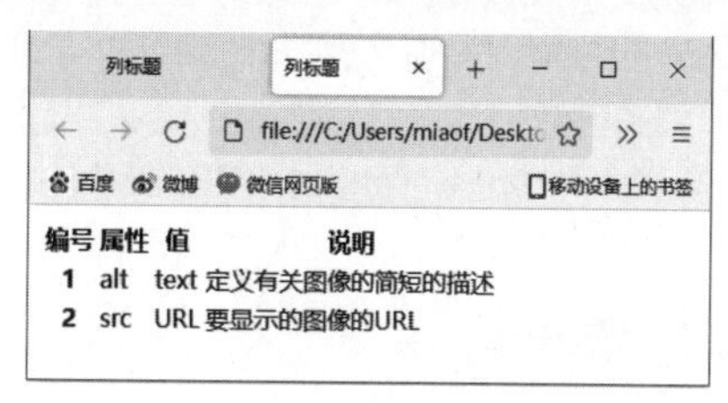

图 8-2 带列标题和行标题的表格

8.1.3 表格标题

使用caption元素可以定义表格标题。表格标题必须紧随table元素之后，且只能对每个表格定义一个标题。

【示例代码】

【例8-3】继续例8-2的操作，在<table>标签添加以下代码，为表格添加标题文本(扫码可查阅完整代码和示例效果)。

```
<caption>img标签的属性及说明</caption>
```

【知识点滴】

在默认状态下，表格标题位于表格的顶部，并居中显示。在HTML4中，可以使用align属性设置标题对齐方式，如left(左对齐)、right(右对齐)、top(顶部对齐)、bottom(底部对齐)等。在HTML5中则不建议使用，建议使用CSS定义样式。以上代码结合例8-2生成的网页，在浏览器中预览的效果如图8-3所示。

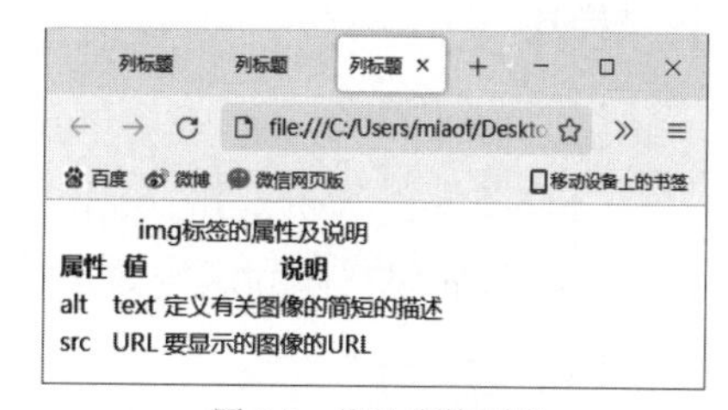

图 8-3 设计表格标题

8.1.4 表格行/列分组

在设计表格时，可以对表格的行和列进行分组。

1. 表格行分组

使用thead、tfoot和tbody元素可以对表格进行分组。其中thead元素用于定义表头区域，tbody元素用于定义数据区域，tfoot元素用于定义表注区域。在设计网页时，对表格进行分组，便于JavaScript脚本对数据进行管理。

【示例代码】

【例8-4】继续例8-3的操作，在<table>标签中使用行分组标签(扫码可查阅完整代码)。

```
<table border="1">
    <caption>img标签的属性及说明</caption>
    <thead> <tr><th>属性</th><th>值</th> <th>说明</th></tr> </thead>
    <tbody>
        <tr><td>alt</td><td>text</td><td>定义有关图像的简短的描述</td></tr>
```

```
        <tr><td>src</td><td>URL</td><td>要显示的图像的URL</td></tr>
    </tbody>
    <tfoot><tr><td colspan="3">在HTML5中，使用<img>标签可以把图像插入网页中</td></tr></tfoot>
</table>
```

【示例解析】

在以上代码中，<tfoot>标签中定义了一个colspan属性，该属性主要的功能是横向合并单元格，将表格底部行的三个单元格合并为一个单元格，其预览效果如图8-4所示。

表格行分组

file:///C:/Users/miaof/Deskto

img标签的属性及说明

属性	值	说明
alt	text	定义有关图像的简短的描述
src	URL	要显示的图像的URL
在HTML5中，使用标签可以把图像插入网页中		

图 8-4　表格结构效果

【知识点滴】

thead、tfoot和tbody必须放在<table>标签中，必须同时使用。通常这三个元素的排列顺序是thead、tfoot、tbody(在默认情况下，它们不会影响表格布局，用户可以使用CSS改变行组的样式)。

2. 表格列分组

使用col和colgroup元素可以对表格列进行分组。分组的主要作用是为表格一列或多列定义样式。

【扩展示例】

【例8-5】继续例8-3的操作，使用colgroup元素为表格定义不同的宽度(扫码可查阅完整代码和示例效果)。

【知识点滴】

span是<colgroup>和<col>标签的专用属性，规定列组应该横跨的列数，取值为正整数。如果没有设置span属性，则每个<colgroup>或<col>标签代表一列，按顺序排列。例如，在一个包含7列的表格中第1组有4列，第2组有3列，将这样的表格在列上进行分组。

```
<colgroup span="4"></colgroup>
<colgroup span="3"></colgroup>
```

考虑到安全，目前浏览器仅允许为列组定义宽度、背景颜色样式，其他CSS样式则不支持。例如例8-5中的代码，color:red;和font-size:12px;没有发挥作用。

8.2　表格属性

表格标签包含大量属性，其中大部分属性都可以使用CSS属性代替使用(但其中也有几个专用属性无法使用CSS实现)。下面将介绍几个常用的表格属性。

8.2.1　内/外框线

rules和frame属性用于定义表格内框线和外框线。

【示例代码】

【例8-6】使用<table>标签的frame和rules属性定义表格以单行线的形式显示(扫码可查阅完整代码)。示例效果如图8-5所示。

```
<table border="1" frame="hsides" rules="rows" width="100%">
    <caption>img标签的属性及说明</caption>
    <thead> <tr><th>属性</th><th>值</th><th>说明</th></tr></thead>
    <tbody>
        <tr><td>alt</td><td>text</td><td>定义有关图像的简短的描述</td></tr>
        <tr><td>src</td><td>URL</td><td>要显示的图像的URL</td></tr>
        <tr><td>height</td><td>pixels%</td><td>定义图像的高度</td></tr>
        <tr><td>ismap</td><td>URL</td><td>把图像定义为服务器端的图像映射</td></tr>
        <tr><td>usemap</td><td>URL</td><td>定义作为客户端图像映射的一幅图</td></tr>
        <tr><td>vspace</td><td>pixels</td><td>定义图像顶部和底部的空白</td></tr>
        <tr><td>width</td><td>Pixels%</td><td>设置图像的宽度</td></tr>
    </tbody>
</table>
```

【示例解析】

在以上代码中，使用frame属性定义表格仅显示上下框线，使用rules属性定义表格仅显示水平内边框线，同时定义border属性，用来指定数据表显示边框线，从而设计出单行线数据表格效果。在浏览器中预览网页，效果将如图8-5所示。

图 8-5　单线表格样式

8.2.2　单元格间距

使用cellpadding属性可以定义单元格边沿与其内容之间的空白，使用cellspacing属性可以定义单元格之间的空间。这两个属性的取值单位为像素或百分比。

【示例代码】

【例8-7】编写HTML代码，在网页中定义一个“井”字形状的表格(扫码可查阅完整代码)。示例效果如图8-6所示。

```
<table border="1" frame="void" cellpadding="12" cellspacing="16">
    <caption>img标签的属性及说明</caption>
    <thead><tr><th>属性</th><th>值</th> <th>说明</th></tr></thead>
    <tbody>
        <tr><td>alt</td><td>text</td><td>定义有关图像的简短的描述</td></tr>
        <tr><td>src</td><td>URL</td><td>要显示的图像的URL</td>
    </tbody>
</table>
```

【示例解析】

以上代码通过frame属性隐藏表格外框，使用cellpadding属性定义单元格内容的边距为12px，单元格之间的间距为16px。在浏览器中预览网页，效果如图8-6所示。

单元格间距
file:///C:/Users/miaof/Desktop/
百度
微博
微信网页版
移动设备上的书签
img标签的属性及说明
属性
值
说明
alt
text
定义有关图像的简短的描述
src
URL
要显示的图像的URL

图 8-6　分离单元格样式

8.2.3　细线边框

使用<table>标签的border属性可以定义表格的边框粗细，取值单位为像素，当值为0时，表示隐藏边框线。

【示例代码】

【例8-8】为表格定义边框，先将<table>标签设置为border="1"，然后配合使用border和rules属性为表格设计细线边框(扫码可查阅完整代码和示例效果)。

```
<table border="1" rules="all">
    <caption>img标签的属性及说明</caption>
    <tr><th>属性</th><th>值</th><th>说明</th></tr>
    <tr><td>alt</td><td>text</td><td>定义有关图像的简短的描述</td></tr>
    <tr><td>src</td><td>URL</td><td>要显示的图像的URL</td></tr>
</table>
```

8.2.4　内容摘要

使用<table>标签的summary属性可以设置表格的内容摘要，该属性的值不会显示，但是屏幕阅读器可以阅读该属性，也方便搜索引擎对表格内容进行检索。

【示例代码】

【例8-9】继续例8-8的操作，练习使用summary属性为表格添加一个简单的内容摘要说明(扫码可查阅完整代码和示例效果)。

```
<table border="1" rules="all" summary="img标签的属性及说明">
```

8.3　单元格属性

单元格标签(<td>和<th>)包含大量属性，其中大部分属性可以使用CSS属性代替使用(其中也有几个专用属性无法使用CSS实现)。下面将通过实例介绍设置网页中单元格属性的方法和技巧。

8.3.1　跨单元格显示

colspan和rowspan属性分别用于定义单元格可跨列或跨行显示，取值为正整数。如果取值为0，则表示浏览器横跨到列组的最后一列或者行组的最后一行。

【示例代码】

【例8-10】 使用colspan="5"属性，定义单元格跨列显示(扫码可查阅完整代码)。示例效果如图8-7所示。

```
<table border="1" width="800">
    <tr><th align="center" colspan="5">课程表</tr>
    <tr><th>星期一</th><th>星期二</th><th>星期三</th><th>星期四</th><th>星期五</th></tr>
    <tr><td align="center" colspan="5">上午</td></tr>
    <tr><td>英语</td><td>数学</td><td>语文</td><td>美术</td><td>音乐</td></tr>
    <tr><td>语文</td><td>语文</td><td>体育</td><td>综合</td><td>数学</td></tr>
    <tr><td>数学</td><td>数学</td><td>英语</td><td>英语</td><td>班会</td></tr>
    <tr><td>英语</td><td>英语</td><td>语文</td><td>数学</td><td>音乐</td></tr>
    <tr><td align="center" colspan="5">下午</td></tr>
    <tr><td>自习</td><td>综合</td><td>语文</td><td>英语</td><td>数学</td></tr>
    <tr><td>信息</td><td>体育</td><td>语文</td><td>美术</td><td>音乐</td></tr>
</table>
```

8.3.2 单元格表头

使用headers属性可以为单元格指定表头，该属性值是一个表头名称的字符串，这些名称是用id属性定义的不同表头单元格的名称。

【示例代码】

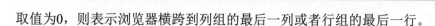

【例8-11】使用scope属性将两个th元素标识为列的表头，将两个td元素标识为行的表头(扫码可查阅完整代码)。示例效果如图8-8所示。

```
<table border="1" width="400">
    <tr><th scope="col">编号</th><th scope="col">月份</th><th scope="col">金额</th></tr>
    <tr><td scope="row">1</td><td>5</td><td>￥1000.00</td></tr>
    <tr><td scope="row">2</td><td>6</td><td>￥800.00</td></tr>
</table>
```

课程表				
星期一	星期二	星期三	星期四	星期五
上午				
英语	数学	语文	美术	音乐
语文	语文	体育	综合	数学
数学	数学	英语	英语	班会
英语	英语	语文	数学	音乐
下午				
自习	综合	语文	英语	数学
信息	体育	语文	美术	音乐

图 8-7 单元格跨列显示

编号	月份	金额
1	5	¥1000.00
2	6	¥800.00

图 8-8 为单元格指定表头

8.3.3 绑定表头

使用scope属性可以将单元格与表头联系起来，其中属性值row表示将当前的所有单元格和表头单元格绑定；属性值col表示将当前列的所有单元格和表头单元格绑定起来；属性值rowgroup表示将单元格所在的行组(由<thead>、<tbody>或<tfoot>标签定义)和表头单元格绑定起来；属性值colgroup表示将单元格所在的列组(由<col>或<colgroup>标签定义)和表头单元格绑定起来。

【扩展示例】

【例8-12】编写一段网页代码，在代码中为表格中不同的数据单元格绑定表头(扫码可查阅完整代码和示例效果)。

8.3.4 信息缩写

使用abbr属性可以为单元格中的内容定义缩写版本。abbr属性不会在Web浏览器中产生任何视觉效果方面的变化，主要为机器检索服务。

【示例代码】

【例8-13】以下代码演示了在HTML中使用abbr属性的方法(扫码可查阅完整代码和示例效果)。

```
<tr><td abbr="CSS">Cascading Style Sheets</td><td>层叠样式表</td></tr>
<tr><td abbr="HTML">HyperText Markup Language</td><td>超级文本标记语言</td></tr>
```

8.3.5 单元格分类

使用axis属性可以对单元格进行分类，用于对相关的信息进行组合。在一个大型数据表格中，表格中通常填满了数据，浏览器通过分类属性axis可以快速检索特定信息。

【示例代码】

【例8-14】以下代码演示了在HTML中使用axis属性(扫码可查阅完整代码和示例效果)。

```
<table border="1" width="100%">
    <tr>
        <th axis="name">姓名</th>
        <th axis="Email">邮箱</th>
        <th axis="phone">电话</th>
        <th axis="Address">地址</th>
    </tr>
    <tr>
        <td axis="name">王燕</td>
        <td axis="Email">miaofa@sina.com</td>
        <th axis="phone">138*****850</th>
        <th axis="Address">南京市南京大学天津路-8</th>
    </tr>
</table>
```

8.4 表格样式

使用CSS3可以定义表格的基本样式，如边界、边框、补白、背景、字体等。表格具有特殊结构，因此CSS3为其定义了多个特殊属性。

【示例代码】

【例8-15】编写一段网页代码，在代码中设计效果如图8-9所示的斑马线表格(扫码可查阅完整代码)。

(1) 创建HTML5文档，在<body>标签内定义表格结构。

```
<table summary="img标签的属性及说明">
    <caption>
        img标签的属性及说明
    </caption>
    <thead>
    <tr>
        <th>属性</th>
        <th>值</th>
        <th>说明</th>
    </tr>
    </thead>
    <tbody>
        <tr>
        <td>alt</td>
            <td>text</td>
            <td>定义有关图像的简短的描述</td>
        </tr>
        ……
    </tbody>
</table>
```

属性	值	说明
alt	text	定义有关图像的简短的描述
src	URL	要显示的图像的URL
height	pixels%	定义图像的高度
ismap	URL	把图像定义为服务器端的图像映射
usemap	URL	定义作为客户端图像映射的一幅图
vspace	pixels	定义图像顶部和底部的空白
width	Pixels%	设置图像的宽度

图 8-9 斑马线表格

(2) 定义表格样式，固定表格布局。

```
table {/*定义表格基本样式*/
    table-layout:fixed; empty-cells:show;margin:0 auto;border-collapse: collapse;
    border:1px solid #cad9es; color:#666; font-size:12px;
    }
caption{/*设置表格标题*/
    padding: 0 0 5px 0;text-align: center;font-size: 20px; font-weight: bold;
}
th{/*定义列标题样式*/
    background-image: url("images/th_bg.png");background-repeat: repeat-x;
    text-align: left;height: 30px;
```

```
}
td{height: 20px;/*固定高度*/}
td,th{/*定义单元格的边框线和补白*/
    border: 1px solid #cad8ea;
    padding: 0 1em 0;
    height: 30px;
}
tbody tr:nth-child(2n) {background-color: #f5fafe;}
```

【例8-16】编写一段网页代码，在代码中设计效果如图8-10所示的圆润边角效果表格(扫码可查阅完整代码)。

(1) 以例8-15创建的HTML5文档为基础，修改内部样式表，添加以下代码定义表格默认样式。

```
* { margin: 0; padding: 0; }
body { padding: 10px 30px; }
table { *border-collapse: collapse; border-spacing: 0; width: 100%; }
caption {/*设置表格标题*/
    padding: 0 0 5px 0;
    text-align: center;              /*水平居中*/
    font-size: 30px;                 /*字体大小*/
    font-weight: bold;               /*字体加粗*/
}
```

图 8-10 圆角表格

(2) 定义统一单元格样式，设置边框、空隙效果。

```
.bordered td,  .bordered th {
    border-left: 1px solid #ccc;
    border-top: 1px solid #ccc;
    padding: 10px;
    text-align: left;
}
```

(3) 使用CSS3为标题列背景添加阴影。

```
.bordered th {
    -moz-box-shadow: 0 1px 0 rgba(255,255,255,.8) inset;
    text-shadow: 0 1px 0 rgba(255,255,255,.5);
}
```

(4) 定义圆角效果。为整个表格设置边框，并设置圆角。

```
.bordered {border: solid #ccc 1px; border-radius: 6px; box-shadow: 0 1px 1px #ccc; }
```

(5) 定义表格头部第一个th，设置左上角圆角。

```
.bordered th:first-child { border-radius: 6px 0 0 0;}
```

(6) 定义表格头部最后一个th，设置右上角圆角。

```
.bordered th:last-child { border-radius: 0 6px 0 0; }
```

(7) 定义表格最后一行的第一个td，设置一个左下角圆角。

```
.bordered tr:last-child td:first-child { border-radius: 0 0 0 6px; }
```

(8) 定义表格最后一行的最后一个td，设置一个右下角圆角。

```
.bordered tr:last-child td:last-child { border-radius: 0 0 6px 0; }
```

(9) 使用box-shadow定义表格阴影。

```
.bordered { box-shadow: 0 1px 1px #ccc; }
```

(10) 使用transition定义hover过渡效果。

```
.bordered tr { transition: all 0.1s ease-in-out; }
```

(11) 使用linear-gradient制作表头渐变色。

```
.bordered th {
    background-color: #dce9f9;
    background-image: linear-gradient(top, #ebf3fc, #dce9f9);
}
```

(12) 为<table>标签应用bordered类样式。

```
<table summary="img标签的属性及说明" class="bordered">
```

【扩展示例】

【例8-17】编写一段网页代码，在代码中设计单线表格(扫码可查阅完整代码和示例效果)。

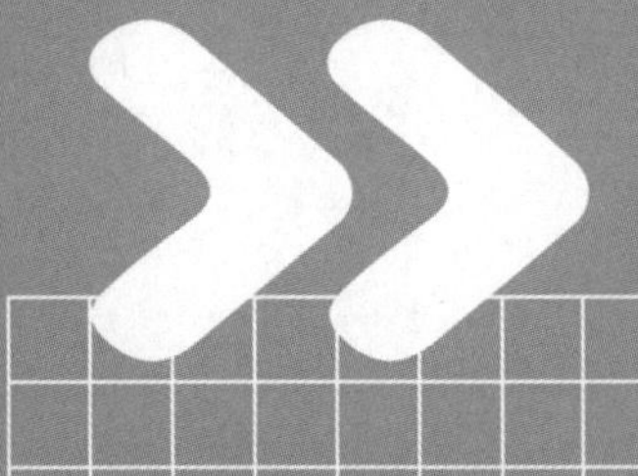

第9章

表　　单

内容简介

网页中表单的作用比较重要。表单提供了从网页浏览者那里收集信息的方法。表单可用于调查、订购和搜索等。表单一般由两部分组成：一部分是描述表单元素的HTML源代码；另一部分是客户端脚本或者是服务器端脚本，用来处理用户信息的程序。

学习重点

- 定义表单
- 表单控件
- 表单属性
- 表单样式

9.1 定义表单

表单是网页与用户进行互动的媒介，其包括两部分：一部分是访问用户在页面中看见的控件、标签和按钮的集合(UI部分)；另一部分是用于获取表单信息，并将其转化为可以读取或计算的处理脚本。

9.1.1 设计表单结构

表单结构一般以<form>开始，以</form>结束。这两个标签之间是组成表单的标签、控件和按钮。访问者通过单击提交按钮提交表单，其填写的信息将发送给服务器。

【示例代码】

【例9-1】在网页中设计一个简单的用户登录表单(扫码可查阅完整代码)。示例效果如图9-1所示。

```
<form action="#" method="get" id="form-1" name="form-1">
    <p>用户名称：<input name="user" id="user" type="text" /></p>
    <p>登录密码：<input name="password" id="password" type="text" /></p>
    <p><input type="submit" value="登录" /></p>
</form>
```

图 9-1 用户登录页面

9.1.2 表单对象分组

使用<fieldset>标签可以组织表单结构，为表单对象进行分组，这可以使表单更容易阅读。在默认状态下，分组的表单外围将显示一个包围框。

使用<legend>标签可以定义每组的标题，描述每个分组的目的，有时这些描述还可以使用h1~h6标题。标题默认显示在<fieldset>包含框的左上角。

【示例代码】

【例9-2】设计用户反馈页面，在表单中为两个表单区域分别使用fieldset，并添加一个legend元素用于描述分组内容信息(扫码可查阅完整代码)。示例效果如图9-2所示。

```
<form action="#" class="form-1">
    <fieldset class="fk-1">
        <legend>用户信息</legend>
        <p><label for="tel">电话:</label><input id="tel"></p>
        <p><label for="address">位置:</label><input id="address"></p>
        <p><label for="method">是否显示位置？</label>
            <select id="method">
```

```
                <option value="yes">是</option>
                <option value="no">否</option>
            </select></p>
        </fieldset><hr>
        <fieldset class="fk-2">
            <legend>反馈信息</legend>
            <p><fieldset>
                <legend>您需要反馈的主题内容是？</legend>
                <label for="sports">
                <input id="sports" name="tiyu" type="checkbox">体育</label>
                <label for="news">
                <input id="news" name="xinwen" type="checkbox">新闻</label>
                <label for="amusement">
                <input id="amusement" name="yule" type="checkbox">娱乐</label>
                <label for="blog">
                <input id="blog" name="boke" type="checkbox">博客</label>
            </fieldset></p>
        </fieldset>
        <p><fieldset>
                <legend>请填写您的反馈信息：</legend>
                <label for="comments">
                <textarea id="comments" rows="3" cols="56"></textarea></label>
            </fieldset>
        </p>
                <input value="提交反馈信息" type="submit">
    </form>
```

图 9-2　用户反馈页面

【知识点滴】

legend可以提高表单的可访问性。对于每个表单字段，屏幕阅读器都会将与之关联的legend文本公布出来，从而让访问者了解字段的上下文。这种行为在不同的屏幕阅读器上并不完全一样(在不同模式下也不一样)。因此，可以使用h1~h6标题替代legend来识别一些fieldset。对于单选按钮，建议使用fieldset和legend属性。

9.1.3 添加提示文本

使用<label>标签可以定义表单对象的提示信息。通过for属性，可将提示信息与表单对象绑定在一起。设计方法是：设置for属性值与一个表单对象的id值相同，这样label就与该对象显式地关联起来了。当用户单击提示信息时，将会激活对应的表单对象。这对提升表单的可用性和可访问性都有帮助。

【示例代码】

【例9-3】继续例9-1的操作，使用label定义提示标签(扫码可查阅完整代码)。示例效果如图9-3所示。

(1) 在例9-1编写的代码中使用label定义提示标签，并优化表单结构。

```
<form action="#" method="get" id="form-1" name="form-1">
    <p class="row">
        <label for="name">用户名称<span
        class="required">*</span></label>
        <input type="text" id="name" name="name"
        required="required" aria-required="true">
    </p>
    <p class="row">
        <label for="password">登录密码<span
        class="required">*</span></label>
        <input type="password" id="password" name="password" required="required" aria-required="true" />
    </p>
    <p class="row center"><input type="submit" value="登录"/>
    </p>
</form>
```

图 9-3 表单中的提示文本

(2) 使用CSS为标签添加样式。

```
<style type="text/css">
    label {
        cursor: pointer;display: inline-block;
        padding: 3px 6px; text-align: right;
        width: 80px; vertical-align: top;
    }
</style>
```

9.2 表单控件

在设计表单结构时，正确选用各种表单控件很重要，这是结构标准化、语义化的要求，也是用户体验的需要。

9.2.1 文本框

表单中非标准化的短信息(如姓名、地址、电话号码等)，应建议用户输入，而不是让用户选择。使用输入框收集此类信息会比使用选择方式收集更加简便。

【基本语法】

第1种方法：

```
<input />
```

第2种方法：

```
<input type="" />
```

第3种方法：

```
<input type="text" />
```

【语法说明】

遵循HTML标准，建议使用上面介绍的第3种方法定义文本框。

为了方便接收和验证不同类型的信息，HTML5新增了13类输入型文本框，对于不支持的浏览器来说，将会以type="text"显示，简单说明如表9-1所示。

表9-1 各种类型文本框说明

类型	说明
<input type="email">	E-mail类型的文本框。当提交表单时，会自动验证输入值。如果不是有效的电子邮件地址格式，则不允许提交并提示错误
<input type="ur">	URL类型的文本框。当提交表单时，如果所输入的是URL地址格式的字符串，则会提交服务器，如果不是，则不允许提交
<input type="number">	数字类型的文本框。可以设定限制，包括允许的最大值(max)和最小值(min)、合法的数字间隔(step)或默认值(value)等。如果输入的数字不在限定范围之内，或者不符合数字间隔，则会提示错误信息
<input type="range">	范围类型的文本框。一般显示为滑动条。可以设定接收的数字的限制，包括规定允许的最大值(max)和最小值(main)、合法的数字间隔(step)或默认值(value)等。如果所输入的数字不在限定范围之内，则会出现错误提示
<input type="search">	搜索类型的文本框。在外观上与普通的text类型的区别是，当输入内容时，右侧会出现一个“×”图标，单击该图标即可清除搜索框
<input type="tel">	电话号码类型的文本框。该类型的文本框不限定只输入数字，因为很多电话号码还包括“+”“-”“(”“)”等其他字符
<input type="color">	颜色类型的文本框。当该类型的文本框获取焦点时，会自动调用系统的颜色窗口，在颜色窗口中选择一种颜色，可以看到颜色文本框应用对应颜色后的效果
<input type="date">	选取日、月、年的日期型文本框。如2023年12月10日，选择后将以“2023-12-10”形式显示
<input type="month">	选取月、年的月份型文本框。如2023年12月，选择后将以“2023-12”的形式显示

(续表)

类型	说明
<input type="week">	用于选取周和年，即周类型文本，如2023年12月第46周，选择后将以“2023年第46周”的形式显示
<input type="time">	用于选取时间，具体到小时和分钟，即时间类型文本框，例如下午11点10分，选择后会以23:10的形式显示
<input type="datetime">	用于选取时间、日、月、年。其中时间为UTC时间
<input type="local">	用于选取时间、日、月、年。其中时间为本地时间

【扩展示例】

【例9-4】设计一个表单页面，比较上表介绍不同类型文本框的显示效果(扫码可查阅完整代码和示例效果)。

9.2.2 密码框

密码框是一种特殊用途的文本框，专门用于输入密码，通过type="password"定义，输入的字符串以圆点或星号显示，避免信息被身边的人看到。用户输入的真实值会被发送到服务器，且在发送过程中没有加密。

【示例代码】

【例9-5】设计一个注册页面，使用密码框设计密码输入框和重置密码输入框两个对象(扫码可查阅完整代码和示例效果)。

```
<input type="password" id="password" name="password" />
```

9.2.3 文本区域

如果要在网页中输入大段字符串(即多行文本)，就应该使用<textarea>标签定义文本区域控件。该标签包含表9-2所示的几个专用属性。

表9-2 <textarea>标签属性说明

属性	说明
cols	设置文本区域内可见字符宽度，可以使用CSS的width属性代替设计
rows	设置文本区域内可见行数，可以使用CSS的height属性代替设计
wrap	定义输入内容大于文本区域宽度时显示的方式
soft	默认值，提交表单时，被提交的值在到达元素最大宽度时，不会自动插入换行符
hard	提交表单时，被提交的值在到达元素最大宽度时，将会自动插入换行符(当使用hard时，必须设置cols属性)

【示例代码】

【例9-6】设计一个售后投诉表单，在其中使用<textarea>标签定义文本区域(扫码可查阅完整代码)。示例效果如图9-4所示。

```
<legend>投诉内容</legend>
```

```
<label for="msg">描述信息</label>
<textarea rows="8" cols="50" id="msg" placeholder="请详细描述投诉内容，并上传截图">
</textarea>
```

图 9-4　表单中定义文本区域

【知识点滴】

如果文本区域没有设置maxlength属性，用户最多可以输入32700个字符。与文本区域不同，textarea没有value属性，默认值可以包含在<textarea>和</textarea>之间，也可以设置placeholder属性定义占位文本。

9.2.4　单选按钮

使用<input type="radio">可以定义单选按钮，多个name属性值相同的单选按钮可以合并为一组，称为单选按钮组。在单选按钮组中，只能选择一个选项，不能空选或多选。

在设计单选按钮组时，应该设置单选按钮组的默认值，即为其中一个单选按钮设置checked属性。如果不设置默认值，用户可能会漏选，引发歧义。

【示例代码】

【例9-7】 设计一个带单选按钮组的用户登录页面(扫码可查阅完整代码)。示例效果如图9-5所示。

```
<fieldset>
    <legend>是否保留密码</legend>
    <label><input type="radio" name="grade" value="1" checked="checked" />永久保存</label>
    <label><input type="radio" name="grade" value="2" />保存3天</label>
    <label><input type="radio" name="grade" value="3" />不再保存</label>
</fieldset>
```

【知识点滴】

在设计网页时，对于有确定性答案的选项，如国家、年、月、性别等，使用单选按钮组、复选框、选择框表单等表单控件进行设计更加方便、安全。对于选项设计的排序顺序，最好遵循合理的逻辑顺序，如按首字母排列、按声母排列等，并根据最大选择概率确定默认值。

9.2.5　复选框

使用<input type="checkbox">可以定义复选框，多个name属性相同的复选框可以合并为一组，称为复选框组。在复选框组中，允许用户不选或者多选，也可以使用checked属性设置默认选项。

【示例代码】

【例9-8】修改例9-7，设计一个带复选框组的登录页面(扫码可查阅完整代码)。示例效果如图9-6所示。

```
<fieldset>
    <label>阅读订阅内容：</label>
    <label><input name="web" type="checkbox" value="html" />HTML5</label>
    <label><input name="web" type="checkbox" value="css" />CSS3</label>
    <label><input name="web" type="checkbox" value="js" />JavaScript</label>
</fieldset>
```

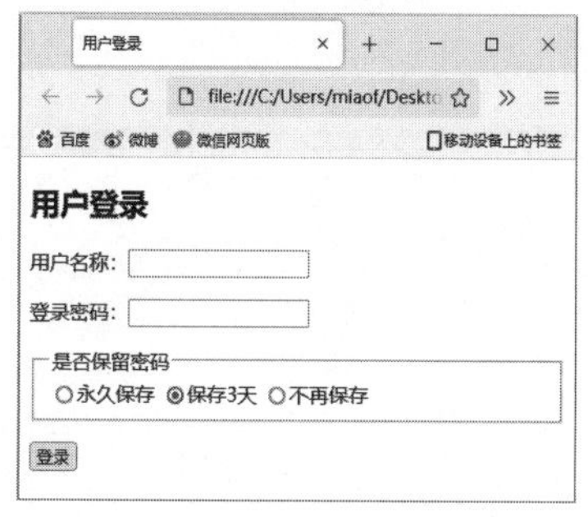

图 9-5　定义单选按钮组

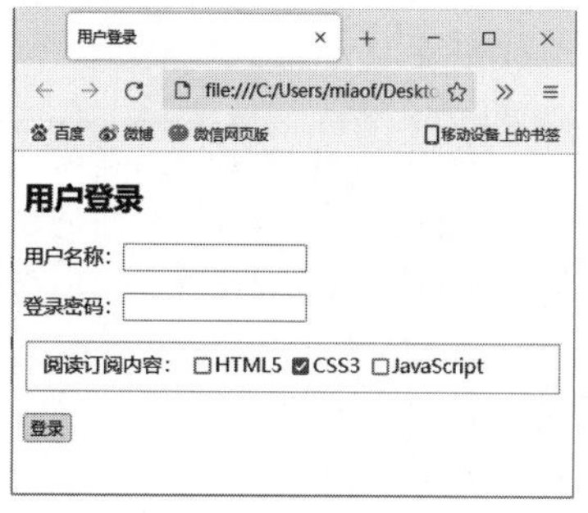

图 9-6　定义复选框组

【知识点滴】

在设计单选按钮和复选框时，应使用属性为每个选择项目定义不同的值，该值会被提交给服务器端处理。标签文本(label提示文本)不需要与value属性一致。

9.2.6　选择框

使用<select>标签可以设计选择框，在<select>标签内包含一个或多个<option>标签，使用它可以定义选择项目。

使用<optgroup>标签可以对选择项目进行分组，一个<optgroup>标签包含多个<option>标签，然后可以使用label属性设置分类标签，分类标题是一个不可选的伪标题。

选择框可以显示为以下两种形式。

- 下拉菜单：当在选项框中只能选择一个项目时，选择框呈现为下拉菜单样式，这样可以节省网页控件。
- 列表框：当设置多选时，选择框呈现为列表框样式，用户可以设置它的高度。如果项目数超过列表框的高度，会显示滚动条，通过拖动滚动条可以查看并选择多个选项。

<select>标签包含两个专有属性，其简单说明如表9-3所示。

表9-3　<select>标签属性说明

属性	说明
size	定义列表框可以显示的项目数，<optgroup>标签也计算在其中
multipe	定义选择框可以多选

【示例代码】

【例9-9】修改例9-7，在页面中设计一个选择框(扫码可查阅完整代码)。示例效果如图9-7所示。

```
<fieldset>
    <p>所在城市：
    <select name="city">
    <optgroup label="江苏省">
        <option value="南京">南京</option>
        <option value="常州">常州</option>
        <option value="徐州">徐州</option>
    </optgroup>
    <optgroup label="浙江省">
        <option value="杭州">杭州</option>
        <option value="宁波">宁波</option>
        <option value="温州">温州</option>
    </optgroup>
    </select></p>
</fieldset>
```

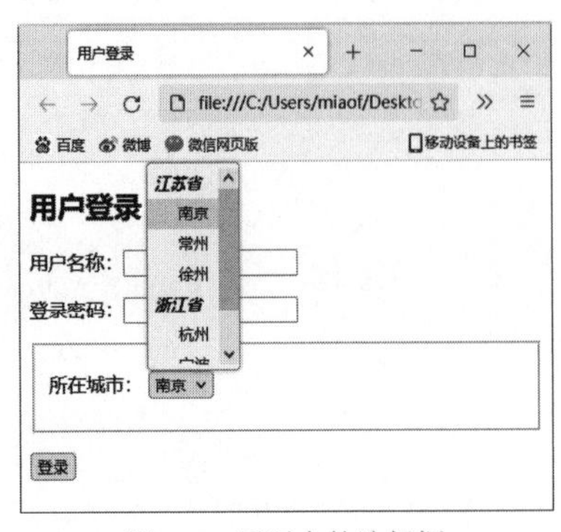

图 9-7　网页中的选择框

【知识点滴】

在select元素中设置name属性，在每个option元素中设置value属性，可以方便服务器获取选择框，以及用户选择的项目值。如果省略value，则包含的文本就是选项的值。

9.2.7　文件域和隐藏域

使用<input type="file">可以设计文件域。文件域用于提交本地计算机中的文件(使用multiple属性可以允许上传多个文件)。

使用<input type="hidden">可以设计隐藏域。隐藏域用于向服务器提交一些简单、固定的值，该值不会在页面上显示，但是能够在代码中看到(隐藏域常用于提交客户端的标识值)。

【示例代码】

【例9-10】编写一段网页代码，在代码中设计一个简单的文件上传表单，其中通过隐藏域定义上传文件等级(扫码可查阅完整代码)。示例效果如图9-8所示。

```
<form action="file/upload" method="post" enctype="multipart/form-data">
    <h2>上传脚本文件(3级)</h2>
        <input type="file" name="file">
        <input type="hidden" name="star" value="3">
        <button type="submit">上传</button>
</form>
```

图 9-8　文件上传

9.2.8　按钮

HTML5按钮分为以下3种类型。

- 普通按钮：普通按钮不包含任何操作。如果要执行特定操作，需要使用JavaScript脚本定义。

```
<input type="button" value="按钮名称">
<button type="button">按钮名称</button>
```

- 提交按钮：提交按钮用于提交表单。

```
<input type="submit" value="按钮名称">
<button type="submit">按钮名称</button>
<input type="image" src="按钮图像源">
```

- 重置按钮：重置按钮用于重置表单，恢复默认值。

```
<input type="reset" value="按钮名称">
<button type="reset">按钮名称</button>
```

如果在HTML表单中使用button元素，不同的浏览器会提交不同的值。IE浏览器将提交<button>与</button>之间的文本，而其他浏览器将提交value属性值。因此，设计网页时通常在HTML表单中使用input元素来创建按钮。

【示例代码】

【例9-11】修改例9-7，在页面中设计不同类型的提交按钮(扫码可查阅完整代码和示例效果)。

```
<h2>用户登录</h2>
<form action="#" method="get" id="form-1" name="form-1">
    <p>用户名称：<input name="user" id="user" type="text" /></p>
    <p>登录密码：<input name="password" id="password" type="text" /></p>
    <input type="image" src="images/button.png" name="image_btn" value="提交" />
    <input type="submit" name="input_btn" value="注册会员" />
    <button type="submit" name="button/_btn" value="注册游客"><img src="images/button.png"></button>
</form>
```

【知识点滴】

从功能上比较以上代码，<input type="image">、<input type="submit">、<button type="submit">都可以提交表单，不过，<input type="image">会把按钮点击位置的偏移坐标x、y也提交给服务器。

此外，对于使用<input type="image">创建的图像提交按钮，可以使用可选的width和height属性定义按钮大小。如果不填写name属性，则提交按钮的名/值就不会传递给服务器。由于一般不需要这一信息，因此可以不为按钮设置name属性。

如果省略value属性，根据不同的浏览器，提交按钮将显示默认的“提交”文本，如果有多个提交按钮，可以为每个按钮设置name属性和value属性，从而让脚本知道用户单击的是哪一个按钮(否则，可以省略name属性)。

9.2.9 数据列表

datalist元素用于为输入框提供一个可选列表，供用户输入匹配或直接选择。如果不想从列表中选择，也可以自行输入内容。

datalist元素需要与option元素配合使用，每一个option选项都必须设置value属性值。其中<datalist>标签用于定义列表框，<option>标签用于定义列表项。如果要把datalist提供的列表绑定到某输入框上，还需要使用输入框的list属性来应用datalist元素的id。

【扩展示例】

【例9-12】编写一段网页代码，在代码中演示配合使用datalist元素和list属性(扫码可查阅完整代码和示例效果)。

9.3 表单属性

在介绍了表单与常用表单控件之后，本节将介绍HTML5控件的常用属性。

9.3.1 名称和值

每个表单控件都应该设置一个名称(name)，该属性有两个作用：一个是服务器端可以根据name获取对应控件提交的值；另一个是在JavaScript脚本中可以直接使用点语法访问对应控件对象(formName.controlName)。

如果需要设置CSS样式，或需要通过DOM访问表单对象，或需要与<label>标签绑定，还应为表单控件设置id属性。如果表单控件需要向服务器传递值，还必须设置value属性值(该值将被提交到服务器端)。

【示例代码】

【例9-13】编写一段网页代码，在代码中设计一个包含文本框、密码框、复选框、提交按钮的表单页面，并设置表单控件的name、id和value属性(扫码可查阅完整代码和示例效果)。

```
<form id="login-form" action="#" method="post">
    <fieldset>
        <legend>用户登录</legend>
        <label for="login">Email</label>
        <input type="text" id="login" name="login" value="" />
        <label for="password">密码</label>
        <input type="password" id="password" name="password" value="" />
        <label for="remember_me">记住状态？</label>
        <input type="checkbox" id="remember_me" name="remember_me" value="1" />
        <input type="submit" id="commit" name="commit" value="登录" />
    </fieldset>
</form>
```

9.3.2 布尔型属性

布尔型属性是一种特殊的属性，其主要用于控制元素的某一个状态。HTML5表单支持多个布尔型属性，其简单说明如表9-4所示。

表9-4 HTML5支持的布尔型属性取值说明

属性值	说明
readonly	只读，不能修改，可以获取焦点，数据可以提交(可用于文本框)
disabled	禁用(显示为灰色)，无法获取焦点，数据无法提交(可用于文本框或按钮)
required	必填(常用于文本框)
checked	选中，多用于单选按钮<input type="radio">和复选框<input type="checkbox">中。一旦被选中，其值就可以被提交(注意：在<input type="radio">中需要用相同的name，才能达到单选按钮的效果)
selected	选择，可用于下拉菜单<select>和数据列表<datalist>中的<option>标签。一旦被选择，会高亮显示，可以被提交value；没有value值，则取其innerHTML
autofocus	自动获取焦点(可用于输入文本框<input>)
multiple	多选(多用于列表框、文件域和电子邮箱文本框)，结合按下Shift和Ctrl功能键，可以进行多选

在HTML5中，无论布尔型属性的值是什么，或者只有属性名，都认为其值为true，例如：

```
<input disabled >
<input disabled="" >
<input disabled="disabled" >
```

如果要与HTML4兼容，使用上面介绍的第3种方法比较安全，即直接设置布尔型属性值为属性名。在JavaScript脚本中，设置一个布尔型属性是否发挥作用，通常直接设置为true或false，例如：

```
input.disabled = false;
```

【扩展示例】

【例9-14】编写一段网页代码，在代码中设计在一个“用户满意度反馈”表单页面，当用户单击页面中的“其他”单选按钮后，将激活表单中的文本区域(扫码可查阅完整代码和示例效果)。

9.3.3 必填属性

required属性用于输入框填写的内容不能为空，否则不允许提交表单。该属性适用于text、search、url、telephone、email、password、date pickers、number、checkbox、radio以及file等类型的<input>标签。

【示例代码】

【例9-15】编写一段网页代码，在代码中使用required属性定义文本框内容为必填内容(扫码可查阅完整代码和示例效果)。

```
<form action="testform.asp" method="get">
    请输入您所在的游戏分区：
```

```
    <input type="text" name="usr_name" required="required" />
    <input type="submit" value="下一步" />
</form>
```

9.3.4 禁止验证

novalidate属性规定在提交表单时不应该验证form或input域，适用于<form>标签，以及text、search、url、telephone、email、password、date pickers、range、color等类型的<input>标签。

【示例代码】

【例9-16】编写一段网页代码，在代码中使用novalidate属性定义取消整个表格的验证(扫码可查阅完整代码和示例效果)。

```
<form action="testform.asp" method="get" novalidate>
    请输入电子邮件地址：
    <input type="email" name="user_email" />
    <input type="submit" value="提交" />
</form>
```

【知识点滴】

HTML5为form、input、select和textarea元素定义了一个checkValidity()方法。调用该方法，可以对表单内所有元素内容或单个元素内容进行有效性验证。checkValidity()方法将返回布尔值，以提示是否通过验证。

【示例代码】

【例9-17】使用checkValidity()方法主动验证用户输入的E-mail地址是否有效(扫码可查阅完整代码)。示例效果如图9-9所示。

```
<script>
function check() {
    var email = document.getElementById("email");
    if(email.value==""){
        alert("请输入电子邮件地址");
        return false;
    }
    else if(!email.checkValidity()){
        alert("请输入正确的电子邮件地址");
        return false;
    }else
        alert("电子邮件地址输入正确");
}
</script>
```

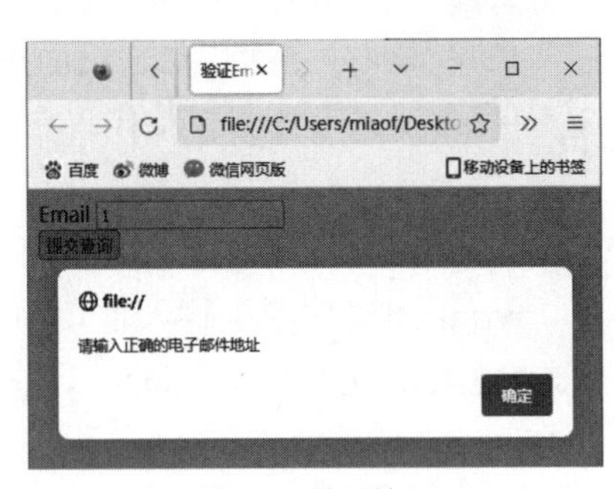

图 9-9 验证输入

9.3.5 多选属性

使用multiple属性可以设置输入域中可选择多个值，适用于email和file类型的<input>标签。

【示例代码】

【例9-18】使用multiple属性设置允许用户在文件域中一次提交多个文件(扫码可查阅完整代码)。示例效果如图9-10所示。

图 9-10 多选效果

```
<form action="testform.asp" method="get">
    请选择要上传的多个文件：
    <input type="file" name="img" multiple />
    <input type="submit" value="上传文件">
</form>
```

9.3.6 自动完成

使用autocomplete属性可以帮助用户在输入框中实现自动完成输入，其取值包括on和off。用法如下：

```
<input type="email" name="email" autocomplete="off" />
```

使用autocomplete属性适用于text、search、url、telephone、email、password、date pickers、range及color等类型的<input>标签，也适用于<form>标签。在默认状态下，表单的autocomplete属性处于打开状态，其包含的输入域会自动继承autocomplete状态，也可以为某个输入域单独设置autocomplete状态。当autocomplete属性用于整个form时，所有从属于该form的控件都具备自动完成功能。如果要关闭部分控件的自动完成功能，则需要单独设置autocomplete="off"。

【示例代码】

【例9-19】编写一段网页代码，使用autocomplete属性、datalist元素和list属性在页面中实现自动完成功能(扫码可查阅完整代码)。示例效果如图9-11所示。

```
<h2>输入你想了解的内容：</h2>
<form autocomplete="on">
    <input type="text" id="Web" list="content">
        <datalist id="content" style="display: none">
            <option value="HTML5">HTML5</option>
            <option value="CSS3">CSS3</option>
            <option value="JavaScript">javaScript</option>
        </datalist>
```

图 9-11 自动完成功能

```
</form>
```

【知识点滴】

在浏览器中打开上例创建的网页文件，效果如图9-11所示。当用户将鼠标指针定位到页面中的文本框内，会自动出现一个列表供用户选择，而当鼠标指针单击页面其他位置时，这个列表就会消失。此外，当用户在文本框中输入时，文本框弹出的列表会随用户的输入而自动更新，例如输入H，会自动更新列表，只列出以H开头的选项名称。随着用户不断输入新的字符，文本框列表还会随之变化。

许多浏览器都有辅助用户完成输入的自动完成功能，如果开启了该功能，浏览器会自动记录用户所输入的信息，当再次输入相同的内容时，浏览器就会自动完成内容的输入。从安全性和隐私的角度考虑，这个功能的存在可能会导致较大的隐患。如果用户不希望浏览器自动记录信息，可以为form或form中的input元素设置autocomplete属性，从而关闭自动完成功能。

9.3.7 自动获取焦点

使用autofocus属性可以实现在页面加载时，让表单控件自动获得焦点。其用法如下：

```
<input type="text" name="fname" autofocus="autofocus" />
```

autofocus属性适用于所有<input>标签的类型，如文本框、复选框、单选按钮、普通按钮等。

【示例代码】

【例9-20】编写一段网页代码，在代码中演示使用autofocus属性(扫码可查阅完整代码)。示例效果如图9-12所示。

```
<form>
    <p>请仔细阅读许可协议</p>
        <p><label for="textareal"></label>
        <textarea name="textareal" id="textareal" cols="45" rows="5">许可协议...</textarea>
        </p>
        <p>
        <input type="submit" value="同意" autofocus>
        <input type="submit" value="拒绝">
        </p>
</form>
```

在浏览器中预览以上代码，页面加载后，“同意”按钮将自动获取焦点，如图9-12所示。

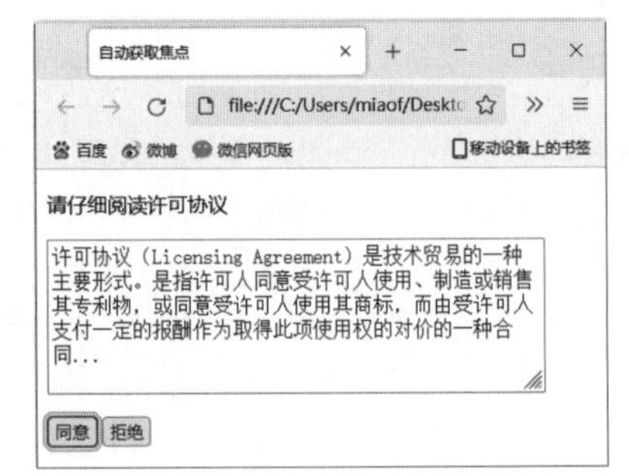

图 9-12　按钮自动获取焦点

若浏览器不支持autofocus属性，用户可以使用JavaScript实现相同的功能。例如：

```
<script>
if (!("autofocus" in document.createElement("input")))    {
```

```
        document.getElementById("ok").focus();
    }
    </script>
```

以上脚本中，先检测浏览器是否支持autofocus属性，如果发现浏览器不支持，则获取指定的表单域，为其调用focus()方法，强迫其获取焦点。

9.3.8 所属表单

使用form属性可以设置表单控件归属的表单，适用于所有<input>标签的类型。

form属性必须引用所属表单的id，如果一个form属性要引用两个或两个以上的表单，则需要使用空格将表单的id值分隔开。例如：

```
<form action="" method="get" id="form-1">
    请输入姓名：
    <input type="text" name="name-1" autofocus />
    <input type="submit" value="下一步">
</form>
请输入地址：<input type="text" name="address-1" form="form-1" />
```

以上代码在浏览器中的预览效果如图9-13所示。如果在页面中填写姓名和地址并单击“下一步”按钮，则name-1和address-1分别会被赋值为所填写的值。例如，在姓名处填写“dusiming”，地址处填写“南京大学”，则单击“下一步”按钮后，服务器端会接收到“name-1=dusiming”和“address-1=南京大学”。

图 9-13 网页效果

9.3.9 表单重写

HTML5新增了5个表单重写属性，用于重写<form>标签属性，如表9-5所示。

表9-5 表单重写属性说明

属性	说明
formaction	重写<form>标签的action属性
formenctype	重写<form>标签的enctype属性
formmethod	重写<form>标签的method属性
formnovalidate	重写<form>标签的novalidate属性
formtarget	重写<form>标签的target属性

【扩展示例】

【例9-21】编写一段网页代码，演示通过formaction属性实现将表单提交到不同的服务器页面(扫码可查阅完整代码和示例效果)。

9.3.10 高和宽

height和width属性仅用于设置<input type="image">标签的图像高度和宽度。

【扩展示例】

【例9-22】编写一段网页代码，在代码中演示如何应用width和height属性(扫码可查阅完整代码和示例效果)。

9.3.11 最小值/最大值/步长

max、min和step属性用于为包含数字或日期的input输入类型设置限制，适用于date pickers、number和range类型的<input>标签。具体说明如表9-6所示。

表9-6 输入限制设置的属性说明

属性	说明
max	设置输入框所允许的最大值
min	设置输入框所允许的最小值
step	设置合法的数字间隔，如step= "4"合法值为-4、0和4

【扩展示例】

【例9-23】编写一段网页代码，在代码中设计一个数字输入框，限定其接收0~10的值，数字间隔为2(扫码可查阅完整代码和示例效果)。

9.3.12 匹配模式

pattern属性规定用于验证input域的模式(pattern)。模式就是JavaScript正则表达式，通过自定义的正则表达式匹配用户输入的内容，以便进行验证。该属性适用于text、search、url、telephone、email和password类型的<input>标签。

【扩展示例】

【例9-24】编写一段网页代码，在代码中使用pattern属性设置输入的文本必须是6位数的邮政编码(扫码可查阅完整代码和示例效果)。

9.3.13 替换文本

placeholder属性用于为input类型的输入框提供一种文本提示，这些提示可以描述输入框期待用户输入的内容，在输入框为空时显示，而当输入框获取焦点时自动消失。placeholder属性适用于text、search、url、telephone、email以及password类型的<input>标签。

【扩展示例】

【例9-25】编写一段网页代码，在代码中演示如何应用placeholder属性(扫码可查阅完整代码和示例效果)。

9.4 表单样式与定制表单

扩展内容

表单与文本、图像等网页元素一样，可以使用CSS3设计其边框、边距、背景及字体等样式，也可以利用背景图像和JavaScript脚本定制表单控件(关于JavaScript的相关知识，本书将在后面的章节详细介绍)。读者可以扫描右侧的二维码，进一步学习设计表单样式和定制表单控件的相关知识。

第10章 CSS3盒子模型

内容简介

在CSS中，盒子模型(Box Model，简称“盒模型”)这一术语常常在构建网页布局时使用。CSS盒模型本质上将所有HTML元素看作盒子，封装周围的HTML元素(包括边距、边框、填充和实际内容)。盒模型允许网页设计人员在元素和周围元素边框之间的空间放置元素。

CSS3规范增加了UI(User Interface)模块，用于控制与用户界面相关效果的呈现方式。

学习重点

- 显示方式
- 可控大小
- 图像边框
- 盒子阴影
- 布局方式

10.1　显示方式

CSS3定义了box-sizing属性，该属性能够事先定义盒模型的尺寸解析方式。

【基本语法】

```
box-sizing : content-box | border-box | inherit;
```

【语法说明】

box-sizing属性初始值为content-box，适用于所有能够定义宽和高的元素。box-sizing属性取值说明如表10-1所示。

表10-1　box-sizing属性取值说明

属性值	说明
content-box	该属性值将维持CSS2.1盒模型的组成模式，即width/height=border+padding+content
border-box	该属性值将重新定义CSS2.1盒模型组成模式，即width/height=content

【示例代码】

【例10-1】设计一个三行两列的网页模板(如图10-1所示)，通过定义显示方式，使其中的栏目可以浮动显示(扫码可查阅完整代码)。

(1) 创建HTML5文档，设计一个网页模板结构。

```
<body>
<div class="wrapper">
    <div id="header">导航栏</div>
    <div class="sidebar">侧边栏</div>
    <div class="content">主要内容</div>
    <div id="footer">页脚栏</div>
</div>
</body>
```

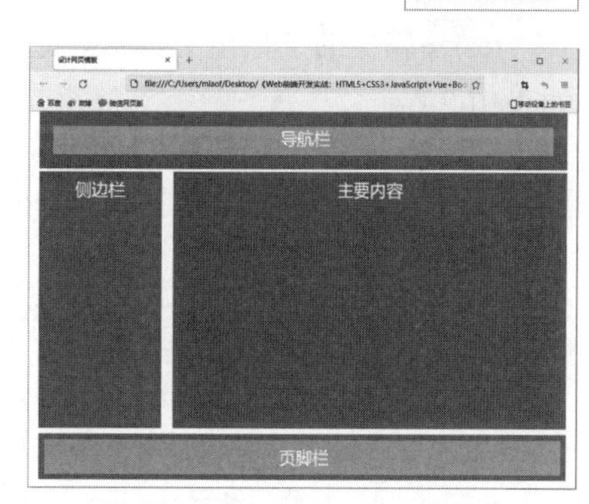

图 10-1　三行两列网页模板

(2) 在样式表中设计三行两列模型样式(中间两个栏目并列浮动显示)。

```
.wrapper {/*页面包含框样式：固定宽度、居中显示*/
    width: 960px;margin-left: auto;margin-right: auto;color: #fff;font-size: 30px;text-align: center;
}
#header {/*标题栏样式：100%宽度、增加边界、补白和边框*/
    height: 100px;width: 100%;margin-bottom: 5px;background: hsla(31,71%,67%,1.00);border:25px solid red;
    box-sizing: border-box;                                  /*定义异形盒模型解析方式*/
}
.sidebar {/*侧栏样式：向左浮动，固定宽度、增加边界、补白和边框*/
    float: left;width: 220px;margin-right: 20px;margin-bottom: 5px;height: 450px;background:
    hsla(359,50%,60%,1.00);border:10px solid red;
```

```
        box-sizing: border-box;                              /*定义异形盒模型解析方式*/
    }
    .content {/*侧栏样式：向左浮动，固定宽度、增加边界、补白和边框*/
        float: left;width: 720px;height: 450px;background: hsla(230,65%,62%,1.00);margin-bottom: 10px;
        10px solid red;
        box-sizing: border-box;                              /*定义异形盒模型解析方式*/
    }
    #footer{/*侧栏样式：100%宽度、增加边界、补白和边框*/
        width: 100%;clear: both;border:10px solid red;padding: 10px;background: hsla(31,71%,67%,1.00);
        box-sizing: border-box;                              /*定义异形盒模型解析方式*/
    }
```

10.2 可控大小

为了增强用户体验，CSS3增加了很多新的属性，其中一个重要的属性是resize，它允许用户通过拖动的方式改变元素的尺寸。目前，resize主要用于可以使用overflow属性的任何容器元素中。

【基本语法】

```
resize : none | both | horizontal | vertical | inherit;
```

【语法说明】

resize属性的初始值为none，适用于所有overflow属性不为visible的元素。其取值说明如表10-2所示。

表10-2　resize属性取值说明

属性值	说明
none	浏览器不提供尺寸调整机制，用户不能调节元素的尺寸
both	浏览器提供双向尺寸调整机制，允许用户调节元素的宽度和高度
horizontal	浏览器提供单向水平尺寸调整机制，允许用户调节元素的宽度
vertical	浏览器提供单向垂直尺寸调整机制，允许用户调节元素的高度
inherit	默认继承

【示例代码】

【例10-2】使用resize属性在网页中设计可以自由调整大小的图片(扫码可查阅完整代码和示例效果)。

(1) 创建HTML5文档，在<head>标签内添加<style type="text/css">标签，定义一个内部样式表。

```
#resize {/*以背景方式显示图像*/
    background: url("images/tp.png") no-repeat center;       /*设计背景图像仅在内容区域显示*/
    background-clip: content;                                 /*设计元素最小和最大显示尺寸*/
```

```
    width: 200px;height: 120px;max-width: 800px;max-height: 600px;padding: 6px;border: 1px solid red;
    /*同时定义overflow和resize，否则resize声明无效，默认溢出显示为visible*/
    resize: both;
    overflow: auto;
}
```

(2) 在<body>标签中输入：

```
<div id="resize"></div>
```

10.3　内容溢出

使用text-overflow属性可以设置文本溢出显示方式。

【基本语法】

```
text-overflow : clip | ellipsis
```

【语法说明】

text-overflow属性取值说明如表10-3所示。

表10-3　text-overflow属性取值说明

属性值	说明
clip	当内联内容溢出块容器时，将溢出部分裁切掉(默认值)
ellipsis	当内联内容溢出块容器时，将溢出部分替换为(...)

【扩展示例】

【例10-3】使用text-overflow属性避免列表中超出宽度的内容超出板块或自动换行(扫码可查阅完整代码和示例效果)。

10.4　轮廓线

轮廓线与边框线不同，轮廓线不占用布局空间，并且不一定为矩形。轮廓线属于动态样式，只有当对象获取焦点或被激活时才会呈现出来。

使用outline属性可以定义块元素的轮廓线。该属性在CSS2.1规范中已被明确定义，但是并未得到各主流浏览器的广泛支持。CSS3对其进行了扩展，在以前的基础上增加了新特性。

在元素周围绘制一条轮廓线，可以起到突出元素的作用。例如，可以在原本没有边框的radio单选按钮外围加上一条轮廓线，使其在页面上显得更加突出；也可以在一组radio单选按钮中只对某个单选按钮加上轮廓线，使其区别于别的单选按钮。

【基本语法】

outline : <'outline-color'> | | <'outline-style'> | | <'outline-width'> | | <'outlineoffset'> | inherit

【语法说明】

outline属性初始值根据具体的元素而定，适用于所有元素。其取值说明如表10-4所示。

表10-4　outline属性取值说明

属性值	说明
<'outline-color'>	定义轮廓边框颜色，其中invert关键字表示使用背景色的反色
<'outline-style'>	定义轮廓边框样式，如none(无轮廓)、dotted(点状轮廓)、dashed(虚线轮廓)
<'outline-width'>	定义轮廓边框宽度，如thin(细轮廓)、medium(中等轮廓)、thick(粗轮廓)
<'outline-offset'>	定义轮廓边框偏移位置(允许负值，默认值为0)
inherit	默认继承

【示例代码】

【例10-4】使用outline属性设计用户登录界面，当其中的文本框获得焦点时，在其周围显示一个轮廓线(扫码可查阅完整代码)。示例效果如图10-2所示。

```
/*设计表单内的文本框在被激活和获取焦点状态下的轮廓线的线宽、样式和颜色*/
input[type="text"]:focus {outline: thick solid hsla(359,47%,51%,1.00) }
input[type="text"]:active {outline: thick solid hsla(229,67%,54%,1.00) }
```

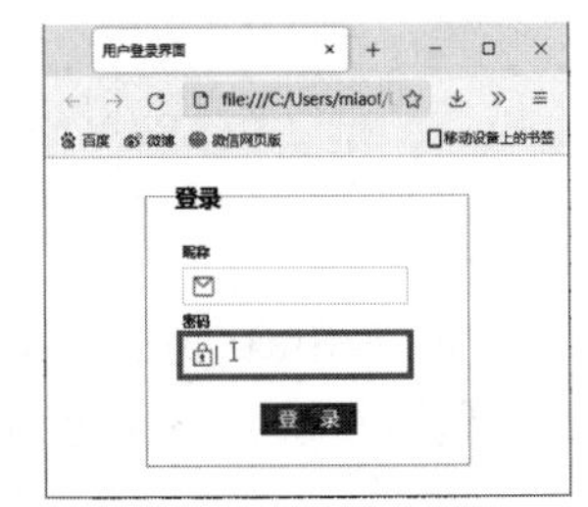

图 10-2　设计选中文本框后显示的轮廓线

10.5　圆角边框

使用CSS3的border-radius属性可以设计圆角边框样式。

【基本语法】

border-radius : [<length> | <percentage>] {1,4} [/ [<length> | <percentage>] {1,4}]?

【语法说明】

border-radius属性取值说明如表10-5所示。

表10-5　border-radius属性取值说明

属性值	说明
<length>	用长度值设置对象的圆角半径长度(不允许为负值)
<percentage>	用百分比设置对象的圆角半径长度(不允许为负值)

border-radius属性还派生了以下4个子属性。

- border-top-right-radius：定义右上角的圆角。
- border-bottom-right-radius：定义右下角的圆角。
- border-bottom-left-radius：定义左下角的圆角。
- border-top-left-radius：定义左上角的圆角。

【扩展示例】

【例10-5】使用border-radius属性，在网页中设计圆形、椭圆和圆角矩形效果的图片(扫码可查阅完整代码和示例效果)。

10.6　图像边框

使用border-image属性能够模拟background-image属性为边框添加背景图片。

【基本语法】

border-image : < 'border-image-source '> | | < 'border-image-slice '>[/< 'border-image-width '> | /< 'border-image-width '>? /< 'border-image-outset '>]? | | < ' border-image-repeat'>

【语法说明】

border-image属性取值说明如表10-6所示。

表10-6　border-image属性取值说明

属性值	说明
< 'border-image-source '>	设置对象的边框是否用图像定义样式或图像来源路径
< 'border-image-slice '>	设置对象的边框图像的分割方式
< 'border-image-width '>	设置对象的边框图像的宽度
< 'border-image-outset '>	设置对象的边框图像的扩展
< ' border-image-repeat'>	设置对象的边框图像的平铺方式，其中stretch(拉伸填充)、repeat(平铺填充)、round(平铺填充，根据边框动态调整大小直至铺满整个边框)、space(平铺填充，根据边框动态调整图像间距直至铺满整个边框)

【示例代码】

【例10-6】使用border-image属性，为网页设计图像边框(扫码可查阅完整代码)，示例效果如图10-3所示。

(1) 创建HTML5文档，在样式表中输入以下样式。

```
div { border-image: url(images/border1.png) 27 27 27 27; }
```

(2) 在<body>标签中使用<div>标签定义一个盒子。

```
<div></div>
```

【示例解析】

以上代码使用一个71×71px的图像，该图像被等分为图10-4所示的9个方块，每个方块的高和宽都是21×21px大小。

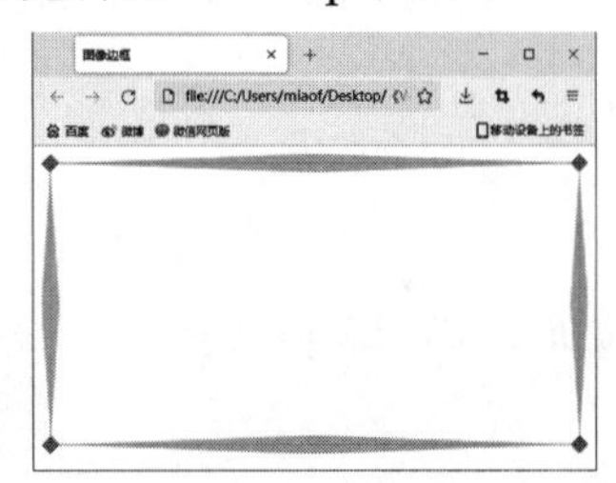

图 10-3　定义图像边框

图 10-4　71×71px 图像

当声明border-image-slice属性值为(27 27 27 27)时，则按以下说明进行解析。

- 第1个参数值表示从上向下裁切图像，显示在顶边。
- 第2个参数值表示从右向左裁切图像，显示在右边。
- 第3个参数值表示从下向上裁切图像，显示在底边。
- 第4个参数值表示从左向右裁切图像，显示在左边。

图像被4个参数值裁切为9块，再根据边框的大小进行自适应显示。例如，当分别设置边框为不同的大小，则显示效果除了粗细以外，其他则是完全相同。

10.7　盒子阴影

阴影就是对原对象的复制，包括内边距和边框都属于box的占位范围，阴影也包括对内边距和边框的复制，但是阴影本身不占据布局的空间。使用box-shadow属性可以为对象定义阴影效果，其功能类似于text-shadow属性。

【基本语法】

```
box-shadow : none | inset? &&<length>{2,4} &&<color>?
```

【语法说明】

box-shadow属性取值说明如表10-7所示。

表10-7　box-shadow属性取值说明

属性值	说明
none	无阴影
inset	设置对象的阴影类型为内阴影。该值为空时，则对象的阴影类型为外阴影

(续表)

属性值	说明
<length>①	第1个长度值用来设置对象的阴影水平偏移值(可为负值)
<length>②	第2个长度值用来设置对象的阴影垂直偏移值(可为负值)
<length>③	如果提供了第3个长度值，第3个长度值用来设置对象的阴影模糊值(不允许为负值)
<length>④	如果提供第4个长度值，第4个长度值用来设置对象的阴影外延值(可为负值)
<color>	设置对象的阴影颜色

【示例代码】

【例10-7】使用box-shadow属性，在网页中设计各种阴影效果(扫码可查阅完整代码)。

(1) 创建HTML5文档，设计一个简单的盒子，并定义基本形状。

```
<style type="text/css">
    .box {
    width: 100px;height: 100px;text-align: center;
    line-height: 100px;background-color: #CCCCCC;
    border-radius: 10px;padding: 10px;margin: 10px;
    }
</style>
<div class="box bs1">box-shadow</div>
```

(2) 在内部样式表中添加以下样式，此时网页效果如图10-5所示。

```
.bs1{box-shadow:200px 0px #666;}
```

(3) 在内部样式表中修改步骤2输入的样式，设计四周模糊的阴影效果，如图10-6所示。

```
.bs1{box-shadow:0 0 20px #666;}
```

(4) 修改步骤3输入的样式，定义2px扩展阴影，网页显示效果如图10-7所示。

```
.bs1{box-shadow:0 0 0 2px #666;}
```

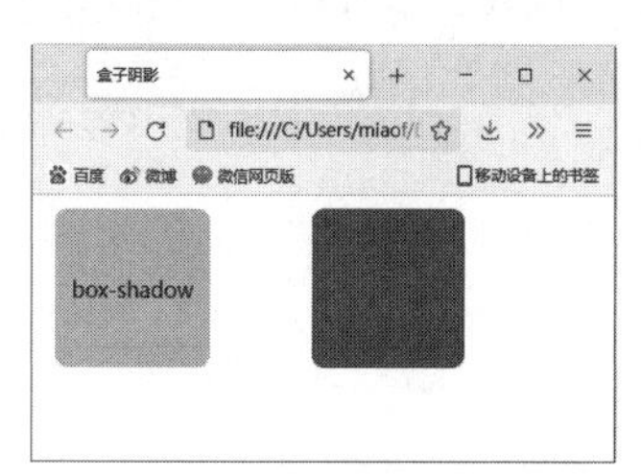

图 10-5　对象和阴影

图 10-6　四周阴影

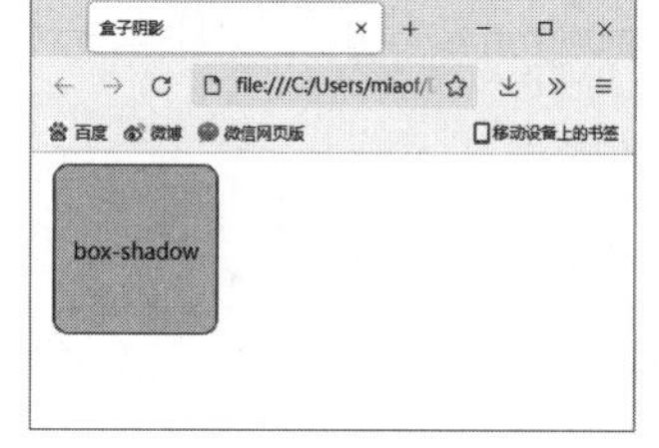

图 10-7　扩展阴影

(5) 修改步骤4输入的样式，定义扩展为负值的阴影，网页显示效果如图10-8所示。

```
.bs1{box-shadow:0 15px 20px -10px #666; border: none;}
```

(6) 修改步骤5输入的样式，定义内阴影，网页显示效果如图10-9所示。

```
.bs1{background-color: #666;box-shadow: 0 0 80px #fff inset; }
```

(7) 修改步骤6输入的样式，定义多重阴影，网页显示效果如图10-10所示。

```
.bs1{box-shadow: 40px 40px #1ff,80px 80px #666;border-radius: 0;}
```

图 10-8　负值阴影

图 10-9　内阴影

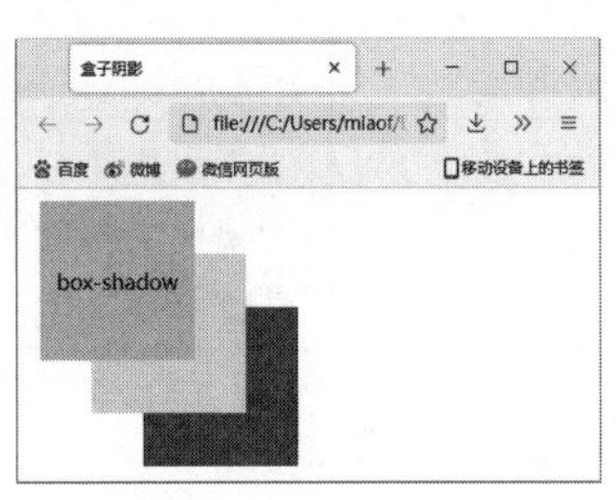

图 10-10　多重阴影

【知识点滴】

阴影也有层叠关系，前面的阴影层级更高，会挡住后面的阴影。阴影和阴影之间的透明度可见，而主体对象的透明度对阴影不起作用。

下面再通过几个扩展示例来进一步介绍box-shadow属性的应用。

(1) 照片阴影边框

【扩展示例】

【例10-8】使用box-shadow属性，在网页中设计照片的阴影边框效果(扫码可查阅完整代码和示例效果)。

(2) 文章阴影块

【扩展示例】

【例10-9】使用box-shadow、text-shadow和border-radius等属性，设计栏目中的阴影块效果(扫码可查阅完整代码和示例效果)。

(3) 系统界面效果

【扩展示例】

【例10-10】使用box-shadow、border-radius、text-shadow、border-color、border-image等属性设计系统界面效果(扫码可查阅完整代码和示例效果)。

10.8　布局方式

CSS3提供了流式布局、浮动布局和定位布局3种布局方式。

10.8.1　流式布局

流式布局是HTML默认的布局方式。在默认状态下，HTML元素都是根据流动模型来分布网页内容的，并随着文档流自上而下按顺序动态分布。流式布局只能根据元素排列的先后顺序决定显示位置。如果要改变元素的显示位置，只能通过改变HTML文档结构来实现。

流式布局有以下两个典型特征。

- 块状元素都会在包含元素内自上而下按顺序堆叠分布。在默认状态下，块状元素的宽度为100%，占据一行显示(不管这个元素是否包含内容，宽度是否为100%)。
- 行内元素会在包含元素内从左到右水平分布显示，类似于文本流，超出一行后会自动换行显示，然后继续从左到右按顺序流动(以此类推)。

【示例代码】

【例10-11】定义strong元素对象为相对定位，通过相对定位调整标题在页面顶部的显示(扫码可查阅完整代码)。示例效果如图10-11所示。

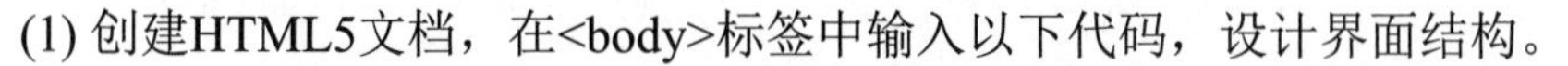

(1) 创建HTML5文档，在<body>标签中输入以下代码，设计界面结构。

```
<p> <span><strong>人工智能 </strong>计算机科学的一个分支</span> <br>人工智能(Artificial Intelligence)，<br>英文缩写为AI。<br>它是研究、开发用于模拟、延伸和扩展人的智能的<br>理论、方法、技术及应用系统的一门新的技术科学。<br>人工智能是计算机科学的一个分支，<br>它企图了解智能的实质，<br>并生产出一种新的能以人类智能相似的方式做出反应的智能机器，<br>该领域的研究包括机器人、语言识别、图像识别、自然语言处理和专家系统等。 </p>
```

(2) 定义内部样式表。

```
p { margin: 60px; font-size: 12px;}
p span { position: relative; }
p strong {/*[相对定位]*/
    position: relative;
    left: 120px;
    top: -50px;
    font-size: 28px;
}
```

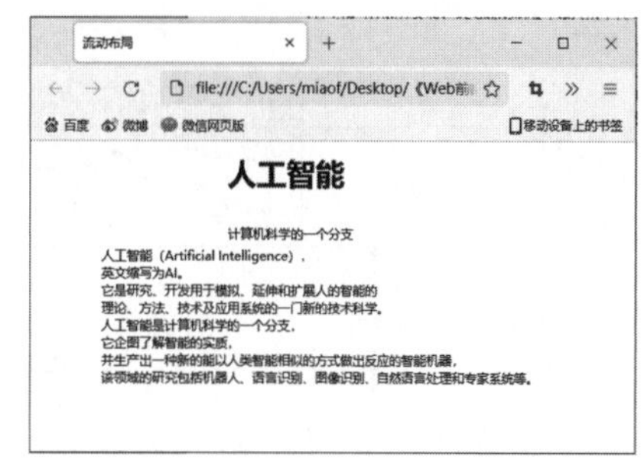

图 10-11　流式布局

【知识点滴】

相对定位元素遵循流式布局模型，存在于正常的文档中，但是它的位置可以根据原位置进行偏移。由于相对定位元素占有自己的空间(即原始位置保持不变)，因此它不会挤占其他元素的位置，但可以覆盖在其他元素之上显示。

10.8.2　浮动布局

浮动布局不同于流式布局，它能够脱离文档流，在包含框内靠左或靠右并列显示。当然，浮动对象不能完全脱离文档流，而且还会受文档流的影响。

在默认情况下元素不能浮动显示，使用CSS3的float属性可以定义浮动显示。用法如下：

```
float: none | left | right
```

其中，left表示向左浮动，right表示向右浮动，none表示消除浮动，默认值为none。浮动布局有以下4个典型特征。

- 浮动元素可以设置width和height属性，明确占据网页空间。如果没有定义宽度和高度，它会自动收缩到仅能包裹住内容为止。

- 浮动元素与流动元素可以混合使用，显示内容不会重叠，但边界在特定情况会出现重叠。浮动元素与流动元素都遵循先上后下的结构顺序依次排列，都受到文档流的影响。与普通元素一样，浮动元素始终位于包含元素内，不会脱离包含框，这与定位元素不同。
- 浮动布局仅能改变相邻元素的水平显示关系，不能改变垂直显示顺序，流动元素总会以流动的形式环绕上面相邻的浮动元素显示。浮动元素不会强迫前面的流动元素环绕其周围流动，而是自己换行浮动显示。
- 浮动元素可以并列显示，如果浏览器窗口大小发生变化，或者包含框不固定，则会出现错行显示问题(此类问题容易破坏整体布局效果)。

使用CSS3的clear属性可以清除浮动，强制元素换行显示。clear属性取值说明如表10-8所示。

表10-8　clear属性取值说明

属性值	说明
left	清除左边的浮动元素，如果左边存在浮动元素，则当前元素会换行显示
right	清除右边的浮动元素，如果右边存在浮动元素，则当前元素会换行显示
both	清除左右两边的浮动元素，不管哪边存在浮动元素，则当前元素都会换行显示
none	允许两边都可以存在浮动元素，当前元素不会主动换行显示

【扩展示例】

【例10-12】编写一段网页代码，在代码中设计一个包含多个栏目的页面(扫码可查阅完整代码和示例效果)。

10.8.3 定位布局

定位布局可以精确控制网页对象的显示位置。使用CSS3的position属性可以定义定位显示。用法如下：

```
position: static | relative | absolute | fixed
```

position属性取值说明如表10-9所示。

表10-9　position属性取值说明

属性值	说明
static	默认值，表示不定位，遵循流式布局
relative	表示相对定位，相对自身初始位置进行偏移，也需要配合left、right、top、bottom属性定位，定位后的初始位置依然保留
absolute	表示绝对定位，脱离文档流，需要配合left、right、top、bottom属性精确定位。如果不设置X轴和Y轴偏移值，则在对应轴方向上依然受文档流的影响
fixed	表示固定定位，始终位于浏览器窗口内视图的某个位置，不受文档流影响，与background-attachment:fixed;属性功能相同

使用CSS3的z-index属性可以设置定位元素的层叠顺序。值越大，层叠级别就越高，如果属性值相同，则根据结构顺序层叠，靠后的叠加在上面。一般z-index属性值为正数的元素，将会压在文档流下面显示。

【扩展示例】

【例10-13】编写一段网页代码，在代码中设计一个包含三行和两列的页面(扫码可查阅完整代码和示例效果)。

第11章

CSS3移动布局

内容简介

移动布局是CSS3新增的布局模式，使用移动布局，除了可以修改CSS2布局存在的问题，还能够帮助设计人员灵活设计网页页面版式。

学习重点

- 多列布局
- 盒布局模型
- 弹性盒布局
- 媒体查询

11.1　多列布局

CSS3的Multiple Columns可以设计多列布局，将内容按指定的列数排列，非常适合纯文本版式网页的设计。

columns是CSS3多列布局特性的基本属性，该属性可以同时定义多列的数目和每列的宽度。

【基本语法】

```
columns : <column-width> | | <column-count>;
```

【语法说明】

columns属性初始值根据元素个别属性而定，它适用于不可替换的块元素、行内块元素、单元格，但是表格元素除外。其取值说明如下。

- <column-width>：定义每列的宽度。
- <column-count>：定义列数。

11.1.1　定义列宽

使用column-width属性可以定义单列显示的宽度。该属性可以与其他多列布局属性配合使用，也可以单独使用。

【基本语法】

```
column-width : <length> | auto;
```

【语法说明】

使用column-width属性初始值为auto，适用于不可替换的块元素、行内块元素、单元格，但是表格元素除外。其取值说明如下。

- <length>：由浮点数字和单位标识符组成的长度值(不可为负值)。
- auto：根据浏览器计算值自动设置。

column-width属性可以与其他多列布局属性配合使用，设计指定固定列数、列宽的布局效果；也可以单独使用，限制模块的单列宽度，当超出宽度时，则会自动以多列进行显示。

【示例代码】

【例11-1】在多列布局中应用column-width属性，设计body元素的列宽为300像素。如果网页内容能够在单列显示则以单列显示，如果窗口够宽，并且网页内容很多，则会以多列显示页面内容(扫码可查阅完整代码)。示例效果如图11-1所示。

(1) 创建HTML5文档，定义内部样式表。

```
body {
    column-gap:2em;                  /*定义列间距为2em*/
    column-width: 300px;             /*定义列宽为300px*/
}
```

(2) 设计一级标题跨越所有列显示。

```
h1 {column-span: all)
```

(3) 在<body>标签中输入以下代码设计文章块结构。

```
<h1>HTML5发展历程</h1>
<h2>HTML历史</h2>
<p>HTML最早是从2.0版开始的……</p>
```

图 11-1　自适应多列布局页面

11.1.2　定义列数

使用column-count属性可以定义显示的列数。

【基本语法】

```
column-count : <integer> | auto;
```

【语法说明】

column-count属性初始值为auto，适用于不可替换的块元素、行内块元素、单元格，但是表格元素除外。其取值说明如下。

- <integer>：定义栏目的列数，取值为大于0的整数。若column-width和column-count属性没有明确值，则该值为最大列数。
- auto：根据浏览器计算值自动设置。

【示例代码】

【例11-2】继续例11-1的操作，定义当网页窗口宽度无论如何调整都以三列显示内容(扫码可查阅完整代码和示例效果)。

```
body {
column-count: 3;
}
```

11.1.3　定义列间距

使用column-gap属性可以定义两栏之间的距离。

【基本语法】

column-gap : normal | <length>;

【语法说明】

column-gap属性初始值为normal，适用于多列布局元素。

- normal：根据浏览器默认设置进行解析，一般为1em。
- <length>：由浮点数字和单位标识符组成的长度值(不可为负值)。

【示例代码】

【例11-3】继续例11-2的操作，在页面中结合使用column-gap和line-height属性，设计网页页面，使其方便阅读(列间距为3em，行高为2.5em)(扫码可查阅完整代码和示例效果)。

```
body {
    column-count: 3;                    /*定义页面内容显示为三列*/
    column-gap: 3em;                    /*定义列间距为3em，默认为1em*/
    line-height: 2.5em;                 /*定义页面文本行高为2.5em*/
}
```

11.1.4　定义列边框

为列边框设计样式，能够有效区分各个栏目列之间的关系，以便于浏览者更清晰地阅读网页内容。使用column-rule属性可以定义每列之间边框的宽度、样式和颜色。

【基本语法】

column-rule | <length> | <style> | <color> | <transparent>;

【语法说明】

- <length>：由浮点数字和单位标识符组成的长度值(不可为负值)。其功能与column-rule-width属性相同。
- <style>：定义列边框样式。其功能与column-rule-style属性相同。
- <color>：定义列边框的颜色。其功能与column-rule-color属性相同。
- <transparent>：设置边框透明显示。

CSS3在column-rule属性的基础上派生了表11-1所示的3个列边框属性。

表11-1　column-rule列边框属性说明

属性	说明
column-rule-color	定义列边框颜色。column-rule-color属性接受所有的颜色
column-rule-width	定义列边框宽度。column-rule-color属性接受任意浮点数(但不可为负值)
column-rule-style	定义列边框样式。column-rule-color属性值与border-style属性值相同，包括none、hidden、dotted、dashed、solid、double、groove、ridge、inset、outset

【示例代码】

【例11-4】继续例11-3的操作，在页面中为每列之间的边框定义一个虚线分割线，线宽为2像素，灰色(扫码可查阅完整代码和示例效果)。

```
body {
column-count: 3;                    /*定义页面内容显示为三列*/
column-gap: 3em;                    /*定义列间距为3em，默认为1em*/
line-height: 2.5em;                 /*定义页面文本行高为2.5em*/
column-rule: dashed 2px gray;       /*定义列边框为2像素的灰色虚线*/
}
```

11.1.5　定义跨列显示

在纸质报刊中，经常会看到文章标题跨列居中显示。使用column-span属性可以定义跨列显示，也可以设置单列显示。

【基本语法】

```
column-span : none | all;
```

【语法说明】

- none：column-span属性初始值为none，适用于静态的、非浮动元素。
- all：将横跨所有列。

【示例代码】

【例11-5】继续例11-4的操作，使用column-span属性定义一级和二级标题跨列显示(扫码可查阅完整代码和示例效果)。

修改例11-2创建的文档中的内部样式表，添加以下代码。

```
/*设置一级标题跨越所有列显示*/
h1 {color: #333333;font-size: 20px; text-align: center; padding: 12px;column-span: all; }
/*设置二级标题跨越所有列显示*/
h2 {font-size: 16px;text-align: center;column-span: all;}
/*设置段落文本样式*/
p {color: #333333;font-size: 14px;line-height: 180%; text-indent: 2em;}
```

11.1.6　定义列高度

使用column-fill属性可以定义栏目的高度是否统一。

【基本语法】

```
column-fill : auto | balance
```

【语法说明】

column-fill属性的初始值为auto，适用于多列布局元素。

- auto：各列的高度随其内容的变化而自动变化。
- balance：各列的高度将会根据内容最多的那一列的高度进行统一。

【示例代码】

【例11-6】继续例11-5的操作，使用column-fill属性定义页面内容列长短平衡(扫码可查阅完整代码及示例效果)。

```
body {
    ……
    column-fill: balance;                    /*设置各列高度列长短平衡*/
}
```

11.2　盒布局模型

CSS3引入了box模型，用于定义一个盒子在其他盒子中的分布方式，以及如何处理可用的空间。使用box模型，网页设计人员可以轻松地创建自适应浏览器窗口的流动布局或自适应字体大小的弹性布局。

启动弹性盒模型，只需要设置拥有子盒子的盒子的display属性值为box(或inline-box)即可。

```
display : box;
```

盒布局由父容器和子容器两部分组成。父容器通过display:box；启动盒布局功能，并使用表11-2所示属性定义子容器的显示属性；子容器通过box-flex属性定义布局宽度，指定如何对父容器的宽度进行分配。

表11-2　定义子容器的显示属性

属性	说明
box-orient	定义父容器中子容器的排列方式(水平或垂直)。其取值包括horizontal、vertical、inline-axis、block-axis、inherit
box-direction	定义父容器中子容器的排列顺序。其取值包括normal、reverse、inherit
box-align	定义父容器中子容器的垂直对齐方式。其取值包括start、end、center、baseline、stretch
box-pack	定义父容器中子容器的水平对齐方式。其取值包括start、end、center、justify

11.2.1　定义宽度

使用盒布局时只要使用box-flex属性，就可以把默认布局变为盒布局。在默认情况下，盒布局模型不具有弹性。当box-flex的值至少为1时，将会使盒布局具有弹性。如果盒布局不具有弹性，将其尽可能拉宽，使其内容可见，并且没有任何溢出，它大小由width和height属性值，或者min-height、min-width、max-width、max-height属性值来决定。

如果盒模型具有弹性，其大小将按下面的方式计算。

- 具体的大小声明(width、height、min-width、min-height、max-height)。

○ 父盒子的大小和所有余下的可利用的内部空间。

如果盒子没有任何大小声明，那么其大小将完全取决于父盒子的大小，即子盒子的大小等于父盒子的大小乘以其box-flex在所有子盒子box-flex总和中的百分比。用公式表示为：

子盒子的大小=父盒子的大小*子盒子的box-flex/所有子盒子的box-flex值的和

如果一个或更多的盒子有一个具体的大小声明，那么其大小将计算其中，余下的弹性盒子将按照以上原则分享剩下的可利用空间。

【扩展示例】

【例11-7】编写一段网页代码，添加box-flex属性，在样式代码中使用盒布局。将页面左侧边栏和右侧边栏的两个div元素的宽度保留为200px，在页面中间内容的div元素的样式代码中去除原来的指定宽度为300px的样式代码，并加入box-flex属性(扫码可查阅完整代码和示例效果)。

11.2.2　定义顺序

在盒布局中使用box-ordinal-group属性，可以改变各元素的显示顺序。该属性使用一个表示序号的整数属性值，浏览器在显示的时候根据该序号从小到大来显示这些元素。

【示例代码】

【例11-8】继续例11-7的操作，修改内部样式表，演示box-ordinal-group属性效果(扫码可查阅完整代码)。示例效果如图11-2所示。

```
#left-sidebar {
    -moz-box-ordinal-group:3;
    -WebKit-box-ordinal-group:3;
    width: 200px;
    padding: 20px;
    background-color: hsla(359,69%,77%,1.00); }
#right-sidebar {
    -moz-box-ordinal-group:2;
    -WebKit-box-ordinal-group:2;
    width: 200px;
    padding: 20px;
    background-color: #ccc;
}
```

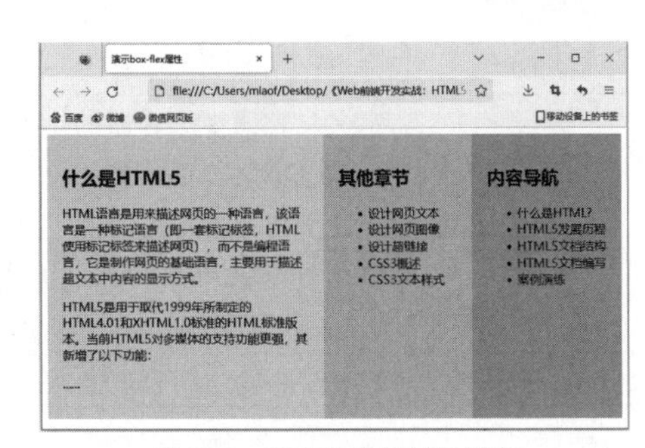

图 11-2　改变元素的显示顺序

【知识点滴】

从以上示例演示效果可以看出，虽然没有改变HTML5的页面代码。但是通过应用盒布局，使用box-ordinal-group属性，同样可以改变元素的显示顺序，这样可以提高页面布局的工作效率。

11.2.3　定义方向

使用盒布局的时候，可以很轻松地将多个元素排列方向从水平方向修改为垂直方向，或者从垂直方向修改为水平方向。在CSS3中，使用box-orient属性来指定多个元素的排列方向。

【示例代码】

【例11-9】以例11-8创建的网页为基础，在<div id="container">标签样式中加入box-orient属性，并设定属性值为vertical，即定义内容以垂直方向排列，则代表左侧边栏、中间内容、右侧边栏的3个div元素的排列方向从水平方向改变为垂直方向(扫码可查阅完整代码和示例效果)。

```
#container {
    display: -moz-box;
    display: -WebKit-box;
    -moz-box-orient:vertical;
    -WebKit-box-orient:vertical;
}
```

11.2.4　定义自适应

使用盒布局时，元素大小(包括宽和高)具有自适应性，即元素的宽度与高度可以根据排列方向的改变而改变。

【扩展示例】

【例11-10】定义包含3个div元素的容器。浏览网页时当排列方向被指定为水平方向时，3个div元素的宽度为元素中内容的宽度，高度自动变为容器的高度；当排列方向被指定为垂直方向时，3个div元素的高度为元素中内容的高度，宽度自动变为容器的宽度(扫码可查阅完整代码)。

11.2.5　定义对齐方式

在盒布局中，可以使用box-pack属性、box-align属性来指定元素中文字、图像及子元素水平方向或垂直方向的对齐方式。

box-pack属性及box-align属性的取值说明如表11-3所示。

表11-3　box-pack属性和box-align属性的取值说明

属性值	说明
start(排列方式horizontal)	针对box-pack属性，表示左对齐，文字、图像或子元素被放置在元素最左边显示；针对box-align属性，表示顶部对齐，文字、图像或子元素被放置在元素最顶部显示
center(排列方式horizontal)	针对box-pack属性，表示中部对齐，文字、图像或子元素被放置在元素中部显示；针对box-align属性，表示中部对齐，文字图像或子元素被放置在元素中部显示

(续表)

属性值	说明
end(排列方式horizontal)	针对box-pack属性，表示右对齐，文字、图像或子元素被放置在元素最右侧显示；针对box-align属性，表示底部对齐，文字、图像或子元素被放置在元素最底部显示
start(排列方式vertical)	针对box-pack属性，表示左对齐，文字、图像或子元素被放在元素最左侧显示；针对box-align属性，表示顶部对齐，文字、图像或子元素被放置在元素最顶部显示
center(排列方式vertical)	针对box-pack属性，表示中对齐，文字、图像或子元素被放置在元素中部显示；针对box-align属性，表示中部对齐，文字、图像或子元素被放置在元素中部显示
end(排列方式vertical)	针对box-pack属性，表示右对齐，文字、图像或子元素被放置在元素最右侧显示；针对box-align属性，表示底部对齐，文字、图像或子元素被放置在元素最底部显示

在CSS3以前，如果要定义文字水平居中，只需要设置text-align属性就可以了；但是如果要让文字垂直居中，由于div元素不能使用vertical-align属性，因此就很难做到。在CSS3中，只要让div元素使用box-align属性，文字就可以垂直居中显示了(注意：box-align属性排列方向默认为horizontal)。

【示例代码】

【例11-11】定义一个div元素，其中包含多个div子元素，子元素中有一些文字，使用box-pack属性及box-align属性让文字位于div容器的正中央(扫码可查阅完整代码)。示例效果如图11-3所示。

(1) 创建HTML5文档，在<body>标签中输入以下代码。

```
<div id="container">
    <div id="text-a">人工智能-1</div>
    <div id="text-b">人工智能-2</div>
    <div id="text-c">人工智能-3</div>
</div>
```

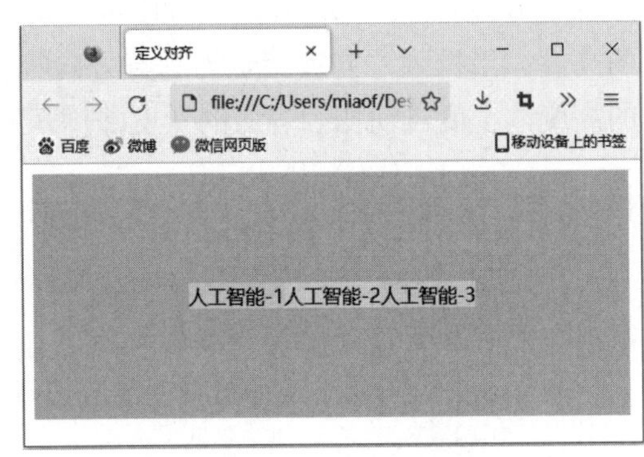

图 11-3　文字位于容器中央

(2) 创建内部样式表。

```
div#container {
    display: -moz-box;
    display: -WebKit-box;
    -moz-box-align: center;
    -Webkit-box-align: center;
    -moz-box-pack: center;
    -Webkit-box-pack: center;
    width: 500px;
    height: 200px;
    background-color: #ccc;
}
```

```
#text-a {background-color: chartreuse;}
#text-b {background-color: aquamarine;}
#text-c {background-color: aqua;}
```

11.3　弹性盒布局

弹性盒布局是CSS3升级后的新布局模型。

11.3.1　定义弹性盒

flexbox由伸缩容器和伸缩项目组成。通过设置元素的display属性为flex或inline-flex，可以得到一个伸缩容器。设置为flex的容器被渲染为一个块级元素，而设置为inline-flex的容器则渲染为一个行内元素。

【基本语法】

```
display:flex | inline-flex;
```

【语法说明】

以上语法定义了伸缩容器，属性值决定容器是行内显示，还是块显示；其所有子元素将变成flex文档流，被称为伸缩项目。此时，CSS的columns属性在伸缩容器上没有效果，同时float、clear和vertical-align属性在伸缩项目上没有效果。

【扩展示例】

【例11-12】编写一段网页代码，在代码中设计一个可伸缩的容器，其中包含4个伸缩项目(扫码可查阅完整代码和示例效果)。

【知识点滴】

伸缩容器中的每一个子元素都是一个伸缩项目，伸缩项目可以是任意数量的，伸缩容器外和伸缩项目内的一切元素都不受影响。伸缩项目沿着伸缩容器内的一个伸缩行定位，通常每个伸缩容器只有一个伸缩行。在上面的实例中，可以看到4个项目沿着一个水平伸缩行从左至右显示。在默认情况下，伸缩行和文本方向一致，即从左至右，从上到下。

常规布局基于块和文本流方向，而flex布局则基于flex-flow流。图11-4所示是W3C规范对flex布局的解释。

伸缩项目是沿着主轴(main axis)从主轴起点(main start)到主轴终点(main end)；或者沿着侧轴(cross axis)从侧轴起点(cross start)到侧轴终点(cross end)排列。

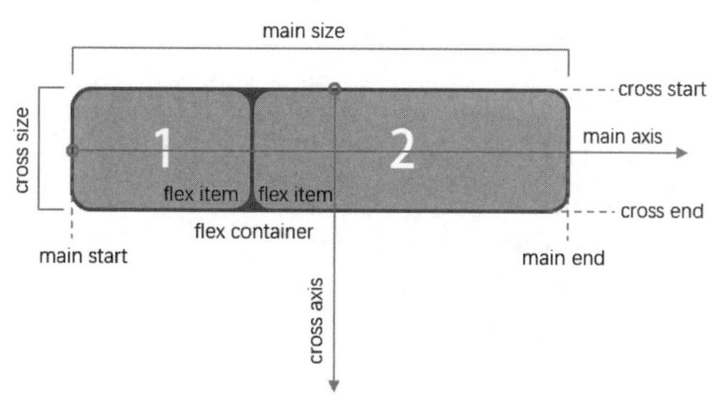

图 11-4　W3C 规范对 flex 布局的解释

- 主轴(main axis)：伸缩容器的主轴，伸缩项目主要沿着这条轴进行排列布局(注意，它不一定是水平的)。
- 主轴起点(main start)和主轴终点(main end)：伸缩项目放置在伸缩容器内从主轴起点(main start)向主轴终点(main-end)方向排列。
- 主轴尺寸(main size)：伸缩项目在主轴方向的宽度或高度就是主轴尺寸。伸缩项目主要的大小属性要么是宽度，要么是高度属性(由哪一个对着主轴方向决定)。
- 侧轴(cross axis)：垂直于主轴，其方向主要取决于主轴方向。
- 侧轴起点(cross start)和侧轴终点(cross end)：伸缩行的配置从容器的侧轴起点开始，在侧轴终点边结束。
- 侧轴尺寸(cross size)：伸缩项目在侧轴方向的宽度或高度就是其侧轴尺寸。

11.3.2 定义伸缩方向

使用flex-direction属性可以定义伸缩方向。该属性适用于伸缩容器，也就是伸缩项目的父元素。flex-direction属性主要用来创建主轴，从而定义伸缩项目在伸缩容器内的放置方向。

【基本语法】

```
flex-direction: row | row-reverse | column | column-reverse
```

【语法说明】

flex-direction属性的取值说明如表11-4所示。

表11-4 flex-direction属性取值说明

属性值	说明
row	默认值，在ltr排版方式下从左向右排列；在rtl排版方式下从右向左排列
row-reverse	与row排版方向相反，在ltr排版方式下从右向左排列；在rtl排列方式下从左向右排列
column	类似于row，不过是从上往下排列
column-reverse	类似于row-reverse，不过是从下往上排列

主轴起点与主轴终点方向分别等同于当前书写模式的开始与结束方向，其中ltr所指文本书写方式是left-to-right，也就是从左向右书写；而rtl刚好与ltr方式相反，其书写方式是right-to-left，也就是从右向左书写。

【示例代码】

【例11-13】在例11-12的基础上修改内部样式表，设计一个伸缩容器，包括4个伸缩项目，定义伸缩项目从上往下排列(扫码可查阅完整代码)。示例效果如图11-5所示。

```
.flex-container{
    display: -WebKit-flex;
    display: flex;
```

```
    -WebKit-flex-direction: column;
    -WebKit-direction:column;
    width: 500px; height: 300px;
    border: solid 1px red;
}
    .flex-item{
    background-color: aqua;
    width: 200px;
    height: 200px;
    margin: 10px;
}
```

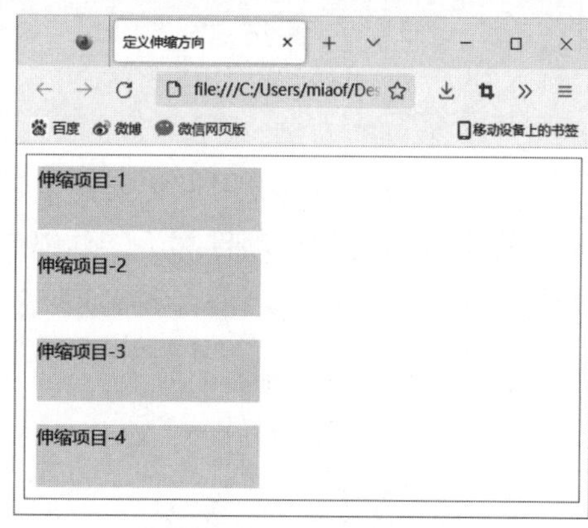

图 11-5　设计伸缩容器

11.3.3　定义行数

flex-wrap属性主要用于定义伸缩容器里是单行还是多行显示，侧轴的方向决定了新行堆放的方向。该属性适用于伸缩容器，也就是伸缩项目的父元素。

【基本语法】

```
flex-wrap: nowrap | wrap | wrap-reverse
```

【语法说明】

flex-wrap属性取值说明如表11-5所示。

表11-5　flex-wrap属性取值说明

属性值	说明
nowrap	默认值，伸缩容器单行显示。在ltr排版方式下，伸缩项目从左向右排列；在rtl排版方式下，伸缩项目从右向左排列
wrap	伸缩容器多行显示。在ltr排版方式下，伸缩项目从左向右排列；在rtl排版方式下，伸缩项目从右向左排列
wrap-reverse	伸缩容器多行显示。与wrap相反，在ltr排版方式下，伸缩项目从右向左排列；在rtl排版方式下，伸缩项目从左向右排列

【扩展示例】

【例11-14】在【例11-13】的基础上设计一个伸缩容器，其中包含4个伸缩项，定义伸缩项目多行排列(扫码可查阅完整代码和示例效果)。

【知识点滴】

flex-flow属性是flex-direction和flex-wrap属性的复合属性，适用于伸缩容器。flex-flow属性可以同时定义伸缩容器的主轴和侧轴，其默认值为row nowrap。语法如下：

```
flex-flow:< ' flex-direction ' > | | < ' flex-wrap' >
```

11.3.4 定义对齐方式

1. 主轴对齐

justify-content属性用于定义伸缩项目沿着主轴的对齐方式。该属性适用于伸缩容器。当一行上的所有伸缩项目都不能伸缩或可伸缩但是已达到最大长度时，这一属性才会对多余的控件进行分配。当项目溢出某一行时，这一属性也会在项目的对齐上施加一些控制。

【基本语法】

```
justify-content: flex-start | flex-end | center | space-between | space-around
```

【语法说明】

justify-content属性取值说明如表11-6所示。

表11-6 justify-content属性取值说明

属性值	说明
flex-start	默认值，伸缩项目向一行的起始位置靠齐
flex-end	伸缩项目向一行的结束位置靠齐
center	伸缩项目向一行的中间位置靠齐
space-between	伸缩项目会平均分布在行里。第一个伸缩项目在一行中的开始位置，最后一个伸缩项目在一行中的终点位置
space-around	伸缩项目会平均分布在行里，两端保留一半的空间

2. 侧轴对齐

align-items属性主要用于定义伸缩项目在伸缩容器中当前行的侧轴上的对齐方式。该属性适用于伸缩容器，类似于主轴的justify-content属性。

【基本语法】

```
align-items: flex-start | flex-end | center | baseline | stretch
```

【语法说明】

align-items属性取值说明如表11-7所示。

表11-7 align-items属性取值说明

属性值	说明
flex-start	伸缩项目在侧轴起点边的外边距紧靠住该行在侧轴起始的边
flex-end	伸缩项目在侧轴终点边的外边距紧靠住该行在侧轴终点的边
center	伸缩项目的外边距盒在该行的侧轴上居中放置
baseline	伸缩项目根据伸缩容器基线对齐
stretch	伸缩项目拉伸填充整个伸缩容器

3. 伸缩行对齐

align-content属性主要用于调整伸缩行在伸缩容器里的对齐方式，该属性适用于伸缩容器。类似于伸缩项目在主轴上使用justify-content属性一样，但align-content属性在只有一行的伸缩容器上没有效果。

【基本语法】

align-content: flex-start | flex-end | center | space-between | space-around | stretch

【语法说明】

align-content属性取值说明如表11-8所示。

表11-8 align-content属性取值说明

属性值	说明
flex-start	各行向伸缩容器起点位置堆叠
flex-end	各行向伸缩容器结束位置堆叠
center	各行向伸缩容器中间位置堆叠
space-between	各行在伸缩容器中平均分布
space-around	各行在伸缩容器中平均分布，在两边各有一半空间
stretch	各行将会伸展以占用剩余的空间

【示例代码】

【例11-15】在例11-14的基础上修改内部样式表，定义伸缩行在伸缩容器中居中显示(扫码可查阅完整代码)。示例效果如图11-6所示。

```
.flex-container{
    display: -WebKit-flex;
    display: flex;
    -WebKit-flex-wrap: wrap;
    -WebKit-wrap:wrap;
    align-content: center;
    width: 500px;
    height: 300px;
    border: solid 1px red;
}
```

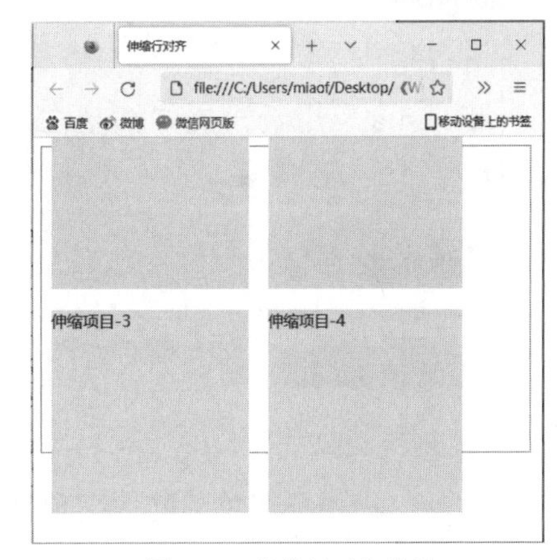

图 11-6 伸缩行对齐效果

11.3.5 定义伸缩项目

一个伸缩项目就是一个伸缩容器的子元素。伸缩容器的文本也被视为一个伸缩项目。伸缩项目中的内容与普通文本流一样。例如，当一个伸缩项目被设置为浮动，用户依然可以在这个伸缩项目中放置一个浮动元素。

伸缩项目都有一个主轴长度(main size)和一个侧轴长度(cross size)。主轴长度是伸缩项目在主轴上的尺寸，侧轴长度是伸缩项目在侧轴上的尺寸。一个伸缩项目的宽或高取决于伸缩容器的轴，可能就是它的主轴长度或侧轴长度。

1. 显示位置

默认情况下，伸缩项目是按照文档流出现的先后顺序排列的。使用order属性可以控制伸缩项目在其伸缩容器中出现的顺序。该属性适用于伸缩项目。

【基本语法】

order: <integer>

2. 扩展空间

使用flex-grow属性可以根据需要定义伸缩项目的扩展能力。该属性适用于伸缩项目。它使用一个不带单位的值作为一个比例，主要决定伸缩容器剩余空间按比例应扩展多少空间。

【基本语法】

flex-grow: <number>

默认值为0，负值同样有效。

如果将所有伸缩项目的flex-grow属性值设置为1，那么每个伸缩项目将占用大小相等的剩余空间。如果将其中一个伸缩项目的flex-grow属性值设置为2，那么这个伸缩项目所占的剩余空间是其他伸缩项目所占剩余空间的两倍。

3. 收缩空间

与flex-grow相反，flex-shrink属性可以根据需要定义伸缩项目收缩的能力。该属性适用于伸缩项目。

【基本语法】

flex-shrink：<number>

默认值为1，负值同样有效。

4. 伸缩比率

flex-basis用于设置伸缩基准值，剩余的空间按比率进行伸缩。该属性适用于伸缩项目。

【基本语法】

flex-basis：<length> | auto

默认值为auto，负值不合法。

5. 对齐方式

align-self用于在单独的伸缩项目上覆写默认的对齐方式。

【基本语法】

align-self：auto | flex-start | flex-end | center | baseline | stretch

属性值与align-items的属性值相同。

【扩展示例】

【例11-16】在例11-15的基础上修改内部样式表，定义伸缩项目在当前位置向右移一个位置，其中第1个项目位于第2个项目的位置，第2个项目位于第3个项目的位置，最后一个项目移至第1个项目的位置(扫码可查阅完整代码和示例效果)。

11.4 媒体查询

使用媒体查询可以根据设备特性(如屏幕宽度、高度、设备方向)为设备定义独立的CSS样式表。一个媒体查询由一个可选的媒体类型和零个或多个限制范围的表达式组成(如宽度、高度和颜色等)。

CSS3使用@media规则定义媒体查询。

【基本语法】

```
@media [only | not] ? <media_type> [and<expression>]* | <expression> [and<expression>]* {/*CSS样式列表*/}
```

【语法说明】

@media规则参数说明如表11-9所示。

表11-9　@media规则参数说明

参数	说明
<media_type>	指定媒体类型
<expression>	指定媒体特性。放在一对圆括号中，如(min-width:400px)
逻辑运算符	媒体特性包括如and(逻辑与)、not(逻辑否)、only(兼容设备)等13种逻辑运算符(接收单个逻辑表达式作为值，或者没有值)

下面结合例子对逻辑运算符进行介绍。

and运算符用于符号两边规则均满足条件的匹配，例如：

```
@media screen and (max-width:600px){
    /*匹配宽度小于或等于600px的屏幕设备*/
}
```

在逗号媒体查询列表中，not仅会否定它所在的媒体查询，而不影响其他的媒体查询。如果在复杂的条件中使用not运算符，要显示添加小括号，避免歧义。

“，”(逗号)相当于or运算符，用于两边有一条满足则匹配，例如：

```
@media screen , (min-width:800px) {
    /*匹配屏幕或者界面宽度大于或等于800px的设备*/
}
```

在媒体类型中，all是默认值，匹配所有设备，例如：

```
@media all {
    /*可以过滤不支持media的浏览器*/
}
```

常用的媒体类型还有screen(匹配屏幕显示器)、print(匹配打印输出)。

使用媒体查询时，必须要加括号，一对括号就是一个查询，例如：

```
@media (max-width: 600px) {
    /*匹配界面宽度小于或等于600px的设备*/
}
@media (min-width: 400px) {
    /*匹配界面宽度大于或等于400px的设备*/
}
@media (max-device-width:800px){
    /*匹配设备(非界面)宽度小于或等于800px的设备*/
}
@media (min-device-width: 600px) {
    /*匹配设备(非界面)宽度小于或等于600px的设备*/
}
```

媒体查询允许互相嵌套，这样可以优化代码，避免冗余，例如：

```
@media not print {
    /*通用样式*/
    @media (max-width:600px){
        /*匹配宽度小于或等于600px的非打印机设备*/
    }
    @media (min-width:600px){
        /*匹配宽度大于或等于600px的非打印机设备*/
    }
}
```

在设计响应式页面时，用户应根据实际需求，先确定自适应分辨率的阀值，也就是页面响应的临界点，例如：

```
@media (min-width:768px){
    /*>=768px的设备*/
}
@media (min-width:992px){
    /*>=992px的设备*/
}
    @media (min-width:1200px){
    /*>=1200px的设备*/
}
```

用户可以创建多个样式表，以适应不同媒体类型的宽度范围。在实际工作中，更有效率的方法是将多个媒体查询整合在一个样式表文件中，这样可以减少请求的数量。例如：

```
@media only screen and (min-device-width:320px) and (max-device-width: 400px) {
    /*样式列表*/
}
@media only screen and (min-width:320px){
    /*样式列表*/
```

```
}
@media only screen and (max-width:320px){
/       *样式列表*/
}
```

使用orientation属性可以判断设备屏幕当前是横屏(值为landscape)，还是竖屏(值为portrait)。

```
@media screen and {orientation: landscape} {
    .iPadLandscape { width: 30%; float: right;}
}
@media screen and (orientation: portrait) {
    .iPadPortrait {clear: both;}
}
```

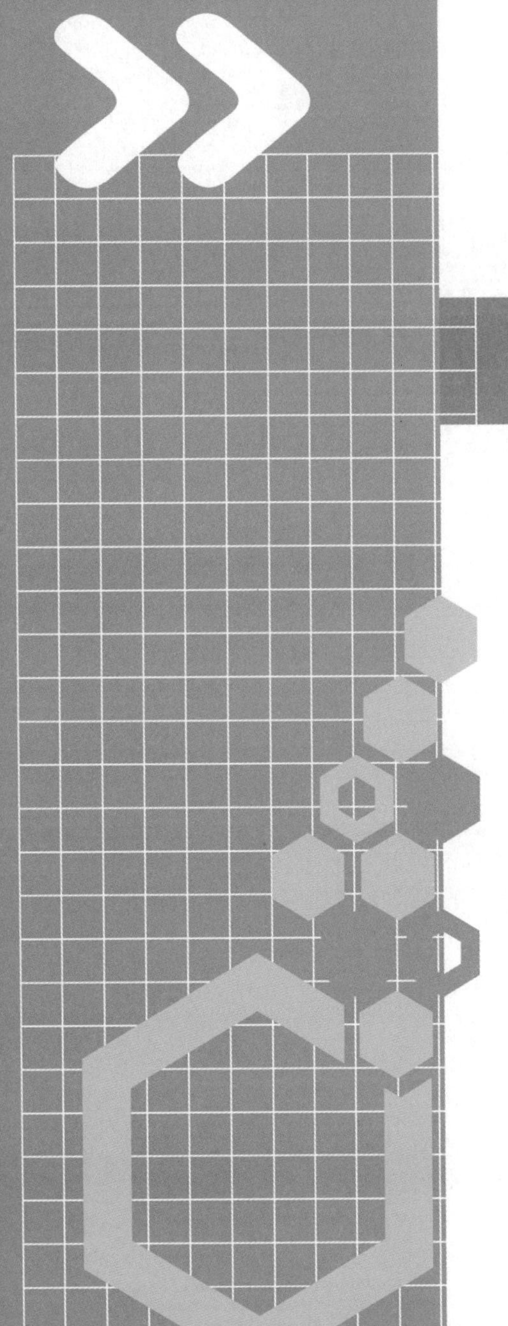

第12章 CSS3变形和动画

内容简介

CSS3在原来的基础上新增了与变形和动画相关的属性，通过这些属性可以实现过去大段JavaScript代码才能实现的网页效果，如元素的旋转、缩放、移动、倾斜、变形和位移等。

学习重点

- 2D旋转/缩放/移动
- 2D倾斜/矩阵
- 3D变形/位移
- 3D缩放/旋转
- CSS3过渡样式
- CSS3关键帧动画

12.1　变形

使用transform属性可以旋转、缩放、倾斜和移动元素。

【基本语法】

```
transform:none | <transform-function> [<transform-function>]*;
```

【语法说明】

transform属性的初始值是none，适用于块元素和行内元素。取值说明如下。

<transform-function>：设置变形函数，可以是一个或多个变形函数列表。transform-function函数包括matrix()、translate()、scale()、scaleX()、scaleY()、rotate()、skewX()、skewY()、skew()等。这些常用变形函数的功能简单说明如表12-1所示。

表12-1　常用变形函数说明

属性	说明
matrix()	定义矩阵变换，即基于X和Y坐标重新定位元素的位置
translate()	移动元素对象，即基于X和Y坐标重新定位元素
scale()	缩放元素对象，可以使任意元素对象的尺寸发生变化，取值包括正数和负数，以及小数
rotate()	旋转元素对象，取值为一个度数值
skew()	倾斜元素对象，取值为一个度数值

12.1.1　2D旋转

使用rotate()函数可以旋转指定的元素对象。它主要在二维空间内进行操作。该函数使用一个角度参数值，用来指定旋转的幅度。元素对象可以是内联元素和块级元素。

【基本语法】

```
rotate(<angle>)
```

【语法说明】

angle参数表示角度值，取值单位可以是：①deg(度)，如90deg(即90度)，一个完整的圆是360deg；②grad(百分度)，如100grad(相当于90度)，一个完整的圆是400grad；③rad(弧度)，如1.57rad(约等于90度)，一个完整的圆是2πrad，即1rad=180/π度；④turn(圈)，如0.25turn(等于90度)，一个完整的圆是1turn，即1turn=360度。

【示例代码】

【例12-1】设计一个网页，当鼠标光标经过页面中的div元素时，该元素逆时针旋转90度(扫码可查阅完整代码)。示例效果如图12-1所示。

(1) 创建HTML5文档，在<body>标签中使用<div>标签定义一个盒子。

```
<div></div>
```

(2) 定义内部样式表。

```
div {/*定义盒子效果*/
    margin: 10px auto;
    width: 700px;
    height: 700px;
    background: url("images/city.png") center;
}
div:hover {
    /*定义动画状态*/
    transform: rotate(-90deg);
    filter: progid:DIXmageTransform.Microsoft.BasicImage(rotation=3);
}
```

图 12-1　旋转效果

12.1.2　2D缩放

使用scale()函数可以缩放元素大小。该函数包含两个参数值，分别用来定义宽和高缩放比例。

【基本语法】

```
scale(<number>[, <number>])
```

【语法说明】

<number>参数值可以是正数、负数和小数。正数值基于指定的宽度和高度放大元素；负数值不会缩小元素，而是翻转元素(如文字被翻转)，然后再缩放元素。使用小于1的小数(如0.5)，可以缩小元素。如果第2个参数省略，则第2个参数等于第1个参数值。

【示例代码】

【例12-2】在网页的导航菜单中设计按钮缩放功能(扫码可查阅完整代码)。示例效果如图12-2所示。

(1) 创建HTML5文档，在<body>标签中输入以下代码，设计导航菜单。

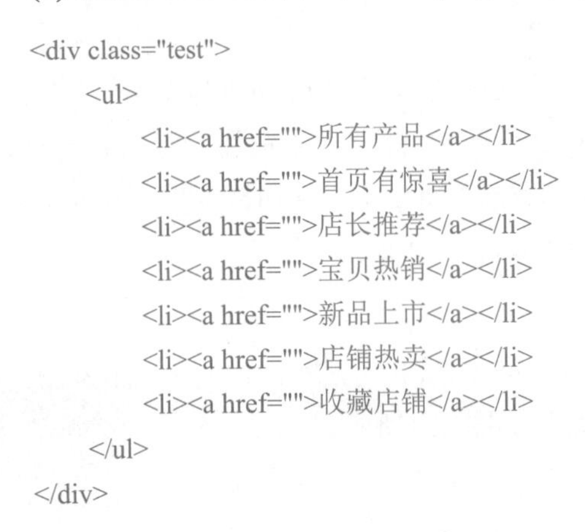

```
<div class="test">
    <ul>
        <li><a href="">所有产品</a></li>
        <li><a href="">首页有惊喜</a></li>
        <li><a href="">店长推荐</a></li>
        <li><a href="">宝贝热销</a></li>
        <li><a href="">新品上市</a></li>
        <li><a href="">店铺热卖</a></li>
        <li><a href="">收藏店铺</a></li>
    </ul>
</div>
```

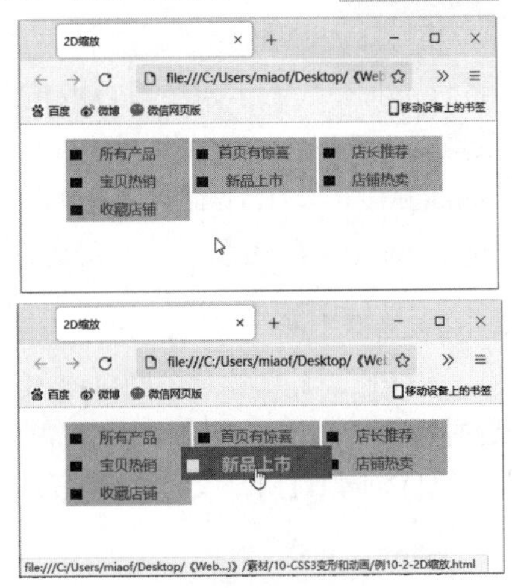

图 12-2　缩放效果

(2) 定义内部样式表，在样式表中设计当光标经过导航菜单项时，菜单项扩大两倍显示。

```
.test ul {list-style: none;}
.test li {float: left; width: 140px; background: #CCC; margin-left: 3px; line-height: 30px;}
.test a {display: block; text-align: center; height: 30px;}
.test a:link {color: #666; background: url("images/icon-1.png")#CCC no-repeat 5px 12px; text-decoration: none;}
.test a:visited {color: #666; text-decoration: underline;}
.test a:hover {
    color: #CCC;font-weight: bold;text-decoration: none;
    background: url("images/icon-2.png")#F00 no-repeat 5px 12px;
    /*设置a元素在光标经过时放大2倍尺寸进行显示*/
    transform: scale(1.2);
}
```

12.1.3　2D移动

使用translate()函数可以重新定位元素的坐标。该函数包含两个参数值，分别用来定义X轴和Y轴坐标。

【基本语法】

```
translate(<translation-value> [, <translation-value>])
```

【语法说明】

<translation-value>参数表示坐标值，第1个参数表示相对于原位置的X轴偏移距离，第2个参数表示相对于原位置的Y轴偏移距离。如果省略了第2个参数，则第2个参数默认值为0。

【示例代码】

【例12-3】修改例12-2生成的代码，为导航栏添加定位功能(扫码可查阅完整代码)。示例效果如图12-3所示。

将例12-2内部样式表中的代码：

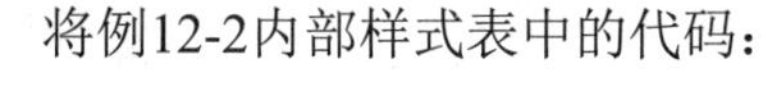

```
transform: scale(1.2);
```

改为

```
transform: translate(5px,5px);
```

图 12-3　偏移效果

12.1.4　2D倾斜

使用skew()函数可以使元素倾斜显示。该函数包含两个参数值，分别用来定义X轴和Y轴坐标倾斜的角度。

【基本语法】

```
skew(<angle>[, <angle>])
```

【语法说明】

其中<angle>参数表示角度值，第1个参数表示相对于X轴进行倾斜，第2个参数表示相对于Y轴进行倾斜。如果省略第2个参数，则第2个参数默认值为0。

skew()可以将一个对象围绕X轴和Y轴按照一定的角度倾斜。这与rotate()函数的旋转不同，rotate()函数只是旋转，而不会改变元素的形状，而skew()函数则会改变元素的形状。

【示例代码】

【例12-4】修改例12-2生成的代码，为导航栏中的选项添加倾斜变形效果(扫码可查阅完整代码)。示例效果如图12-4所示。

将例12-2内部样式表中的代码：

```
transform: scale(1.2);
```

改为

```
transform: skew(10deg,-10deg);
```

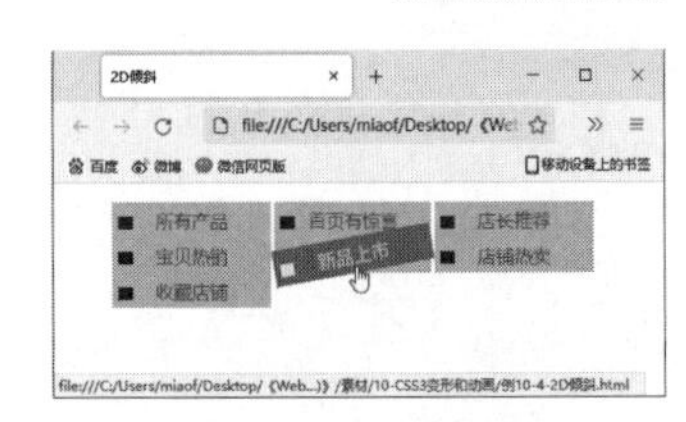

图 12-4　倾斜效果

12.1.5　2D矩阵

matrix()是矩阵函数，调用该函数可以灵活地实现各种变形效果，如倾斜(skew)、缩放(scale)、旋转(rotate)及位移(translate)。

【基本语法】

```
matrix(<number>, <number>, <number>, <number>, <number>, <number>)
```

【语法说明】

第1个参数控制X轴缩放，第2个参数控制X轴倾斜，第3个参数控制Y轴倾斜，第4个参数控制Y轴缩放，第5个参数控制X轴移动，第6个参数控制Y轴移动。配合使用前面4个参数，可以实现旋转效果。

【示例代码】

【例12-5】在例12-4的基础上修改网页代码，利用matrix()函数的矩阵变形设计特殊变形效果(扫码可查阅完整代码)。示例效果如图12-5所示。

将例12-4内部样式表中的代码：

```
transform: skew(10deg,-10deg);
```

改为

```
transform: matrix(1,0.2,0,1,0,0);
```

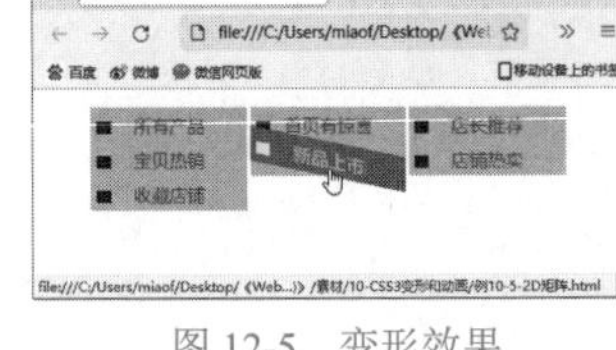

图 12-5　变形效果

12.1.6　变形原点

CSS变形的原点默认为对象的中心点，如果要改变这个中心点，可以使用transform-origin属性进行定义。

【基本语法】

```
transform-origin : [[<percentage> | <length> | left | center | right] [<percentage> | <length> | top | center | bottom]? ] | [[left | center |right]||[top |center | bottom]]
```

【语法说明】

transform-origin属性的初始值为(50% 50%)，适用于块状元素和内联元素。transform-origin接收两个参数，它们可以是百分比、em或px等具体值，也可以是left、center、right或者top、middle、bottom等描述性关键字。

【扩展示例】

【例12-6】编写一段网页代码，在代码中设计以图像的4个角点为原点来旋转图像(扫码可查阅完整代码和示例效果)。

12.1.7　3D变形

3D变形使用基于2D变形的相同属性，如果了解了2D变形，会发现3D变形与2D变形的功能类似。CSS3的3D变形主要包括以下几个函数。

- 3D位移：包括translateZ()和translate3d()函数。
- 3D旋转：包括rotateX()、rotateY()、rotateZ()和rotate3d()函数。
- 3D缩放：包括scaleZ()和scale3d()函数。
- 3D矩阵：包括matrix3d()函数。

【示例代码】

【例12-7】定义当鼠标移动到图片上时，图片3D翻转并显示隐藏信息(扫码可查阅完整代码)。示例效果如图12-6所示。

(1) 创建HTML5文档，设计网页结构。

```
<div class="wrapper">
    <div class="item"> <img src="images/p1.png" /> <span class="information"> <strong>人工智能
    </strong> 人工智能(Artificial Intelligence)，英文缩写为AI。</span> </div>
</div>
```

(2) 定义内部样式表。

```
body { margin-top: 5em; text-align: center; color: #414142;}
h1, em, #information { display: block; font-size: 25px; font-weight: normal; font-family: "Graduate";
margin: 2em auto;}
a { color: #414142; font-style: normal; text-decoration: none; font-size: 20px;}
a:hover { text-decoration: underline; }
.wrapper {
    display: inline-block; width: 310px; height: 100px; vertical-align: top; margin: 1em 1.5em 2em 0;
    cursor: pointer; position: relative; font-family: Tahoma, Arial; perspective: 4000px;
}
.item { height: 100px; transform-style: preserve-3d; transition: transform .6s;}
.item:hover {transform: translateZ(-50px) rotateX(95deg);}
.item:hover img {box-shadow: none; border-radius: 15px;}
.item:hover .information { box-shadow: 0px 3px 8px rgba(0,0,0,0.3); border-radius: 3px;}
.item img { display: block; position: absolute; top: 0; border-radius: 3px;
    box-shadow: 0px 3px 8px rgba(0,0,0,0.3);
```

```
        transform: translateZ(50px);
        transition: all .6s;
    }
    .item .information { display: block; position: absolute; top: 0; height: 80px; width: 290px;
        text-align: left; border-radius: 15px;padding: 10px; font-size: 12px;
        text-shadow: 1px 1px 1px rgba(255,255,255,0.5); box-shadow: none; background: rgb(236,241,244);
        background: linear-gradient(to bottom, rgba(236,241,244,1) 0%, rgba(190,202,217,1) 100%);
        transform: rotateX(-90deg) translateZ(50px);
        transition: all .6s;
    }
    .information strong {
    display: block;
        margin: .2em 0 .5em 0;
        font-size: 20px;
        font-family: "Oleo Script";
    }
```

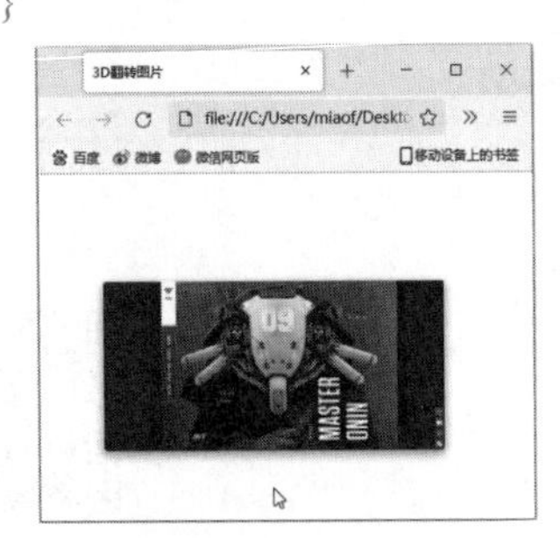
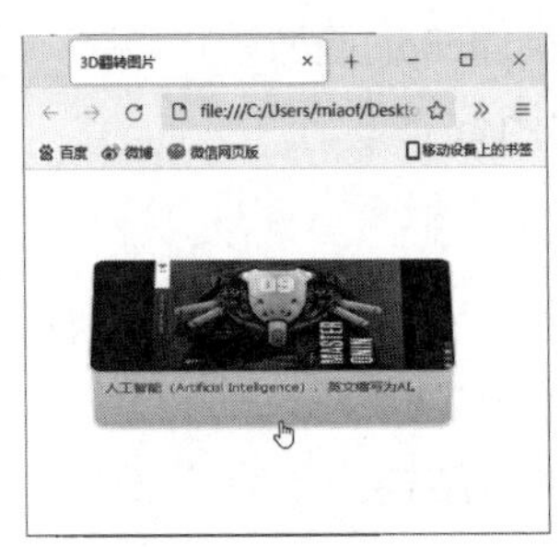
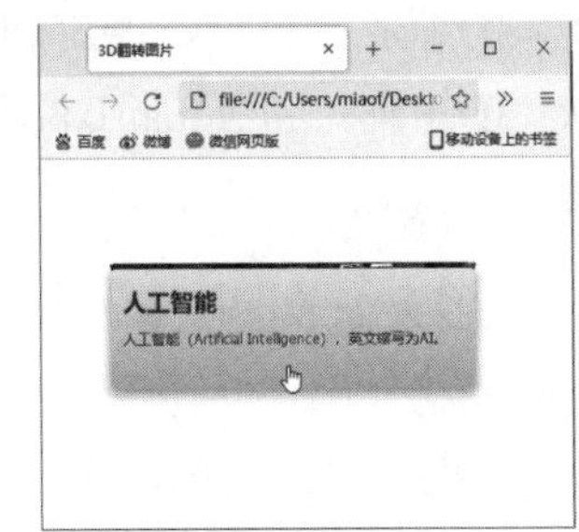

图 12-6　3D 翻转效果

12.1.8　3D位移

在CSS3中，3D位移主要包括translate3d()和translateZ()两个函数。

1. translate3d()函数

translate3d()函数使一个元素在三维空间移动。此类变形的特点是：使用三维向量的坐标定义元素在每个方向移动多少。

【基本语法】

translate3d(tx,ty,tz)

【语法说明】

translate3d函数参数说明如表12-2所示。

表12-2　translate3d函数参数说明

参数	说明
tx	代表横向坐标位移向量的长度
ty	代表纵向坐标位移向量的长度
tz	代表Z轴位移向量的长度(该值不能是一个百分比值，如果取值为百分比值，将被认为无效)

【示例代码】

【例12-8】在网页中设计图片在3D空间中的位移效果(扫码可查阅完整代码)。示例效果如图12-7所示。

(1) 创建HTML5文档，在<body>标签中输入以下代码，设计网页结构。

```
<div class="stage s1">
      <div class="container">
      <img src="images/p2.png" alt="" width="100" />
      <img src="images/p2.png" alt="" width="100" />
      </div>
</div>
```

(2) 定义内部样式表。

```
.stage {width: 330px;height: 410px;float: left;margin: 15px;
      position: relative;
      background: #ccc;
      perspective: 1200px;
}
.container {position: absolute;top: 50%; left: 50%;transform-style: preserve-3d;}
.container img {position:absolute;margin-left: 80px;margin-top: 30px;}
.container img:nth-child(1) {z-index: 1;opacity: .6;      }
.s1 img:nth-child(2) {
      z-index: 2;
      transform: translate3d(60px,60px,80px);                /*定义元素移动值*/
}
```

图 12-7　图片 3D 位移效果

2. translateZ()函数

translateZ()函数的功能是让元素在3D空间沿Z轴进行位移。

【基本语法】

```
translate(t)
```

【语法说明】

参数t指的是Z轴的向量位移长度。

使用translateZ()函数可以让元素在Z轴进行位移。当其值为负值时，元素在Z轴越移越远，使元素变得较小。反之，当其值为正值时，元素在Z轴越移越近，使元素变得较大。

12.1.9　3D缩放

CSS3 3D变形中的缩放主要包括scaleZ()和scale3d()两个函数。当scale3d()中X轴和Y轴同时为1，即scale3d(1,1,sz)，其效果等同于scaleZ(sz)。通过使用3D缩放函数，可以让元素在Z轴上按比例缩放。默认值为1；当值大于1时，元素放大；反之小于1大于0.01时，元素缩小。

1. scale3d()函数

【基本语法】

```
scale3d(sx,sy,sz)
```

【语法说明】

scale3d()函数参数说明如表12-3所示。

表12-3　scale3d()函数参数说明

参数	说明
sx	横向缩放比例
sy	纵向缩放比例
sz	Z轴缩放比例

2. scaleZ()函数

【基本语法】

```
scaleZ(s)
```

【语法说明】

参数s指定了每个点在Z轴的比例。

scaleZ(-1)定义一个原点在Z轴的对称点(参照元素的变换原点)。

【知识点滴】

scaleZ()和scale3d()函数单独使用时没有任何效果，需要配合其他的变形函数一起使用才会有效果。

【示例代码】

【例12-9】以例12-8创建的网页为基础，在内部样式表中添加rotateX()函数，设计45°角倾斜的图像缩放效果(扫码可查阅完整代码和示例效果)。

```
.s1 img:nth-child(2){
    z-index: 2;
    transform: scaleZ(5) rotateX(45deg);
}
```

12.1.10　3D旋转

CSS3有rotateX()、rotateY()和rotateZ()这3个旋转函数。

1. rotateX()函数

rotateX()函数指定一个元素围绕X轴旋转，旋转的量被定义为指定的角度。如果值为正值，元素围绕X轴顺时针旋转；如果值为负值，元素围绕X轴逆时针旋转。

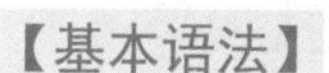

【基本语法】

```
rotateX(a)
```

【语法说明】

参数a指的是一个旋转角度值，其值可以是正值，也可以是负值。

2. rotateY()函数

rotateY()函数指定一个元素围绕Y轴旋转，旋转的量被定义为指定的角度。如果值为正值，元素围绕Y轴顺时针旋转；如果值为负值，元素围绕Y轴逆时针旋转。

【基本语法】

```
rotateY(a)
```

【语法说明】

参数a指的是一个旋转角度值，其值可以是正值，也可以是负值。

3. rotateZ()函数

rotateZ()函数指定元素围绕Z轴旋转，如果仅从视觉角度上看，rotateZ()函数让元素顺时针或逆时针旋转，与rotate()函数效果相同，但它不是在2D平面的旋转。

4. rotate3d()函数

在三维空间中，除了rotateX()、rotateY()和rotateZ()函数可以让一个元素在三维空间中旋转以外，还有一个rotate3d()函数。该函数用于在3D空间中围绕固定轴旋转元素。

【基本语法】

```
rotate3d(x,y,z,a)
```

【语法说明】

rotate3d()函数参数说明如表12-4所示。

表12-4　rotate3d()函数参数说明

参数	说明
x	一个0和1之间的数值，用于描述元素围绕X轴旋转的矢量值
y	一个0和1之间的数值，用于描述元素围绕Y轴旋转的矢量值
z	一个0和1之间的数值，用于描述元素围绕Z轴旋转的矢量值
a	一个角度值，用来指定元素在3D空间旋转的角度。如果其值为正值，元素顺时针旋转；反之，元素逆时针旋转

【知识点滴】

rotate3d()函数与前面介绍的3个旋转函数等效，比较说明如下。

- rotateX(a)函数功能等同于rotate3d(1,0,0,a)。
- rotateY(a)函数功能等同于rotate3d(0,1,0,a)。
- rotateZ(a)函数功能等同于rotate3d(0,0,1,a)。

【示例代码】

【例12-10】以例12-9创建的网页为基础，修改“.s1 img:nth-child(2)”选择器的样式，设计网页中第2张图片沿着X轴旋转60°(扫码可查阅完整代码)。示例效果如图12-8左图所示。

```
.s1 img:nth-child(2){
    z-index: 2;
    transform: rotateX(60deg);
}
```

【例12-11】以例12-9创建的网页为基础，修改“.s1 img:nth-child(2)”选择器的样式，设计网页中第2张图片沿着Y轴旋转60°(扫码可查阅完整代码)。示例效果如图12-8中图所示。

```
.s1 img:nth-child(2){
    z-index: 2;
    transform: rotateY(60deg);
}
```

【例12-12】以例12-9创建的网页为基础，修改“.s1 img:nth-child(2)”选择器的样式，设计网页中第2张图片沿着Z轴旋转60°(扫码可查阅完整代码)。示例效果如图12-8右图所示。

```
.s1 img:nth-child(2){
    z-index: 2;
    transform: rotateZ(60deg);
}
```

图 12-8　沿 X 轴、Y 轴和 Z 轴旋转的图片

12.2　过渡样式

CSS transition是一种样式过渡功能模块，过渡可以与变形同时使用。例如，触发:hover或者:focus事件后创建动画过程，如淡出背景色、滑动一个元素，以及让一个对象旋转，都可以通过CSS转换实现。

transition是一个复合属性，可以同时定义transition-property、transition-duration、transition-timing-function、transition-delay子属性值。

【基本语法】

transition属性基本语法如下(其初始值根据各个子属性的默认值而定):

```
transition:[<'transition-property'> | | <'transition-duration'> | | <'transition-timing-function'> | |
<'transition-delay'>] [,[<'transition-property'> | | <'transition-duration'> | | <'transition-timing-function'> | |
<'transition-timing-function'> | | <'transition-delay'>]]*
```

12.2.1　定义过渡

transition-property属性用来定义过渡动画的CSS属性名称，如background-color属性。

【基本语法】

```
transition-property:none | all | [<IDENT>] [',' <IDENT> ]*;
```

【语法说明】

transition-property属性初始值为all，适用于所有元素，以及:before和:after伪元素。其取值简单说明如表12-5所示。

表12-5　transition-property属性取值说明

属性值	说明
none	表示没有元素
all	表示针对所有元素
IDENT	指定CSS属性列表。几乎所有色彩、大小或位置等相关的CSS，包括许多新增的CSS属性，都可以应用过渡动画，如CSS变形中的放大、缩小、旋转、斜切、渐变等

【扩展示例】

【例12-13】设计鼠标经过网页中的p对象时，页面背景自动改变颜色(扫码可查阅完整代码和示例效果)。

12.2.2　定义过渡时间

transition-duration属性用来定义转换动画的时间长度，即设置从旧属性转换到新属性花费的时间(单位为秒)。

【基本语法】

```
transition-duration：<time>[, <time>]*;
```

【语法说明】

transition-duration属性初始值为0，适用于所有元素，以及:before和:after伪元素。在默认情况下动画过渡时间为0秒，所以当指定元素动画时，会看不到过渡的过程，直接看到结果。

【示例代码】

【例12-14】以例12-13为基础，在内部样式表中添加以下代码，设计鼠标经过网页中的p对象时，页面背景自动改变颜色(过渡时间为2秒)(扫码可查阅完整代码和示例效果)。

```
/*指定动画过渡时间为2秒*/
    transition-duration: 2s;
```

12.2.3 定义延时

transition-delay属性用于定义过渡动画的延迟时间。

【基本语法】

```
transition-delay:<time> [, <time>]*;
```

【语法说明】

transition-delay属性初始值为0，适用于所有元素，以及:before和:after伪元素。延迟时间可以为正整数、负整数和0。非零的时候必须设置单位是s(秒)或者ms(毫秒)；为负数的时候，过渡的动作会从该时间点开始显示，之前的动作被截断；为正数的时候，过渡的动作会延时触发。

【示例代码】

【例12-15】以例12-14为基础，在内部样式表中添加以下代码，设计鼠标经过网页中的p对象时，页面背景自动改变颜色(延时2秒执行)(扫码可查阅完整代码和示例效果)。

```
/*指定动画延时2秒后触发*/
    transition-delay: 2s;
```

12.2.4 定义动画效果

transition-timing-function属性用于定义过渡动画的效果。

【基本语法】

```
transition-timing-function | linear | ease-in | ease-out | ease-in-out |
cubic-bezier(<number>,<number>,<number>,<number>) [, ease | linear | ease-in | ease-in-out |
cubic-bezier(<number>,<number>,<number>,<number>)]*
```

【语法说明】

transition-timing-function属性的初始值为ease，适用于所有元素，以及:before和:after伪元素。其取值简单说明如表12-6所示。

表12-6 transition-timing-function属性取值说明

属性值	说明	属性值	说明
ease	平滑过渡	ease-out	由快到慢过渡
linear	线性过渡	ease-in-out	由慢到快再到慢过渡
ease-in	由慢到快过渡	cubic-bezier	特殊的立方贝塞尔曲线效果

【示例代码】

【例12-16】以例12-15为基础，在内部样式表中添加以下代码，设计鼠标经过网页中的p对象时，过渡动画效果为线性效果(扫码可查阅完整代码和示例效果)。

```
/*指定动画过渡为线性效果*/
    transition-timing-function: linear;
```

12.2.5　定义触发时机

CSS3动画一般通过鼠标事件或状态定义动画，如CSS伪类(如表12-7所示)和JavaScript事件。

表12-7　CSS伪类说明

伪类	作用元素	说明
:link	只有链接	未访问的链接
:visited	只有链接	访问过的链接
:hover	所有元素	鼠标经过元素
:active	所有元素	鼠标单击元素
:focus	所有可被选中的元素	元素被选中
:checked	所有元素	选中时触发动画

其中JavaScript事件包括click、focus、mousemove、mouseover、mouseout等。

1. :hover

最常用的过渡触发方法就是使用:hover伪类。

【扩展示例】

【例12-17】制作一个用户登录界面。设计当鼠标光标悬停在.example元素上时，该元素的背景色会在经过1秒钟的初始延迟后，在2秒钟内动态地发生变化(扫码可查阅完整代码和示例效果)。

2. :active

:active伪类表示用户单击某个元素并按住鼠标按键时显示的状态。

【示例代码】

【例12-18】 设计当在.example元素上长按鼠标左键时，发生宽度属性过渡变化(扫码可查阅完整代码)。示例效果如图12-9所示。

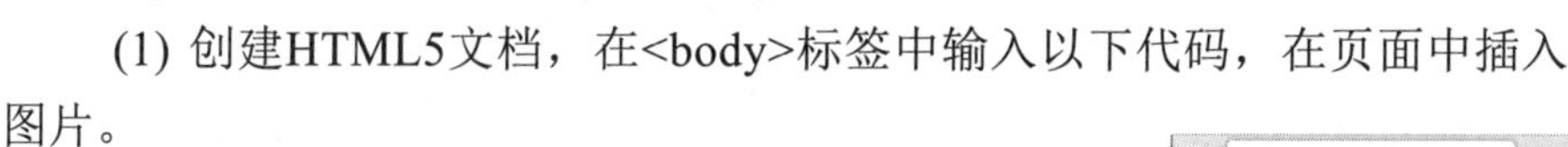

(1) 创建HTML5文档，在<body>标签中输入以下代码，在页面中插入图片。

```
<img class="example" src="images/p3.png">
```

(2) 定义内部样式表。

```
.example {
    width: 300px;
    transition: width 2s ease-in;
}
/*定义宽度属性过渡变化*/
.example:active {width: 500px;}
```

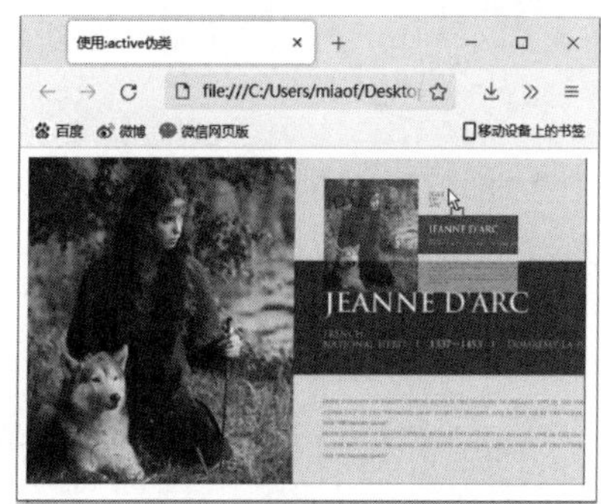

图 12-9　长按图片发生宽度变化

3. :focus

:focus伪类通常会在元素接收键盘响应时出现。

【示例代码】

【例12-19】设计当页面中的输入框获得焦点时，输入框的宽度会逐渐变宽(扫码可查阅完整代码)。示例效果如图12-10所示。

```
.example {
    width: 100px;
    transition: width 2s ease-in;
}
/*定义输入框逐渐变宽*/
.example:focus {width: 200px;}
```

图 12-10　搜索框获得焦点时宽度发生变化

4. :checked

使用:checked伪类，可以设置在发生指定状况时触发过渡。例如，以下代码设计当复选框被选中时触发过渡动画：

```
input[type="checkbox"] {transition: width 1s ease; }
input[type="checkbox"]:checked { width: 130px; }
```

5. 媒体查询

触发元素状态变化的另一种方法是使用CSS3媒体查询。例如，以下代码设计.example元素的宽度和高度为200px×200px，如果用户将窗口大小调整到960px或960px以下，则该元素过渡变化为更小的尺寸100px×100px。当窗口超过960px后，将会触发过渡。

```
.example {width: 200px;height: 200px;transition: width 2s ease, height 2s ease; }
@media only screen and (max-width : 960px) {
    .example{width: 100px;height: 100px; }
}
```

如果网页加载时用户的窗口大小是960px或960px以下，浏览器会在该部分窗口应用以上样式，但是由于不会出现状态变化，因此不会发生过渡。

12.3　关键帧动画

通过CSS3能够创建关键帧动画，从而在许多网页中取代动画图片、Flash 动画及JavaScript动画效果。

12.3.1　定义关键帧

设计帧动画之前，应先定义关键帧。CSS使用@keyframes命令来定义关键帧。

【基本语法】

```
@keyframes animationname {
    keyframes-selector {
```

```
            css-styles;
        }
    }
```

【语法说明】

参数说明如表12-8所示。

表12-8　@keyframes命令参数说明

参数	说明
animationname	定义动画的名称
keyframes-selector	定义帧的时间位置，也就是动画时长的百分比，合法取值包括：0%~100%、from(等价于0%)、to(等价于100%)
css-styles	表示一个或多个合法的CSS样式属性

【扩展示例】

【例12-20】设计一个正方形图形，让其沿着长方形框内壁匀速移动(扫码可查阅完整代码和示例效果)。

12.3.2　定义帧动画

帧动画与过渡动画功能类似，其相同点是：都是通过改变元素的CSS属性来模拟动画；不同点是：过渡动画只能指定属性的初始值和结束值，然后进行平滑过渡，而帧动画则可以指定多个关键帧，然后在不同关键帧之间进行平滑过渡。过渡动画需要用户行为进行触发，关键帧动画则可以自动播放，或者使用CSS进行控制播放。

一般情况下，使用过渡动画可以设计简单的、交互性的慢动作，使用帧动画演绎比较生动的动画场景。animation属性包含多个子属性用来设置动画细节，其简单介绍如表12-9所示。

表12-9　animation属性的子属性说明

属性	说明
animation-name	定义动画的名称
animation-timing-function	定义动画类型
animation-iteration-count	定义动画的播放次数
animation-play-state	定义动画正在运行，还是暂停状态

【示例代码】

【例12-21】在网页中设计一个图片切换动画效果(扫码可查阅完整代码)。案例效果如图12-11所示。

(1) 创建HTML5文档，在<body>标签中输入以下代码。

```
<div class="charactor-wrap " id="js_wrap">
<div class="charactor"></div>
```

(2) 定义内部样式表。设计舞台的基本样式，其中导入的图片是一张由许多图片组合而成的长图，如图12-12所示。

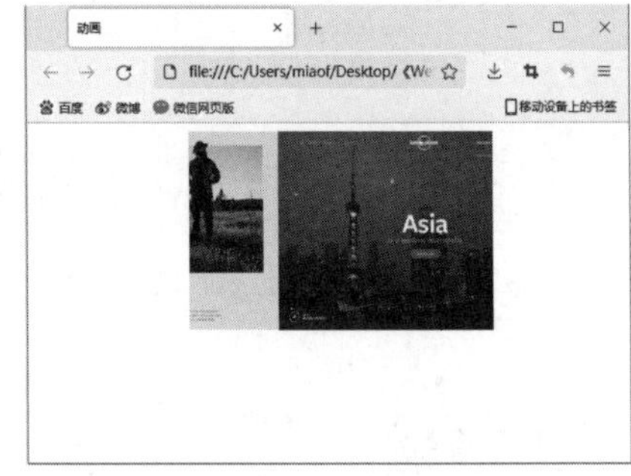

图 12-11　图片切换动画

```
.charactor-wrap {
    position: relative; width: 200px; height: 300px; left:
    40%;margin-left: -80px;
}
.charactor{
    position: absolute;
    width: 300px; height:300px;
    background: url(images/charector.png) 0 0 no-repeat;
}
```

图 12-12　charactor.png

(3) 设计动画关键帧。

```
@-webkit-keyframes person-normal{
    0% {background-position: 0 0;}
    14.3% {background-position: -180px 0;}
    28.6% {background-position: -360px 0;}
    42.9% {background-position: -540px 0;}
    57.2% {background-position: -720px 0;}
    71.5% {background-position: -900px 0;}
    85.8% {background-position: -1080px 0;}
    100% {background-position: 0 0;}
}
```

(4) 设计动画属性。

```
.charactor-wrap {
    animation-iteration-count: infinite;                /*动画无限播放*/
    animation-timing-function:step-start;               /*马上跳转到动画每一结束帧的状态*/
}
```

(5) 设计启动动画与动画频率。

```
.charactor{
    animation-name: person-normal;
    animation-duration: 3000ms;
}
```

第13章 JavaScript基础

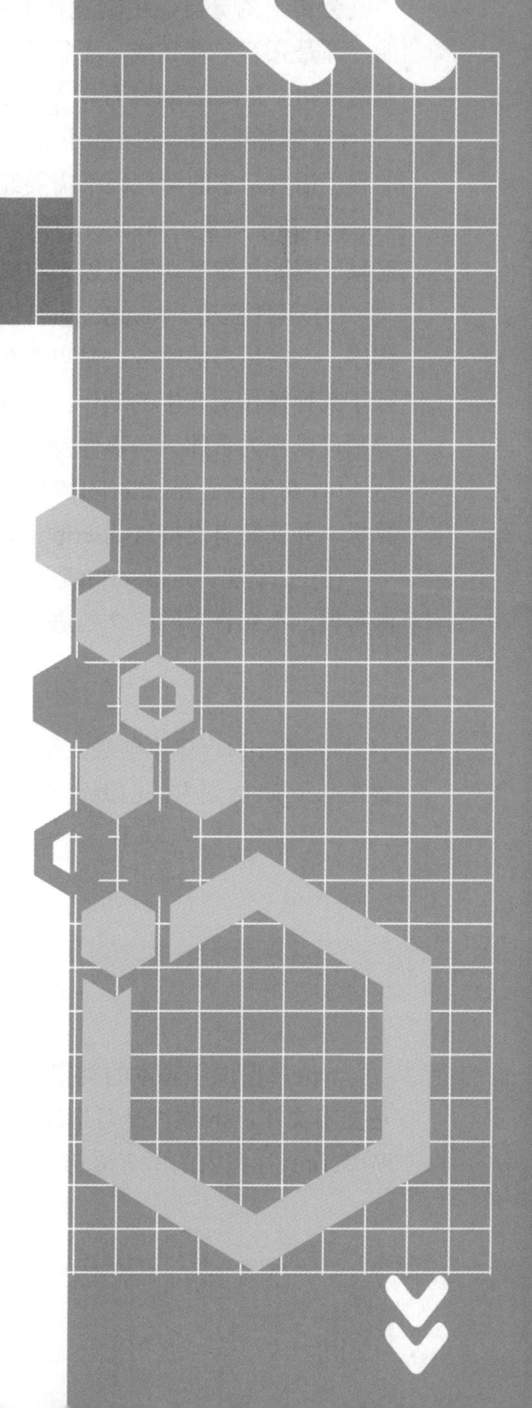

内容简介

JavaScript是目前非常流行的一种客户端脚本语言。它是一种基于对象和事件驱动并具有相对安全性的语言，被广泛应用于各种客户端Web程序开发中，尤其是HTML的开发，JavaScript能给HTML网页赋予各种动态效果，响应用户的各种操作，实现包括信息验证、显示浏览器停留时间等特殊功能和效果。

学习重点

- JavaScript程序
- 标识符和变量
- 数据类型
- 运算符和表达式
- 流程控制语句
- JavaScript函数

13.1 JavaScript概述

JavaScript是基于对象的语言，其被广泛应用于网页应用开发，常用来为网页添加各式各样的动态功能，为浏览者提供更为流畅美观的页面效果。

13.1.1 JavaScript的主要特点

JavaScript主要运行在客户端，用户访问带有JavaScript的网页，网页中的JavaScript程序就会传给浏览器，由浏览器解释和处理。例如，表单数据有效性验证之类的互动性功能，都是在客户端完成，不需要和Web服务器发生任何数据交换，因此不会增加Web服务器的负担。JavaScript具有以下几个特点。

(1) 解释性。JavaScript不同于一些编译性的程序语言，如C、C++等，它是一种解释性的程序语言，它的源代码不需要经过编译，就可以直接在浏览器运行时被解释。

(2) 基于对象。JavaScript是一种基于对象的语言。这意味着它能运用自己已经创建的对象。因此，许多功能可以来自脚本环境中对象的方法与脚本的相互作用。

(3) 事件驱动。JavaScript可以直接对用户或客户端输入做出响应，无须经过Web服务程序。它对用户的响应，是以事件驱动的方式进行的。所谓事件驱动，就是指在主页中执行了某种操作所产生的动作，此动作称为“事件”。比如按下鼠标、移动窗口、选择菜单等都可以视为事件。当事件发生后，可能会引起相应的事件响应。

(4) 跨平台。JavaScript依赖于浏览器本身，与操作环境无关，只要能运行浏览器的计算机，并安装有支持JavaScript的浏览器就能够执行。

(5) 安全性。JavaScript是一种安全的语言，它不允许访问本地磁盘，不能将数据存于服务器，不允许对网络文档进行修改和删除，只能通过浏览器实现信息浏览或动态交互。

13.1.2 JavaScript的基本语法

JavaScript程序不能独立运行，它必须依赖于HTML文件。通常，将JavaScript代码放置在<script>标签内，由浏览器JavaScript脚本引擎来执行。

【基本语法】

```
<script type="text/javascript" [src="外部js文件"]>
    js语句块;
</script>
```

【语法说明】

type属性说明脚本的类型，属性值"text/javascript"的意思是使用JavaScript编写的程序是文本文件。src属性是可选属性，用于加载指定的外部js文件，如果设置了该属性，将忽略<script>标签内的所有语句。

【示例代码】

【例13-1】使用<script>标签在HTML中嵌入JavaScript脚本，向页面输出图13-1所示的信息(扫码可查阅完整代码)。

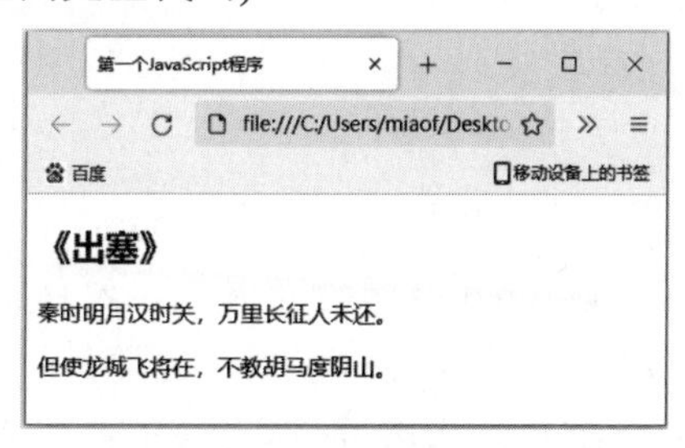

图 13-1　网页效果

(1) 新建一个HTML5文档，将其保存为index.html。

(2) 在<head>标签中插入一个<script>标签，并为<script>标签设置"text/javascript"属性。

(3) 在<script>标签内输入JavaScript代码：

```
<script type="text/javascript">
{
    document.write("<h2>《出塞》</h2>");
    document.write("<p>秦时明月汉时关，万里长征人未还。</p>");
    document.write("<p>但使龙城飞将在，不教胡马度阴山。</p>");
}
</script>
```

【示例解析】

在JavaScript脚本中，document表示网页文档对象，document.write()表示调用document对象的write()方法，在当前网页源代码中写入HTML字符串"<h2>《出塞》</h2>"和"<p>秦时明月汉时关，万里长征人未还。</p>"以及"<p>但使龙城飞将在，不教胡马度阴山。</p>"。

【技巧点拨】

<script>标签既可以放在HTML的头部，也可以放在HTML的主体部分，两者的区别只是装载的时间不同。此外，script标签还有另外一种说明格式：

```
<script language="javascript"[src="外部js文件"]>...</script>
```

13.1.3　JavaScript在HTML中的使用

JavaScript代码一般放置在HTML的head或body部分。当页面载入时将会自动执行位于body部分的JavaScript脚本，而位于head部分的JavaScript脚本只有被显式调用时才会被执行。

1. head部分的脚本

script标记放在头部head标签中，JavaScript代码必须定义成函数形式，并在主体body标签内调用或通过事件触发。放在head标签内的脚本在页面装载时同时载入，这样在主体

body标签内调用时可以直接执行，提高脚本执行速度。

【基本语法】

```
function functionname(参数1, 参数2, ..., 参数n){
    函数体语句;
}
```

【语法说明】

JavaScript自定义函数必须以function关键字开始，然后给自定义函数命名，函数命名时一定要遵守标识符命名规范。函数名称后面一定要有一对括号“()”，括号内可以有参数，也可以无参数，多个参数之间用逗号“,”分隔。函数体语句必须放在大括号“{}”内。

【示例代码】

【例13-2】定义JavaScript 函数，在页面中实现图13-2所示的效果(扫码可查阅完整代码)。

(1) 创建HTML5文档，在<head>部分插入<script>标签，定义JavaScript函数getArea。

```
<script type="text/javascript">
    //getArea为函数名，height和width两个参数分别
    表示此函数所求的长方形的高度和宽度
    function getArea(height,width){
        var result =height * width;
        document.write("长方形面积为："+result);
    }
</script>
```

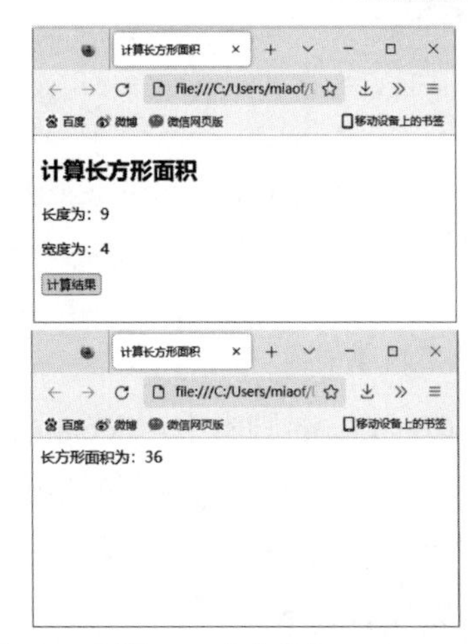

图 13-2　调用 head 中定义的 JavaScript 函数

(2) 在<body>标签中输入代码，定义一个普通按钮btnCallJS，当单击该按钮时触发按钮的onclick事件，调用在head部分定义的getArea函数。

```
<h2>计算长方形面积</h2>
<p>长度为：9</p>
<p>宽度为：4</p>
<form>
    <input name="btnCallJS" type="button" onClick="getArea(4,9);" value="计算结果">
</form>
```

2. body部分的脚本

script标签放在主体body标签中，JavaScript代码可以定义成函数形式，在主体body标签内调用或通过事件触发。也可以在script标签内直接编写脚本语句，在页面装载时执行相关代码，这些代码执行的结果直接构成网页的内容，可在浏览器中查看。

3. 外部js文件中的脚本

除了将script标签放在body或head部分以外，JavaScript函数也可以单独写成一个js文件，并在HTML文档中引用js文件。

【扩展示例】

【例13-3】将例13-2定义的JavaScript函数getArea写在一个名为demo.js的文件中，并在HTML文档中引用该文件(扫码可查阅完整代码和示例效果)。

4. 事件处理代码中的脚本

JavaScript代码除了以上几种放置方式以外，还可以直接写在事件处理代码中。例如，以下代码中直接在普通按钮onclick事件中插入了JavaScript代码(注意：JavaScript代码需要用双引号(" ")括起来)。

```
<form>
<input type="button" onClick="alert('直接在时间处理代码中加入JavaScript代码')" value="直接调用">
</form>
```

13.2 JavaScript程序

JavaScript程序由语句块、函数、对象、方法、属性等构成，通过顺序、分支和循环三种基本程序控制结构来进行编程。

13.2.1 语句和语句块

JavaScript语句向浏览器发出命令。语句的作用是告诉浏览器该做什么。例如，以下语句的作用是告诉浏览器在页面输入“秦时明月汉时关，万里长征人未还。”。

```
document.write("秦时明月汉时关，万里长征人未还。");
```

多行JavaScript语句可以组合起来形成语句块，语句块以左大括号“{”开始，以右大括号“}”结束，块的作用是使语句序列一起执行。例如，以下语句块向网页输出一个标题以及两个段落。

```
<script type="text/javascript">
{
    document.write("<h1>《出塞》</h1>");
    document.write("<p>秦时明月汉时关，万里长征人未还。</p>");
    document.write("<p>但使龙城飞将在，不教胡马度阴山。</p>");
}
</script>
```

13.2.2 代码

JavaScript代码是JavaScript语句的序列，由若干条语句或语句块构成。例如，以下代码中由语句和语句块构成的就是JavaScript代码。

```
<script type="application/javascript">
    var number="100";
    if(number=="100")
    {
        document.write("得分为100");
        alert("本次考试得分为100！");
    }
</script>
```

13.2.3 消息框

JavaScript中的消息框分为警告框、确认框和提示框三种。

1. 警告框

alert()函数用于显示带有一个图标、一条指定消息和一个“确定”按钮的警告框。

【基本语法】

```
alert(message) ;
```

【语法说明】

message参数为显示在警告框窗口中的文本(非HTML文本)。

【示例代码】

【例13-4】编写一段网页代码，在代码中使用alert()函数设计一个图13-3所示的警告框(扫码可查阅完整代码)。

```
<!doctype html>
<html>
<head>
<meta charset="utf-8">
<title>警告框</title>
</head>
<body>
<script type="text/javascript">
    alert("弹出一个警告框！")
</script>
</body>
```

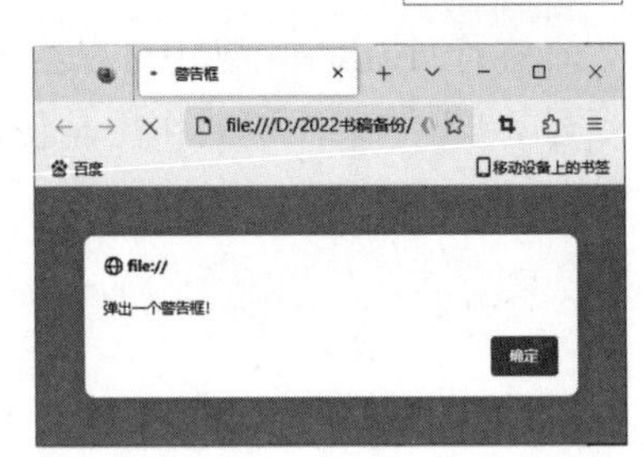

图 13-3　弹出警告框

2. 确认框

confirm()函数用于显示带有一个图标、指定消息和“确定”及“取消”按钮的对话框。

【基本语法】

```
confirm(message);
```

【语法说明】

message参数是显示在弹出对话框窗口上的纯文本(非HTML文本)。

在确认框中单击“确定”按钮，则confirm()返回true；如果单击“取消”按钮则confirm()将返回false。在确认框中单击“确定”或“取消”按钮关闭对话框之前，confirm()将阻止用户对浏览器的所有操作。在调用confirm()时，将会暂停对JavaScript代码的执行，在用户做出响应之前，不会执行下一条语句。

【扩展示例】

【例13-5】编写一段网页代码，在代码中使用confirm()函数设计一个确认框(扫码可查阅完整代码和示例效果)。

3. 提示框

prompt()函数用于提示在进入页面前输入某个值。

【基本语法】

```
prompt("提示信息",默认值);
```

【语法说明】

prompt()函数有两个参数，第一个参数是“提示信息”，第二个参数是文本的默认值(可以修改)。如果单击提示框中的“取消”按钮，则返回null；如果单击“确定”按钮，则返回文本输入框中输入的值。当用户单击“确定”或“取消”按钮关闭对话框之前，它将阻止用户对浏览器的所有操作。在调用prompt()时，将暂停对JavaScript代码的执行，在用户做出响应之前，不会执行下一条语句。

【示例代码】

【例13-6】编写一段网页代码，在代码中使用prompt()函数设计一个图13-4所示的提示框(扫码可查阅完整代码)。

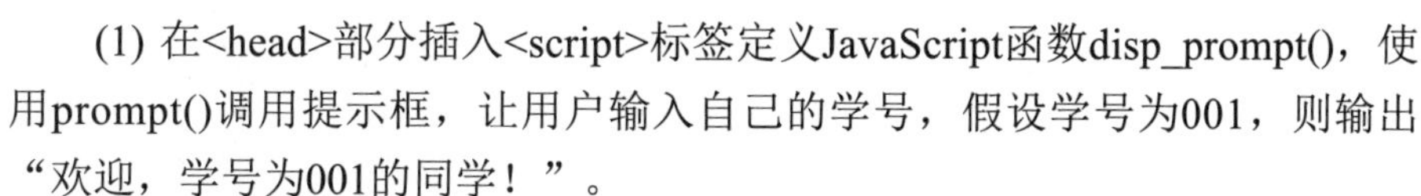

(1) 在<head>部分插入<script>标签定义JavaScript函数disp_prompt()，使用prompt()调用提示框，让用户输入自己的学号，假设学号为001，则输出“欢迎，学号为001的同学！”。

```
<script type="application/javascript">
    function disp_prompt(){
        var name=prompt("请输入学号","001");
        if (name!=null && name!="")                    //既不为空，也不为null
        {
            document.write("欢迎, 学号为" + name + "的同学！ ");
        }
    }
```

```
</script>
```

(2) 在<body>标签中输入代码，设计一个表单，在表单中插入一个按钮，定义按钮的onclick事件，当用户单击按钮时调用disp_prompt()。

```
<form method="post" action="">
<input type="button" onClick="disp_prompt()" value="登录提示框"/》
</form>
```

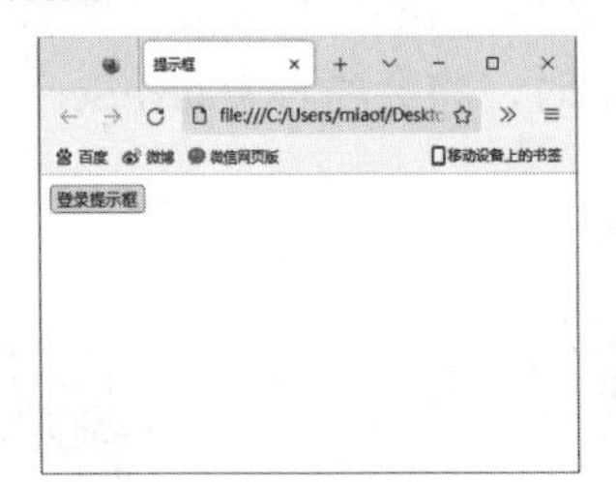

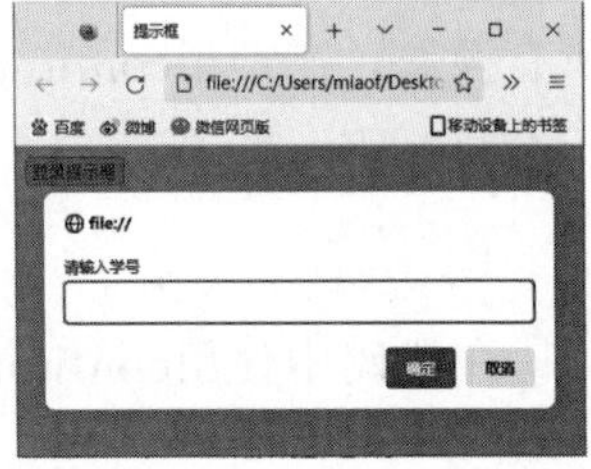

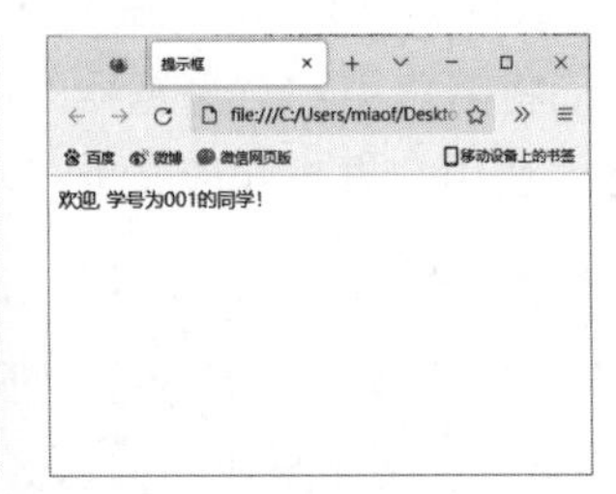

图 13-4　提示框效果

13.2.4　JavaScript注释

JavaScript提供单行注释和多行注释两种类型的注释。

- 单行注释使用“//”作为注释标记，可单独一行或跟在代码末尾，放在同一行中，“//”后为注释内容部分。注释行数较少时适合使用单行注释。
- 多行注释能够包含任意行数的注释文本，以“/*”标记开始，以“*/”标记结束，两个标记之间所有的内容都是注释文本。所有注释的内容将被浏览器忽略，不影响页面效果和程序执行。注释行数较多时适合使用多行注释。

13.3　标识符和变量

在实际编程过程中，要使用变量来存储常用的数据。所谓变量，指的是程序运行过程中不断变化的量。为了便于使用变量，在使用时需要给变量命名，变量的名称则称为标识符。

13.3.1　标识符

所谓标识符就是一个名称，在JavaScript中，标识符用于命名变量和函数，或者用作JavaScript代码中某些循环的标签。在JavaScript中，合法的标识符命名规则和Java以及其他许多语言的命名规则相同，第一个字符必须是字母、下画线或美元符号($)，其后的字符可以是字母、数字、下画线或美元符号。

例如，以下是合法的标识符。

```
i
_name
```

```
id_name
$str
n7
```

注意：标识符不能和JavaScript中用于其他目的的关键字同名。

13.3.2 变量

变量是指程序中一个已命名的存储单元，其主要作用是为数据操作提供数据存放信息的容器。对于变量的使用，首先必须明确其命名规则、声明方法及作用域。

1. 变量的命名

JavaScript变量的命名规则如下。

- 必须以字母或下画线开头，中间可以是数字、字母或下画线。
- 变量名不能包含空格、加号、减号等符号。
- 不能使用JavaScript中的关键字。
- JavaScript的变量名严格区分大小写，如Username与username代表两个不同的变量。

【知识点滴】

虽然JavaScript的变量可以任意命名，但是在编写程序时最好还是使用便于记忆，并且有意义的变量名称，以增加程序的可读性。

2. 变量的声明与赋值

在JavaScript中使用变量前需要先对其进行声明，所有JavaScript变量都由关键字var声明。

【基本语法】

```
var variable;
```

在声明变量的同时也可以对变量进行赋值，如：

```
var variable=9;
```

【语法说明】

在声明变量时所遵循的规则如下。

- 可以使用一个关键字var同时声明多个变量，如：

```
var a,b,c                    //同时声明a、b、c三个变量
```

- 可在声明变量的同时对其进行赋值，即初始化，如：

```
var i=7;m=8;n=13             //同时声明i、m、n三个变量，并分别对其进行初始化
```

- 如果只声明了变量，并未对其赋值，则其默认值为undefined。
- var语句可以用作for循环的一部分，这样就使循环变量的声明成为循环语法自身的一部分，使用起来将比较方便。

- 可以使用var语句多次声明同一个变量，如果重复声明的变量已经有一个初始值，那么此时的声明就相当于对变量的重新赋值。

当给一个尚未声明的变量赋值时，JavaScript将会自动用该变量名创建一个全局变量。在一个函数内部，通常创建的只是一个仅在函数内部起作用的局部变量，而不是一个全局变量。要创建一个局部变量，不是赋值给一个已经存在的局部变量，而是必须使用var语句进行变量声明。

此外，由于JavaScript采用弱类型的形式，因此可以不必理会变量的数据类型，即可以将任意类型的数据赋值给变量。例如，声明一些变量的代码如下：

```
var variable=99                                //数值类型
var str"路虽远行之将至，事虽难做则必成"          //字符串
var bue=true                                   //布尔类型
```

在JavaScript中，变量可以先不声明，而是在使用时根据变量的实际作用来确定其所属的数据类型。但是建议在使用变量前就对其声明，因为变量的最大优点是能够及时帮助用户发现代码中的错误。由于JavaScript采用动态编译，而动态编译不易发现代码中的错误，特别是变量命名方面的错误。

3. 变量的作用域

变量的作用域是指某变量在程序中的有效范围，也就是程序中定义该变量的区域。在JavaScript中，变量根据作用域可以分为全局变量和局部变量两种。

- 全局变量是定义在所有函数之外，用于整个脚本代码的变量。
- 局部变量是定义在函数体内，只作用于函数体的变量，函数的参数也是局部性的，只在函数内部起作用。

以下代码说明了变量的作用域用作不同的有效范围。

```
<script language="javascript">
    var i;                          //变量在函数外声明，作用于整个脚本代码
    function send()
    {
        i="JavaScript"
        var m="基础知识"      //变量在函数内声明，作用于该函数体
        alert(i+m)
    }
</script>
```

【知识点滴】

JavaScript中用“;”作为语句结束标记(若不加，语句也可以正确执行)；用“//”作为单行注释标记；用“/*”和“*/”作为多行注释标记；用“{”和“}”包装成语句块。“//”后面的文字为注释部分，在代码执行过程中不起任何作用。

4. 变量的生存期

变量的生存期是指变量在计算机中存在的有效时间。从编程的角度来说，可以简单地理解为该变量所赋的值在程序中的有效范围。JavaScript中变量的生存期应考虑全局变量和局部变量两种类型的情况。全局变量在主程序中定义，其有效范围从其定义开始，一直到本程序结束为止。局部变量在程序的函数体中定义，其有效范围只有在该函数内，当函数结束后，局部变量的生存期也就结束了。

13.4 数据类型

每一种计算机语言都有自己所支持的数据类型。在JavaScript脚本语言中采用的是弱类型的方式，即一个数据(变量或常量)不必首先声明，可在使用或赋值时再确定其数据的类型。当然也可以先声明该数据的类型，即通过在赋值时自动说明其数据类型。

JavaScript的数据类型分为两种：简单的值(原始值)和复杂的数据结构(泛指对象)。值包含字符串、数字和布尔值，还有两个特殊值：null(空值)和undefined(未定义的值)。对象包括狭义的对象、数组和函数。JavaScript定义了6种基本数据类型，如表13-1所示。

表13-1 JavaScript的6种基本数据类型

数据类型	含义	说明
null	空值	表示非对象
undefined	未定义的值	表示未赋值的初始化值
number	数字	表示数学运算的值
string	字符串	表示信息流
boolean	布尔值	表示逻辑运算的值
object	对象	表示复合结构的数据集

13.5 运算符

JavaScript运算符是完成一系列操作的符号，其按照操作数据可以分为单目运算符、双目运算符和多目运算符3种；按照运算类型可以分为算术运算符、比较运算符、赋值运算符、逻辑运算符和条件运算符5种。

13.5.1 算术运算符

算术运算符用于在程序中进行加、减、乘、除等运算。在JavaScript中常用的算术运算符如表13-2所示。

表13-2　JavaScript的算术运算符

运算符	描述	示例
+	加运算符	3+8　　//返回值为11
-	减运算符	9-6　　//返回值为3
*	乘运算符	4*7　　//返回值为28
/	除运算符	27/3　　//返回值为9
%	求模运算符	7%4　　//返回值为3
++	自增运算符。该运算符有两种情况：i++(在使用i之后，使i的值加1)；++i(在使用i之前，先使i的值加1)	i=1；m=i++　　//m的值为1，i值为2 i=1；m=++i　　//m的值为2，i值为2
--	自减运算符。该运算符有两种情况：i--(在使用i之后，使i的值减1)；--i(在使用i之前，先使i的值减1)	i=8；m=i--　　//m的值为8，i值为7 i=8；m=--i　　//m的值为7，i值为7

【扩展示例】

【例13-7】编写一段网页代码，在代码中通过JavaScript在页面中定义变量，再通过算术运算符计算变量的运行结果(扫码可查阅完整代码和示例效果)。

13.5.2　比较运算符

比较运算符的基本操作过程是：首先对操作数进行比较，该操作数可以是数字也可以是字符串，然后返回一个布尔值true或false。在JavaScript中常用的比较运算符如表13-3所示。

表13-3　JavaScript的比较运算符

运算符	描述	示例
<	小于	2<3　　//返回值为true
>	大于	6>7　　//返回值为false
<=	小于或等于	9<=9　　//返回值为true
>=	大于或等于	5>=8　　//返回值为false
==	等于(只根据表面值进行判断，不涉及数据类型)	"12"==12　　//返回值为true
===	绝对等于(根据表面值和数据类型同时进行判断)	"12"===12　　//返回值为false
!=	不等于(只根据表面值进行判断，不涉及数据类型)	"12"!=12　　//返回值为false
!==	绝对不等于(根据表面值和数据类型同时进行判断)	"12"!==12　　//返回值为true

【扩展示例】

【例13-8】编写一段网页代码，在代码中应用比较运算符比较两个数值的大小(扫码可查阅完整代码和示例效果)。

13.5.3　赋值运算符

在JavaScript中，赋值运算可以分为简单赋值运算和复合赋值运算。其中，简单赋值运算是将赋值运算符(=)右边表达式的值保存到左边的变量中；而复合赋值运算混合了其他操作(如算术运算操作、位操作等)和赋值操作。例如：

```
sum+=i                                    //等同于sum=sum+i
```

JavaScript中赋值运算符的说明如表13-4所示。

表13-4 JavaScript的赋值运算符

运算符	描述	示例
=	将右边表达式的值赋给左边的变量	username="mr"
+=	将运算符左边的变量加上右边表达式的值赋给左边的变量	a+=b //相当于a=a+b
-=	将运算符左边的变量减去右边表达式的值赋给左边的变量	a-=b //相当于a=a-b
*=	将运算符左边的变量乘以右边表达式的值赋给左边的变量	a*=b //相当于a=a*b
/=	将运算符左边的变量除以右边表达式的值赋给左边的变量	a/=b //相当于a=a/b
%=	将运算符左边的变量用右边表达式的值求模，并将结果赋给左边的变量	a%=b //相当于a=a%b
&=	将运算符左边的变量与右边表达式的值进行逻辑与运算，并将结果赋给左边的变量	a&=b //相当于a=a&b
|=	将运算符左边的变量与右边表达式的值进行逻辑或运算，并将结果赋给左边的变量	a|=b //相当于a=a|b
^=	将运算符左边的变量与右边表达式的值进行异或运算，并将结果赋给左边的变量	a^=b //相当于a=a^b

13.5.4 逻辑运算符

JavaScript中逻辑运算符的说明如表13-5所示。

表13-5 JavaScript的逻辑运算符

运算符	描述	运算符	描述
!	取反	^	逻辑异或
&=	逻辑与之后赋值	?:	三目运算符
&	逻辑与	||	或运算符
|=	逻辑或之后赋值	==	等于运算符
|	逻辑或	!=	不等于运算符
^=	逻辑异或之后赋值		

13.5.5 条件运算符

条件运算符是JavaScript支持的一种特殊三目运算符。

【基本语法】

```
操作数?结果1:结果2
```

【语法说明】

如果“操作数”的值为true，则整个表达式的结果为“结果1”，否则为“结果2”。

【示例代码】

【例13-9】首先定义两个变量，值都为8，然后判断两个变量是否相等，如果相等则返回“正确”，否则返回“错误”(扫码可查阅完整代码和示例效果)。

```
<script language="javascript">
    var a=8;
    var b=8;
    alert(a==b)?正确:错误;
</script>
```

13.5.6 其他运算符

除了上面介绍的运算符以外，JavaScript中还有一些其他运算符。

1. 位运算符

位运算符分为两种，一种是普通位运算符，另一种是位移符。在进行运算之前，先将操作数转换为32位的二进制整数，然后进行相关运算，最后的输出结果将以十进制表示。位运算符对数值的位进行操作，如向左或向右移位等。

JavaScript中常用的位运算符如表13-6所示。

表13-6 JavaScript的位运算符

位运算符	描述	位运算符	描述
&	与运算符	<<	左移
|	或运算符	>>	带符号右移
^	异或运算符	>>>	填0右移
~	非运算符		

2. typeof运算符

typeof运算符用于返回它的操作数当前所容纳的数据的类型，这对于判断一个变量是否已被定义特别有用。

【示例代码】

【例13-10】应用typeof运算符返回当前所容纳的数据类型(扫码可查阅完整代码和示例效果)。

```
<script language="javascript">
    var a=6;
    var b="name";
    var c=null;
    alert("a的类型为"+(typeof a)+"\nb的类型为"+(typeof b)+"\nc的类型为"+(typeof c));
</script>
```

【知识点滴】

typeof运算符将类型信息当作字符串返回。typeof返回值有6种可能：number、string、boolean、object、function和undefined。

3. new运算符

new运算符用于创建一个用户自定义的新对象。

【基本语法】

```
new constructor[(arguments)];
```

【语法说明】

- constructor：对象的构造函数。如果构造函数没有参数，则可以省略圆括号(必选项)。
- arguments：任意传递给新对象构造函数的参数。

例如，以下代码应用new运算符来创建新对象：

```
Object1 = new Object;
Array2 = new Array();
Date3 = new Date("August 10 2023");
```

13.5.7　运算符优先级

JavaScript运算符都有明确的优先级与结合性。优先级较高的运算符将优先于优先级较低的运算符进行运算，结合性则是指具有同等优先级的运算符将按照怎样的顺序进行运算。结合性包含向左结合与向右结合，如表达式“i+m+n”，向左结合就是先计算“i+m”，即“(i+m)+n”；而向右结合也就是先计算“m+n”，即“i+(m+n)”。

JavaScript运算符的优先级与结合性说明如表13-7所示。

表13-7　JavaScript运算符的优先级与结合性说明

<table>
<tr><th>优先级</th><th>结合性</th><th>运算符</th></tr>
<tr><td>最高</td><td>向左</td><td>.、[ ]、( )</td></tr>
<tr><td rowspan="15">由高到低依次排列</td><td>向右</td><td>++、--、-、!、delete、new、typeof、void</td></tr>
<tr><td>向左</td><td>*、/、%</td></tr>
<tr><td>向左</td><td>+、-</td></tr>
<tr><td>向左</td><td><<、>>、>>></td></tr>
<tr><td>向左</td><td><、<=、>、>=、in、instanceof</td></tr>
<tr><td>向左</td><td>==、!=、===、!===</td></tr>
<tr><td>向左</td><td>&</td></tr>
<tr><td>向左</td><td>^</td></tr>
<tr><td>向左</td><td>|</td></tr>
<tr><td>向左</td><td>&&</td></tr>
<tr><td>向左</td><td>||</td></tr>
<tr><td>向右</td><td>?:</td></tr>
<tr><td>向右</td><td>=</td></tr>
<tr><td>向右</td><td>*=、/=、%=、+=、-=、<<=、>>=、>>>=、&=、^=、|=</td></tr>
<tr><td>最低</td><td>向左</td><td>,</td></tr>
</table>

【扩展示例】

【例13-11】使用()改变运算的优先级。表达式“i=6+7*8”的结果62，因为乘法的优先级比加法的优先级高，优先运行。通过括号“()”改变运算符的优先级后，括号内的表达式将优先运行(扫码可查阅完整代码和示例效果)。

13.6 表达式和赋值语句

13.6.1 表达式

表达式是一个语句集合，像一个组一样，计算结果是个单一值，然后该结果被JavaScript归入boolean、number、string、function、object等数据类型之一。

一个表达式本身可以简单得如一个数字或者变量，或者它可以包含许多连接在一起的变量关键字和运算符。例如，表达式a=11，将值11赋给变量a，整个表达式计算结果为11，因此在一行代码中使用此类表达式是合法的。一旦将11赋值给a的工作完成，那么a也将是一个合法的表达式。除了赋值运算符，还有许多可以用于形成一个表达式的其他运算符，如算术运算符、字符串运算符、逻辑运算符等。

13.6.2 赋值语句

赋值语句是JavaScript程序中最常用的语句之一。在程序中，往往需要大量的变量来存储程序中用到的数据，所以用来对变量进行赋值的赋值语句也会在程序中大量出现。

【基本语法】

```
变量名=表达式;
```

【语法说明】

当使用关键字var声明变量时，可以同时使用赋值语句对声明的变量进行赋值。例如，声明一些变量，并分别给这些变量赋值，代码如下：

```
var variable=70
var variable="清华大学出版社"
var bue=true
```

【知识点滴】

在JavaScript中，变量可以先不声明，而在使用时再根据变量的实际作用来确定其所属的数据类型。但是建议用户在使用变量前就对其声明，因为声明变量的最大好处就是能及时发现代码中的错误(由于JavaScript采用动态编译，而动态编译不易发现代码中的错误，尤其是变量名方面的错误)。

13.7 流程控制语句

流程控制语句对于任何一门编程语言都非常重要，JavaScript也不例外。JavaScript提供了if条件判断语句、for循环语句、while循环语句、do…while循环语句、break语句、continue语句和switch多路分支语句7种流程控制语句。下面将对其分别介绍。

13.7.1 条件判断语句

所谓条件判断语句就是对语句中不同的条件进行判断，进而根据不同的条件执行不同的语句。条件判断语句主要包括两类：一类是if判断语句，另一类是switch多分支语句。

1. if语句

if条件判断语句是最基本、最常用的流程控制语句，可以根据条件表达式的值进行相应的处理。

【基本语法】

```
if(expression){
    statement
}
```

【语法说明】

expression用于指定条件表达式，statement表示要执行的语句。若条件表达式的值为true，则执行语句statement，否则不执行。

2. if...else语句

if...else语句是if语句的标准形式，在if语句简单形式的基础之上增加一个else从句，当expression的值是false时则执行else从句中的内容。if...else语句的语法格式如下：

```
if(expression){
    statement 1
}else{
    statement 2
}
```

【语法说明】

- expression：用于指定条件表达式，可以使用逻辑运算符(必选项)。
- statement 1：用于指定要执行的语句序列。当expression的值为true时，执行该语句序列。
- statement 2：用于指定要执行的语句序列。当expression的值为false时，执行该语句序列。

if...else条件判断语句的执行流程如图13-5所示。

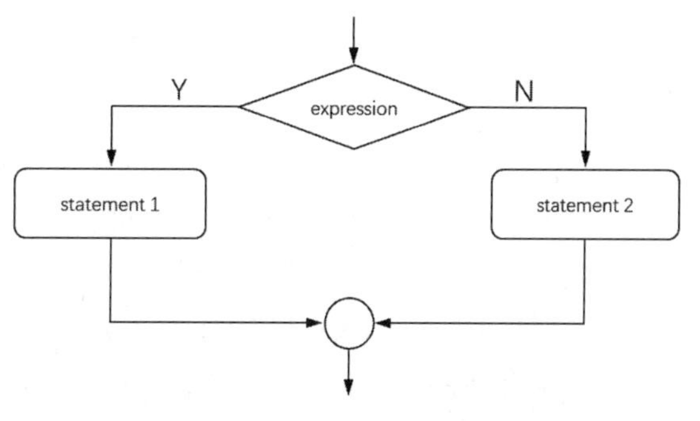

图 13-5 if...else 条件判断语句的执行流程

以上if语句是典型的二路分支结构。其中else部分可以省略，并且statement 1为单一语句时，其两边的大括号也可以省略。

【扩展示例】

【例13-12】编写一段代码，根据变量值的不同，输出不同的内容(扫码可查阅完整代码和示例效果)。

3. if...else...if

if语句是一种使用灵活的语句，除了可以使用if...else语句的形式，还可以使用if...else...if语句的形式。

【基本语法】

```
if(expression 1){
      statement 1
}else if(expression 2){
      statement 2
}
...
else if(expression n){
      statement n
}else{
      statement n+1
}
```

if...else...if语句的执行流程如图13-6所示。

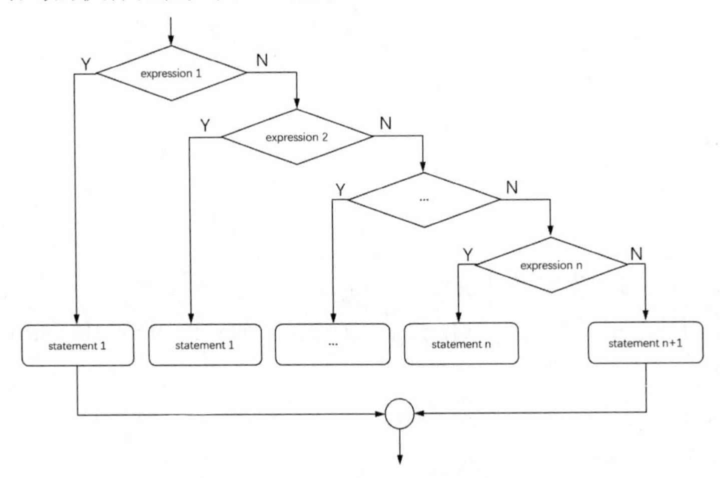

图 13-6　if...else...if 语句的执行流程

例如，应用else if语句对多条件进行判断。首先判断m的值是否小于或等于1，如果是则执行“alert("m<=1");”；否则将继续判断m的值是否大于1并小于或等于10，如果是则执行“alert("m>1&&m<=10");”；否则将继续判断m的值是否大于10并且小于或等于100，如果是则执行“alert("m>10&&m<=100");”；最后如果上述条件都不满足，则执行“alert("m>100");”。具体代码如下：

```
<script language="javascript">
var m=99;                                    //定义一个变量m的值
```

```
if(m<=1)                                    //若m<=1则执行下面的内容
    alert("m<=1");
else if("m>1&&m<=10")                       //若m>=1&&m<=10则执行下面的内容
    alert("m>1&&m<=10");
    else if("m>10&&m<=100")                 //若m>10&&m<=100则执行下面的内容
        alert("m>10&&m<=100");
        else                                //若m的值不符合上述条件则输出下面的内容
            alert("m>100");
</script>
```

以上代码的运行结果为：m>10&&<=100。

【扩展示例】

【例13-13】编写一段网页代码，在页面中判断用户登录的表单中的用户名和密码(扫码可查阅完整代码和示例效果)。

4. if语句的嵌套

if语句不仅可以单独使用，还可以嵌套使用，即在if语句的从语句部分嵌套另外一个完整的if语句。if语句中嵌套使用if语句，其外层if语句的从句部分的大括号“{}”可以省略。但是，在使用应用嵌套的if语句时，最好是使用大括号“{}”来确定相互之间的层次关系；否则，由于大括号“{}”使用位置的不同，可能导致程序代码的含义完全不同，从而输出不同的内容。例如，以下两段代码中由于大括号“{}”的位置不同，将导致程序的输出结果完全不同。

- 代码1：在外层语句中应用大括号“{}”，首先判断外层if语句m的值是否小于1，如果m小于1，则执行下面的内容。然后判断当外层if语句m的值大于10时，执行相应内容。

```
var m=15;n=m;
if(m<1){
    if(n==1)
        alert("判断m小于1，n等于1");
    else
        alert("判断m小于1，n不能与1");
}else if(m>10){
    if(n==1)
        alert("判断m大于10，n等于1");
    else
        alert("判断m大于10，m不等于1");
}
```

- 代码2：更改代码1中大括号“{}”的位置，将大括号“}”放置在else语句之前，此时程序代码的含义就发生了变化。

```
var m=15;n=m;
if(m<1){
```

```
    if(n==1)
        alert("判断m小于1，n等于1");
    else
        alert("判断m小于1，n不等于1");
}else if(m>10){
    if(n==1)
        alert("判断m大于10，等于1");
}else
        alert("判断m大于10，n不等于1");
```

5. switch语句

switch语句是典型的多路分支语句，其作用与嵌套使用的if语句基本相同，但switch语句相比if语句更具可读性，并且switch语句允许在找不到一个匹配条件的情况下执行默认的一组语句。

【基本语法】

```
switch(expression){
    case judgement 1:
        statement 1;
        break;
    case judgement 2:
        statement 2;
        break;
…
    case judgement n:
        statement n;
        break;
    default:
        statement n+1;
        break;
}
```

【语法说明】

switch语句的执行流程如图13-7所示。

- expression：任意的表达式或变量。
- judgement：任意的常数表达式。当expression的值与某个judgement的值相等时，就执行此case后的statement语句；若expression的值与所有的judgement的值都不相等，则执行default后面的statement语句。
- break：用于结束switch语句，从而使JavaScript只执行匹配的分支。若没有了break语句，则该switch语句的所有分支都将被执行，switch语句也就失去了使用的意义。

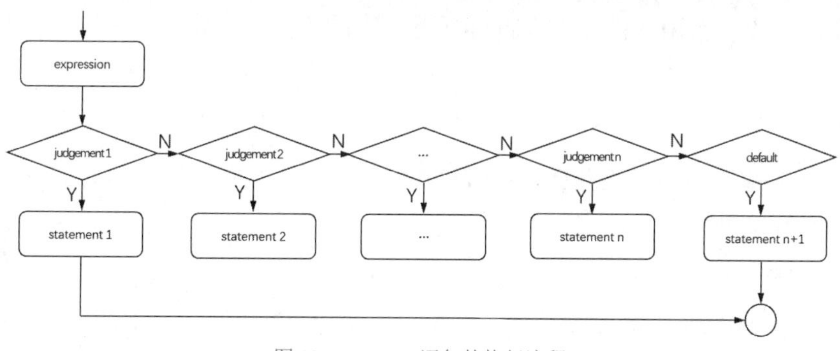

图 13-7 switch 语句的执行流程

【扩展示例】

【例13-14】编写一段网页代码，代码中演示应用switch语句判断当前日期是星期几(扫码可查阅完整代码和示例效果)。

13.7.2 循环语句

使用循环语句可以在满足条件的情况下反复地执行某一个操作。循环语句主要包括while、do...while和for。

1. for循环语句

for循环语句也称为计次循环语句，一般用于循环次数已知的情况。在JavaScript中应用比较广泛。

【基本语法】

```
for(initialize;test;increment){
    statement
}
```

【语法说明】

- initialize：初始化语句，用于对循环变量进行初始化赋值。
- test：循环条件，一个包含比较运算符的表达式，用于限定循环变量的边限。如果循环变量超过了该边限，则停止该循环语句的执行。
- increment：用于指定循环变量的步幅。
- statement：用于指定循环体，在循环条件的结果为true时，重复执行。

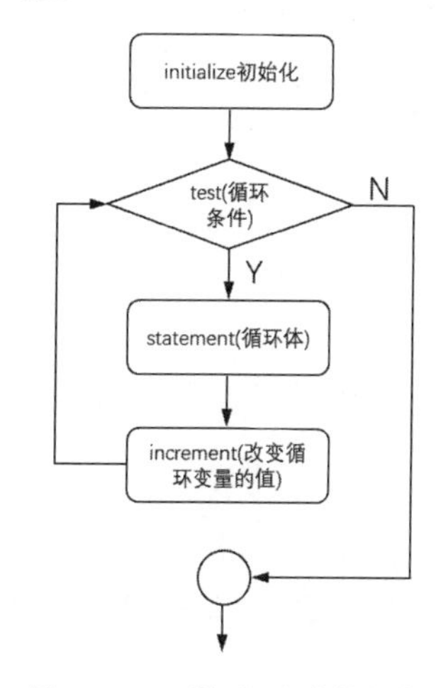

图 13-8 for 循环语句的执行流程

【知识点滴】

for循环语句的执行流程如图13-8所示。

for循环语句执行的过程是：先执行初始化语句，然后判断循环条件，如果循环条件结果为true，则执行一次循环体，否则直接退出循环，最后执行迭代语句，改变循环变量的值，至此完成一次循环；接下来将进行下一次循环，直到循环条件的结果为false，才结束循环。

【扩展示例】

【例13-15】编写一段网页代码，计算100以内所有奇数的和(扫码可查阅完整代码和示例效果)。

2. while循环语句

与for循环语句一样，while循环语句也可以实现循环操纵。while循环语句也称为前测试循环语句，它是利用一个条件来控制是否要继续重复执行这条语句。while循环语句与for循环语句相比，无论是语法还是执行流程，都较为简明易懂。

【基本语法】

```
while(expression){
    statement
}
```

【语法说明】

- expression：一个包含比较运算符的条件表达式，用于指定循环条件。
- statement：用于指定循环体，在循环条件的结果为true时，重复执行。

【知识点滴】

while循环语句的执行流程如图13-9所示。

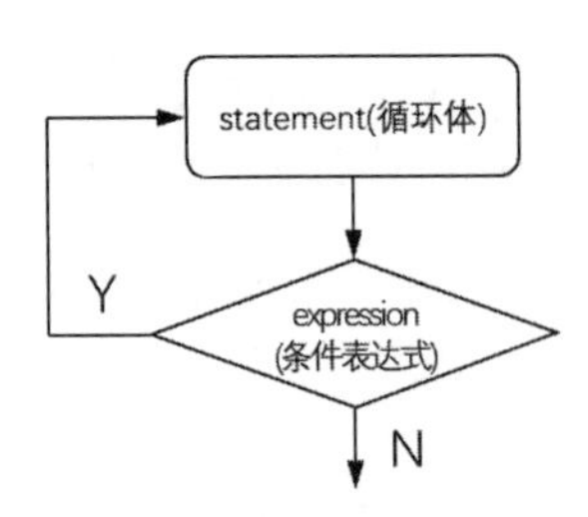

图 13-9　while 循环语句的执行流程

while循环语句之所以也称为前测试循环语句，是因为它要先判断循环的条件是否成立，然后再进行重复执行的操作。也就是说，while循环语句执行的过程是先判断条件表达式，如果条件表达式的值为true，则执行循环体，并且在循环体执行完毕后，进入下一次循环，否则退出循环。

在使用while循环语句时，需要保证循环可以正常结束，即必须保证条件表达式的值存在为false的情况，否则将形成死循环。例如，以下代码的循环语句就会造成死循环，原因是i永远都小于100。

```
var i=1;
while(i<=100){
    alert(i);                                    //输出i的值
}
```

while循环语句常用于循环执行次数不确定的情况。

【扩展示例】

【例13-16】编写一段网页代码，在代码中通过while循环语句实现在页面中列举累加和不大于10的所有自然数(扫码可查阅完整代码和示例效果)。

2. do...while循环语句

do...while循环语句也称为后测试循环语句，它是利用一个条件来控制是否要继续重复执行这个语句。与while循环语句不同的是，do...while循环语句先执行一次循环语句，然后再去判断是否继续执行。

【基本语法】

```
do{
    statement
}while(expression);
```

【语法说明】

- statement：用于指定循环体，循环开始时首先被执行一次，然后在循环条件的结果为true时，重复执行。
- expression：一个包含比较运算符的条件表达式，用于指定循环条件。

【知识点滴】

do...while循环语句的执行流程如图13-10所示。

do...while循环语句与while循环语句类似，也常用于循环执行的次数不确定的情况。

do...while循环语句的结尾处的while语句括号后面有一个“;”，在书写的过程中一定不能遗漏，否则JavaScript会认为循环语句是一个空语句，后面“{}”中的代码一次也不会执行，并且程序会陷入死循环。

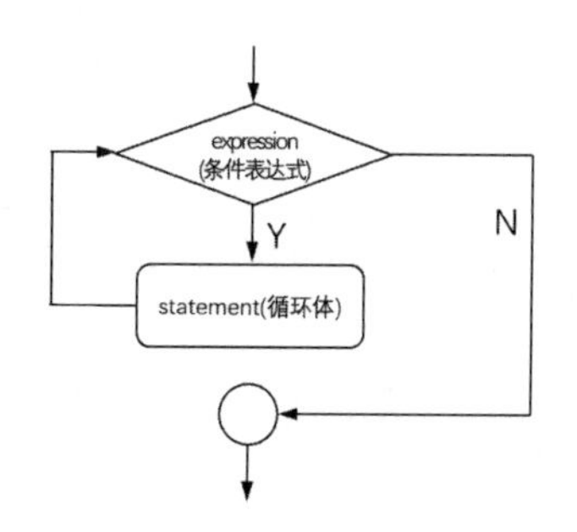

图 13-10 do...while 循环语句的执行流程

13.7.3 跳转语句

跳转语句包括continue语句和break语句。

1. break语句

break语句用于退出包含在最内层的循环或者退出一个switch语句。

【基本语法】

```
break;
```

【知识点滴】

break语句通常在for、while、do...while或switch语句中。例如，在for循环语句中通过break语句中止循环的代码如下：

```
var sum=0;
for(i=1;1<100;i++){
    sum+=i;
    if(sum>10)break;                          //如果sum>10就会立即跳出循环
}
document.write("0和"+i+"(包括"+i+")之间自然数的累加和为:"+sum);
```

以上代码运行结果为：“0和5(包括5)之间自然数的累加和为：15”

2. continue语句

continue语句和break语句类似，不同之处在于，continue语句用于中止本次循环，并开始下一次循环。

【基本语法】

```
continue;
```

【知识点滴】

continue语句只能应用在while、for、do...while和switch语句中。例如，在for语句中通过continue语句计算金额大于或等于1000的数据的和的代码如下：

```
var total=0;
var sum=new Array(1100,13,450,3625,1718);          //声明一个一维数组
for(i=0;i<sum.length;i++){
    if(sum[i]<1000)continue;                        //不计算金额小于1000的数据
    total+=sum[i];
}
    document.write("累加和为："+total);              //输出计算结果
```

以上代码运行结果为：“累加和为：6443”。

当使用continue语句中止本次循环后，如果循环条件的结果为false，则退出循环，否则继续下一次循环。

13.8 JavaScript函数

JavaScript函数分为系统内部函数、系统对象定义的函数和用户自定义函数。函数实质上就是完成一个特定功能的程序代码。函数只需要定义一次，可以多次使用，从而提高程序代码的复用率，既减轻了开发人员的负担，又降低了代码的重复度。

函数需要定义后使用，JavaScript函数一般定义在HTML文件的头部head标记或外部JS文件中，而函数的调用可以在HTML文件的主体body标记中的任何位置。

13.8.1 常用系统函数

JavaScript中有许多预先定义的系统内部函数和对象定义的函数，如document.write()就是其中之一。这些预定义的系统函数大多数存在于预定义的对象中，如String、Date、Math、window及document对象中都有很多预定义的函数，只有熟练使用这些函数才能充分发挥JavaScript的强大功能，从而简洁、高效地完成程序设计任务。

常用系统函数分为全局函数和对象定义的函数。全局函数不属于任何一个内置对象，使用时不需要加任何对象名称，直接调用。如eval()、escape()、unescape()、parseFloat()、parseInt()、isNaN()等。全局函数的名称与说明如表13-8所示。

表13-8 JavaScript全局函数名称与说明对照表

名称	说明
decodeURI()	解码某个编码的URI
decodeURIComponent()	解码一个编码的URI组件
encodeURI()	将字符串编码为URI
encodeURIComponent()	将字符串编码为URI组件
eval()	计算JavaScript字符串，并将它作为脚本代码来执行
escape()	对字符串进行编码
unescape()	对由escape()编码的字符串进行解码
parseFloat()	解析一个字符串并返回一个浮点数
parseInt()	解析一个字符串并返回一个整数
getClass()	返回一个JavaObject的JavaClass
isNaN()	检查某个值是否是非数
isFinite()	检查某个值是否为有穷大的数
number()	将对象的值转换为数字
string()	将对象的值转换为字符串

关于常用的全局函数和常用的对象函数的基本语法和使用方法，用户可以扫描右侧的二维码进一步学习。

13.8.2 自定义函数

函数是由事件驱动的或者当其被调用时执行的可重复使用的代码块。

【基本语法】

```
function functionname(argument1,argument2,...,argumentn)
{
    此处是要执行的代码(函数体)
}
```

【语法说明】

- 函数就是包括在大括号中的代码块，使用关键词function来定义。当调用该函数时，会执行函数内的代码。
- 在调用函数时，可以向其传递值，这些值被称为参数。这些参数可以在函数中使用。可以发送任意多的参数，参数之间由逗号分隔。也可以没有参数，但括号不能省略，参数类型不需要给定。
- 函数体必须写在“{”和“}”内，“{”和“}”定义了函数的开始和结束。
- JavaScript中区分字母大小写，因此function这个词必须全部字母小写，否则程序就会出错。另外需要注意的是，必须使用大小写完全相同的函数名来调用函数。

【扩展示例】

【例13-17】编写一段网页代码，在代码中自定义计算梯形面积的函数(扫码可查阅完整代码和示例效果)。

13.8.3 带参数返回的return语句

若需要返回函数的计算结果，可使用带参数的return语句；若不需要返回函数的计算结果，则使用不带参数的return语句。

【基本语法】

```
return 函数执行结果;                    //有返回值
return ;                                //无返回值，此句可有可无
```

【语法说明】

- 有值返回的函数调用方式与无值返回的调用方式略有不同。无值返回可以通过事件触发、程序触发等方式调用；有值返回的函数类似于操作数，和表达式一样可以直接参加运算，不需要通过事件或程序来触发。
- 函数体内使用不带返回值的return语句可以结束程序运行，其后所有语句均不再执行。return语句只能返回一个计算结果。return语句后可跟上一个具体的值，也可以是一个变量，还可以是一个复杂的表达式。

【扩展示例】

【例13-18】编写一段网页代码，在代码中演示return语句的应用(扫码可查阅完整代码和示例效果)。

13.8.4 函数变量的作用域

函数体是完成特定功能的代码段，在代码执行过程中需要使用一些存放程序运行的中间结果的变量。变量分为局部变量和全局变量。局部变量是指在函数内部声明的变量，该变量只能在一段程序中发挥作用；全局变量是指在函数之外声明的变量，该变量在整个JavaScript代码中发挥作用，全局变量的生命周期从声明开始，到页面关闭时结束。

局部变量和全局变量可以重名，也就是说，即便在函数体外声明了一个变量，在函数体内还可以再声明一个同名的变量。在函数体内部，局部变量的优先级高于全局变量，即在函数体内，同名的全局变量被隐藏了。

这里需要注意的是，专用于函数体内部的变量一定要用var关键字声明，否则该变量将被定义成全局变量，若函数体外部有同名的变量，可能导致该全局变量被修改。

【扩展示例】

【例13-19】编写一段网页代码，在代码中演示函数变量的作用域范围(扫码可查阅完整代码和示例效果)。

第14章

事件处理

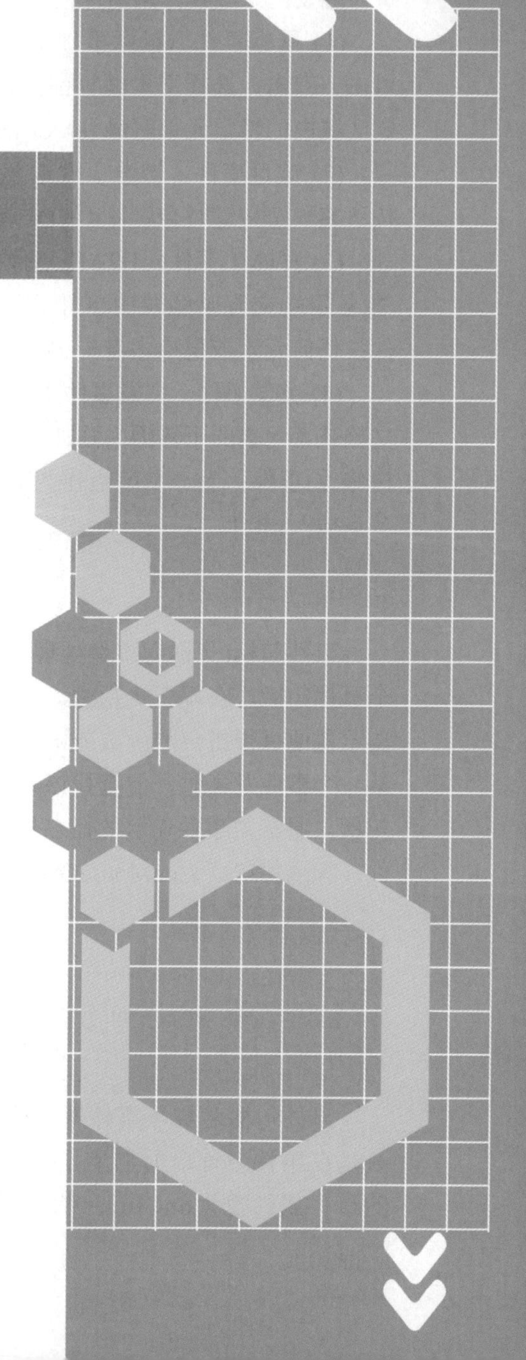

内容简介

JavaScript以事件驱动实现交互，事件是一种异步响应方式。当事件发生时，将会触发事件处理程序，执行预先定义好的行为，并生成一个事件对象(event)，传递事件信息。如此，JavaScript就能够与HTML实现互动和通信。通过学习JavaScript事件知识，读者能够了解网页中基本的事件类型，并理解JavaScript事件在网页设计中的作用。

学习重点

- 事件概述
- 表单事件
- 鼠标事件
- 键盘事件
- 窗口事件

14.1 JavaScript事件概述

事件是一些可以通过脚本响应的页面动作。当网页浏览者按下鼠标或者提交一个表单，或者在页面上移动鼠标，就会产生相关的事件。绝大多数事件的命名是描述性的，很容易理解，如Click、Submit、MouseOver等，通过名称就可以猜测其含义。

14.1.1 事件类型

JavaScript中的事件大多数与HTML标签相关，都是由用户操作页面元素时触发。根据事件触发的来源及作用对象的不同，可以将事件分为以下几种。

(1) 鼠标事件。鼠标事件主要指用户使用鼠标操作HTML元素时触发的事件。例如，单击、双击、选择文本框等都会触发鼠标事件。当鼠标移入、放置、移出网页或网页中指定区域内的特定元素时触发MouseMove、MouseOver和MouseOut事件。

(2) 键盘事件。键盘事件主要指用户操作键盘，输入时触发的事件。例如，在键盘上按下某一个按键时会触发KeyDown事件，释放按下的按键时会触发KeyUp事件。

(3) HTML事件。HTML事件主要是指当浏览器窗口发生变化或者发生特定的客户端/服务器端交互时触发的事件。例如，页面完全载入时在window对象上将会触发Load事件；任何元素或窗口本身失去焦点时将会触发Blur事件。

(4) 突发事件。突发事件主要是指文档对象底层元素发生改变时触发的事件。例如，当文档或者元素的子树因为添加或删除节点而发生改变时会触发DomSubtreeModified(DOM子树修改)事件；当一个节点作为另一个节点的子节点插入时会触发DomNodeInserted(DOM节点插入)事件。

14.1.2 事件句柄

事件句柄(又称为事件处理函数)是指事件发生时要进行的操作。每一个事件均对应一个事件句柄，在程序执行时，将相应的函数或语句指定给事件句柄，则在该事件发生时，浏览器便执行指定的函数或语句，从而实现网页内容与用户操作的交互。当浏览器检测到某一个事件发生时，便查找该事件对应的事件句柄有没有被赋值，如果有，则执行该事件句柄。通常，事件句柄的命名原则是在事件名称前加上前缀on。如鼠标移动MouseOver事件，其事件句柄为onMouseOver。事件句柄名称与HTML标记的事件处理属性相同。

【基本语法】

```
<标记　事件句柄="JavaScript代码">…</标记>
<input type="button" name="" value="显示" onClick="show();">
```

【语法说明】

事件句柄名称与事件属性同名，都作为HTML标记的属性，与事件名称略有不同，只是在事件名称前面加上了on。例如，Click事件的事件句柄为onClick，该项标记对应的事件属性也为onClick；Blur事件的事件句柄为onBlur，该项标签对应的事件属性也为onBlur，其他事件的事件句柄以此类推。常用的事件和事件句柄的对照关系如表14-1所示。

表14-1 常用的事件和事件句柄的对照关系

事件类型	事件	事件句柄	说明
键盘事件	KeyDown	onKeyDown	键盘被按下时执行js代码
	KeyPress	onKeyPress	键盘被按下后又松开时执行js代码
	KeyUp	onKeyUp	键盘被松开时执行js代码
鼠标事件	Click	onClick	单击鼠标时执行js代码
	Dblclick	onDblclick	双击鼠标时执行js代码
	MouseDown	onMouseDown	鼠标按键被按下时执行js代码
	MouseMove	onMouseMove	鼠标指针移动时执行js代码
	MouseOut	onMouseOut	鼠标指针移出某元素时执行js代码
	MouseOver	onMouseOver	鼠标指针悬停在某元素之上时执行js代码
	MouseUp	onMouseUp	鼠标按键被释放时执行js代码
表单事件	Change	onChange	表单元素改变时执行js代码
	Submit	onSubmit	表单被提交时执行js代码
	Reset	onReset	表单被重置时执行js代码
	Select	onSelect	表单元素被选取时执行js代码
	Blur	onBlur	表单元素失去焦点时执行js代码
	Focus	onFocus	表单元素获得焦点时执行js代码
窗口事件	Load	onLoad	文档载入时执行js代码
	Unload	onUnload	文档卸载时执行js代码

14.1.3 事件处理

给特定的事件句柄绑定事件处理代码就可以响应事件。事件处理指定方式有以下3种：在HTML标签中的静态指定、在JavaScript中的动态指定、特定对象的特定事件的指定。

1. 静态指定

【基本语法】

```
<标记 事件句柄1="事件处理程序1" [事件句柄2="事件处理程序2" … 事件句柄n="事件处理程序n"]>
…</标记>
```

【语法说明】

静态指定方式是在开始标签中设置相关事件句柄，并绑定事件处理程序。一个标签可以设置一个或多个事件句柄，并绑定事件处理程序。事件处理程序可以是JavaScript代码串或函数，通常将事件处理程序定义成函数。

例如，以下代码给<p>标签和<body>标签添加事件句柄属性，并绑定事件：

```
<p onClick="show()； " onDblClick="display();"></p>
<body onLoad="alert('页面加载成功！');" onUnload="pageLoad();"></body>
```

【示例代码】

【例14-1】编写一段网页代码，在HTML标记中进行静态指定事件处理(扫码可查阅完整代码)。示例效果如图14-1所示。

(1) 创建HTML5文档，在<body>标签中输入代码。定义两个普通按钮，并通过HTML的input标记的onClick事件句柄来关联事件处理程序。如果单击“JavaScript语句输出信息”按钮，将触发该按钮的Click事件，直接执行JavaScript代码alert('使用alert输出信息')，弹出图14-1中图所示的警告消息框，显示信息；如果单击“调用函数输出信息”按钮，将触发该按钮的Click事件，调用名为testInfo(message)函数，通过参数传递要输出的信息，函数的执行结果是弹出图14-1右图所示的警告消息框，并将参数传递的信息显示在该消息框内。

```
<form method="post" action="">
    <input type="button" value="JavaScript语句输出信息" onclick="alert('使用alert()输出信息')">
    <input type="button" value="调用函数输出信息" onclick="testInfo('调用testInfo()函数输出信息')">
</form>
```

(2) 在<head>标签中输入以下代码，指定事件的处理代码。

```
<script type="text/javascript">
    function testInfo(message){alert(message);}
</script>
```

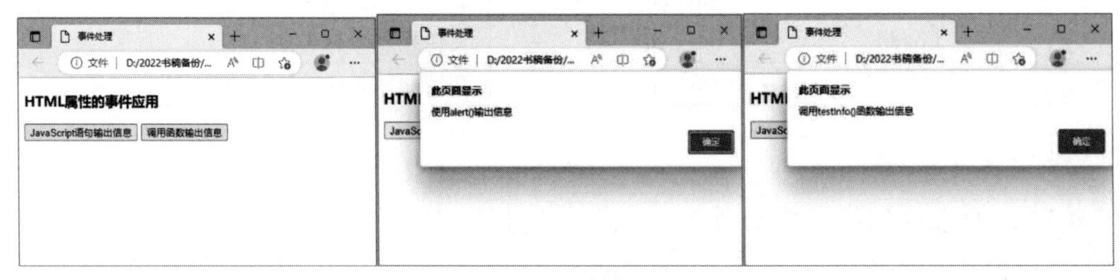

图 14-1　网页效果

2. 动态指定

通常使用静态指定方式来处理事件，但有时也需要在程序运行的过程中动态指定事件，这种方式允许程序像操作JavaScript属性一样来处理事件。

【基本语法】

```
<事件源对象>.<事件句柄>=function(){<事件处理程序>;}
Object.onclick=function(){disp();}
    //动态给对象指派事件，绑定事件处理函数
Object.onclick();                              //调用方法
```

【语法说明】

“事件处理程序”必须使用不带函数名的function(){}来定义，也就是无函数名的函数，函数体内可以是字符串形式的代码，也可以是函数。

【示例代码】

【例14-2】编写一段网页代码，在JavaScript中进行动态指定事件处理(扫码可查阅完整代码)。示例效果如图14-2所示。

(1) 创建HTML5文档，在<head>标签中输入以下代码，定义CSS样式。

```
<style type="text/css">
    #inp{width: 150;height: 60;color: #000;}
</style>
```

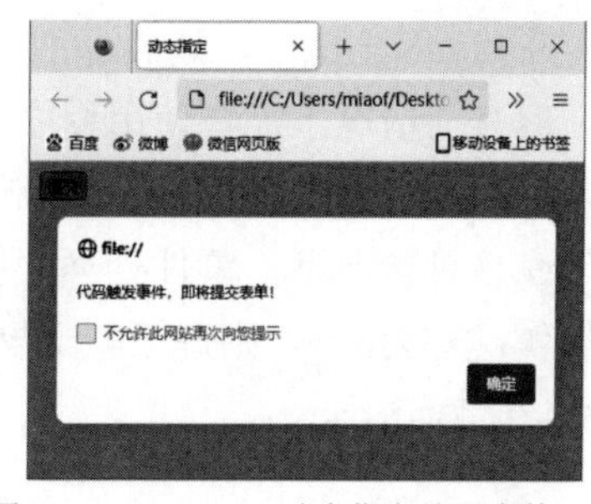

图 14-2　JavaScript 动态指定处理事件函数

(2) 定义一个名为clickHandler()的函数。

```
<script type="text/javascript">
    function clickHandler()
    {
        alert("代码触发事件，即将提交表单！");
        return true;
    }
</script>
```

(3) 在<body>标签中输入代码，设计一个包含按钮的表单。

```
<form name="my_form" method="post" action="">
    <input id="inp" type="button" name="my_button" value="提交">
</form>
```

(4) 输入以下代码，插入一个脚本，在第4行设计系统自动执行动态分配的onclick事件。这里需要注意的是，采用名称调用按钮的onclick事件时，必须在事件属性后面加上一对小括号，如obj.onclick()，否则调用无效。

```
<script type="text/javascript">
    //向button元素动态分配onclick事件
    document.getElementById('inp').onclick=function(){return clickHandler();}
    my_form.my_button.onclick();                    //程序触发
</script>
```

3. 特定对象的特定事件的指定

在<script>标签中编写元素对象的事件处理程序代码。使用<script>标签的for属性指定事件源，使用event属性指定事件句柄名称。

【基本语法】

```
<script type="text/javascript" for="对象" event="事件句柄">
    //事件处理程序代码
</script>
```

【语法说明】

for属性指定特定对象，如window、document等；event属性指定事件句柄名称，如onload、onunload等。在脚本script标记中插入相关事件处理函数代码。

【扩展示例】

【例14-3】编写一段网页代码，在代码中演示特定对象的特定事件处理程序的应用(扫码可查阅完整代码和示例效果)。

14.1.4 程序返回值

在JavaScript中，通常事件处理程序不需要有返回值，浏览器会按默认方式进行处理。但有些情况下需要使用程序返回值来判断处理程序是否正确进行处理，或者通过这个返回值来判断是否进行下一步操作。

在这种情况下，事件处理程序返回值都为布尔型值，若为false，则阻止浏览器的下一步操作；若为true，则进行默认操作。

【基本语法】

```
<标记 事件句柄="return 函数名(参数); ">…</标记>
```

【语法说明】

事件处理代码中函数必须具有布尔型的返回值，即函数体中最后一句必须是带返回值的return语句。

【扩展示例】

【例14-4】编写一段网页代码，在代码中演示事件处理程序返回值的应用(扫码可查阅完整代码和示例效果)。

14.2 表单事件

表单是Web应用中和用户进行交互的常用工具。表单中控件(元素)较多，网页浏览者在对表单控件(元素)进行操作时都会触发相应的事件。

14.2.1 获取与失去焦点

当表单控件获得焦点时会触发focus获得焦点事件，当表单控件失去焦点时会触发blur事件。当单击表单中的按钮时，该按钮就获得了焦点；当单击表单中的其他区域时，该按钮就失去了焦点。

【示例代码】

【例14-5】编写一段网页代码，在代码中演示表单控件焦点事件的应用(扫码可查阅完整代码)。示例效果如图14-3所示。

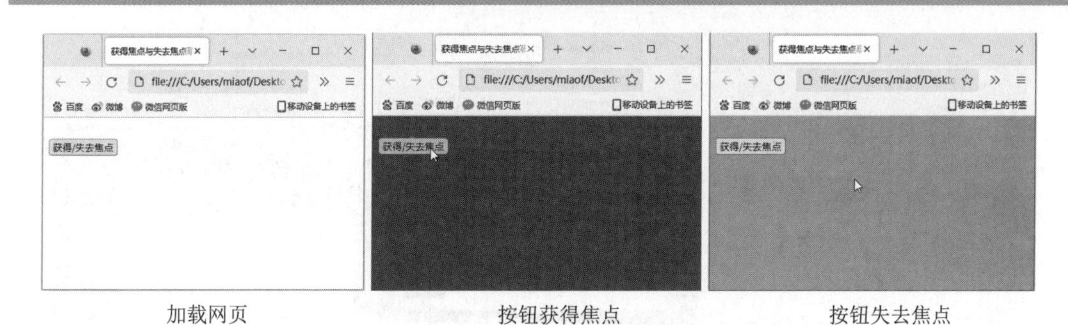

加载网页　　按钮获得焦点　　按钮失去焦点

图 14-3　按钮获得与失去焦点的网页效果

(1) 创建HTML5文档，在<body>标签中输入代码。定义“获得/失去焦点”按钮，并为该按钮设置onFocus和onBlur事件句柄，当该按钮获得焦点时会触发获得焦点事件，调用getFocus()函数；当该按钮失去焦点时会触发失去焦点事件，调用loseFocus()函数。

```
<body>
    <form>
        <br/><input type="button" onFocus="getFocus()" value="获得/失去焦点" onBlur="loseFocus()"/>
    </form>
</body>
```

(2) 在<head>标签中输入以下代码，定义getFocus()函数和loseFocus()函数。

```
<script type="text/javascript">
    function getFocus(){document.bgColor ="#838";}
    function loseFocus(){document.bgColor ="#ab7";}
</script>
```

14.2.2　提交与重置

在表单中单击“提交”按钮后，将会触发Submit事件，将表单中的数据提交到服务器端；当单击“重置”按钮后，将会触发Reset事件，将表单中的数据重置为初始值。在表单中，插入1个type属性值为submit的input标记添加1个提交按钮，当单击该按钮时会触发表单的Submit事件；同样可以插入1个type属性值为reset的input标记添加1个重置按钮，当单击该按钮时将会触发表单的Reset事件。如果需要表单在Submit事件及Reset事件触发时完成特定的功能，例如，需要对表单数据进行合法性验证，则需要为表单设置事件句柄，并自定义相关函数。

【示例代码】

【例14-6】编写一段网页代码，在代码中演示表单提交、重置事件的应用(扫码可查阅完整代码)。示例效果如图14-4所示。

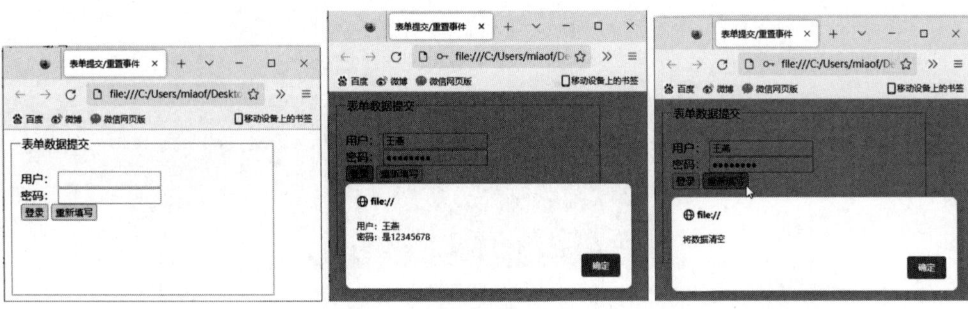

加载网页　　　　提交信息提示　　　　将数据清空

图 14-4　表单提交、重置事件的网页效果

(1) 创建HTML5文档，在<body>标签中输入以下代码，定义CSS样式。

```
<style type="text/css">
    fieldset{width: 350px;height: 200px;}
</style>
```

(2) 定义3个JavaScript函数，分别是$(id)、submitTest()和resetTest()。

```
<script language="javascript" type="text/javascript">
    function $(id){return document.getElementById(id);}
    function submitTest(){
        var msg = "用户："+$("input1").value;
        msg+="\n密码：是"+$("input2").value;
        alert(msg);
        return false;
    }
    function resetTest(){alert("将数据清空");}
</script>
```

(3) 在<body>标签中输入以下代码，定义表单并为表单设置onSubmit和onReset事件句柄。

```
<body>
    <form onSubmit="return submitTest();" onReset="resetTest()">
        <fieldset>
            <legend>表单数据提交</legend>
            <br><label>用户：</label>
            <input type="text" id="input1">
            <br><label>密码：</label>
            <input type="password" id="input2">
            <br><input type="submit" value="登录">
            <input type="reset" value="重新填写">
        </fieldset>
    </form>
</body>
```

以上代码在浏览器中的运行结果如图14-4左图所示。当单击“登录”按钮将表单数据提交时，将触发Submit事件，执行代码“return submitTest()”，调用submitTest()，获取输入框中的用户名和密码，弹出警告消息框并返回false值，显示图14-4中图所示的信息；当单击“重新填写”按钮将会重置表单数据，触发Reset事件，调用执行代码“resetTest()”，弹出警告提示框提示图14-4右图所示的“将数据清空”信息。

14.2.3　改变与选择

在表单中选择文本输入框或多行文本输入框内的文字时，将会触发Select选择事件。例如，以下部分代码中：

```
<form>
<input type="text" name="" value="文本被选中后触发事件" onSelect="Javascript:alert('内容被选中')">
</form>
```

代码中第2行定义了一个文本输入框，并设置onSelect属性值为JavaScript代码；当文本框的内容被选中后，将触发Select事件，调用代码，弹出警告信息框提示“内容被选中”信息。

【示例代码】

【例14-7】编写一段网页代码，在代码中设计通过下拉列表框，实现页面中图像的切换(扫码可查阅完整代码)。示例效果如图14-5所示。

(1) 创建HTML5文档，在<head>标签中输入以下代码，定义两个JavaScript函数，分别为$(id)和changeImage()。

```
<script language="javascript">
    function $(id){return document.getElementById(id);}   //获取元素
    function changeImage(){
        var index =$("game").selectedIndex;               //获取下拉框中的选项
        $("show").src=$("game").options[index].value;     //更改图片
    }
</script>
```

(2) 在<body>标签中输入代码，定义下拉列表框，并为下拉列表框设置onChange事件句柄，使用<img>标签在页面中插入一张图像，当下拉列表框中的选项改变时会触发change事件，调用changeImage()将原来的图像更改为选中的图像。

```
<body>
    <div align="center">
        <form>
            <select id="game" onChange="changeImage()">
                <option value="pic_0.png">--选择Switch游戏--</option>
                <option value="pic_1.png">《宝可梦传说》</option>
                <option value="pic_2.png">《塞尔达传说》</option>
                <option value="pic_3.png">《健身环大冒险》</option>
```

```
            </select>
        </form>
    </div>
    <p align="center">
        <img src="pic_0.png" id="show">
    </p>
</body>
```

图 14-5　通过下拉列表框选择选项实现图像的切换

14.3　鼠标事件

在网页中，如果用鼠标对页面中的控件进行操作，将会触发鼠标事件。例如，单击鼠标将会触发Click事件，双击鼠标将会触发DblClick事件，按下鼠标后再松开时将会触发MouseUp事件等。用户可以通过扩展示例中的代码进行了解。

【扩展示例】

【例14-8】编写一段网页代码，在代码中演示通过触发鼠标事件复制文本输入框中的内容(扫码可查阅完整代码和示例效果)。

14.4　键盘事件

键盘事件主要包括KeyDown、KeyPress及KeyUp事件，这些事件用于检测键盘按下、按下松开及完全松开等操作。通过event对象中的event.keyCode可以获得按键对应的键码值。用户可以通过扩展示例中的代码进行了解。

【扩展示例】

【例14-9】编写一段网页代码，在代码中演示键盘事件的应用(扫码可查阅完整代码和示例效果)。

14.5 窗口事件

窗口事件是指浏览器窗口在加载页面或卸载页面时触发的事件。加载页面时会触发load事件，卸载页面时会触发unload事件，这两个事件与<body>及<frameset>两个页面元素有关。

【示例代码】

【例14-10】编写一段网页代码，在代码中演示窗口事件的应用(扫码可查阅完整代码)。示例效果如图14-6所示。

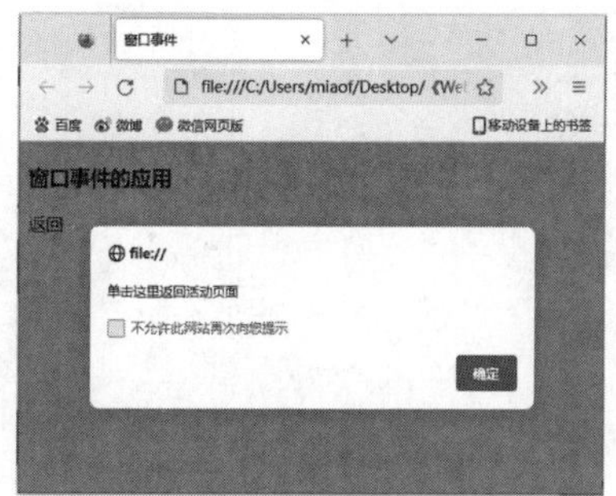

图 14-6 窗口事件应用效果

(1) 创建HTML5文档，在<head>标签中输入以下代码，定义一个JavaScript函数load()。

```
<script type="text/javascript">
    function load(){alert("感谢您的支持！");}
</script>
```

(2) 在页面代码的body元素中设置onLoad和onunload事件句柄。当浏览器窗口加载页面时，将会触发load事件调用load()函数，弹出警告消息框，提示“感谢您的支持！”信息；当单击页面中的“返回”时，将触发click事件，弹出“单击这里返回活动页面”信息。

```
<body onLoad="load();">
    <h3>窗口事件的应用</h3>
    <p onclick="alert('单击这里返回活动页面')">返回</p>
</body>
```

第15章

BOM 和 DOM

内容简介

BOM(Browser Object Model，浏览器对象模型)主要用于客户端浏览器的管理，被广泛应用于Web开发中；DOM(Document Object Model，文档对象模型)是W3C制定的一套技术规范，用于描述JavaScript脚本如何与HTML或XML文档进行交互的Web标准，其规定了一系列标准接口，允许开发人员通过标准方式访问文档结构、操作网页内容、控制样式和行为等。

一个完整的JavaScript实现是由三个不同部分组成的，分别是核心(ECMScript)、文档对象模型(DOM)及浏览器对象模型(BOM)。

学习重点

- JavaScript常用对象
- BOM操作
- DOM操作

15.1 JavaScript常用对象

JavaScript对象是拥有属性和方法的数据。采用面向对象编程能够减轻编程人员的工作量，提高Web页面的设计效率。JavaScript的对象可以分为以下4类。

(1) 本地对象。ECMA-262把本地对象定义为“独立于宿主环境的ECMAScript实现提供的对象”。简单来说，本地对象就是ECMA-262定义的类(引用类型)，包括Object、Function、Array、String、Boolean、Number、Date、RegExp、Error、EvalError、RangeError、ReferenceError、SyntaxError、TypeError、URIError等。这些对象独立于宿主环境，先定义对象，实例化后再通过对象名来使用。

(2) 内置对象。由ECMAScript实现提供的、不依赖于宿主环境的对象，在ECMAScript运行之前就已经创建好的对象就称为内置对象。这意味着开发者不必明确实例化内置对象，因为它已被实例化了。ECMA-262只定义了两个内置对象，即Global和Math。Global是全局对象，全局对象只是一个对象，而不是类。它既没有构造函数，也无法实例化一个新的全局对象。如isNam()、isFinite()、parseFloat()等，都是Global对象的方法。Math对象可直接使用，如Math.Random()、Math.round(20.5)等。

(3) 宿主对象。ECMAScript实现的宿主环境提供的对象。所有BOM和DOM对象都是宿主对象，通过它可以与文档和浏览器环境进行交互，如document、window和frames等。

(4) 自定义对象。根据程序设计需要，由编程人员自行定义的对象。例如，给定一个person对象，它有4个属性分别是firstName、lastName、age、eyeColor，同时给属性赋值。定义代码格式如下：

```
var person=new Object();                    /*这是一种方法*/
person.firstname="Bill";
person.lastname="Gates";
person.age=56;
person.eyecolor="blue";
var person={firstName: "John", lastName: "Doe", age:50, eyeColor: "blue"};      /*另一种方法*/
```

在面向对象编程过程中，所有对象都必须先定义再实例化，然后才能使用。使用new运算符来创建对象，例如，“var obj=new Object();”。定义后使用对象的方法是“对象名称.方法名( );”，访问对象属性的方法是“对象名称.属性名”。JavaScript中包含了一些常用的对象，如Array、Boolean、Date、Math、Number、String、Object等。这些对象常用在客户端和服务器端的JavaScript中。

15.1.1 Array对象

Array对象用于在单个的变量中存储多个相同类型的值，其值可以是字符串、数值型、布尔型等，但由于JavaScript是弱类型的脚本语句，因此数组元素也可以不一致。

通过声明一个数组，将相关的数据存入数组，使用循环等结构对数组中的每个元素进行操作。

1. 创建Array对象

【基本语法】

```
var stu1=new Array();
var stu2=new Array(size);
var stu3=new Array(element0, element1,...,elementN);
```

【语法说明】

以上语法中，参数size定义数组元素的个数。返回数组的长度sth2.length等于size。参数element0,...,elementN是参数列表，当使用这些参数来调用构造函数Array()时，新创建的数组的元素就会被初始化为这些值。

2. 数组的返回值

【基本语法】

```
var stu = [stu1, stu2, stu3, ...]
```

【语法说明】

数组变量stu1、stu2、stu3返回新创建并被初始化了的数组。如果调用构造函数Array()时没有使用参数，那么返回的数组为空，数组的length为0。当调用构造函数时只传给它一个数字参数，该构造函数将返回具有指定个数、元素为undefined的数组。当其他参数调用Array()时，该构造函数将用参数指定的值初始化数组。当把构造函数作为函数调用，不使用new运算符时，它的行为与使用new运算符调用它时的行为完全一样。

3. 数组元素初始化与修改指定数组元素

如果数组没有初始化，即是空数组时，可以使用循环给数组进行赋值，也可以一一赋值。例如，stu[i] = 表达式，i为0和course.length-1之间的数字，也称为数组的下标。如果数组下标超出了数组的边界，则返回值为undefined。可用赋值的方式来修改数组对应位置的元素，代码如下：

```
var stu = new Array()                    /*首先定义数组*/
stu[0] = "张三";                          /*给数组元素赋值*/
stu[1] = "李四";                          /*给数组元素赋值*/
var len=stu.length                       /*len的值为2*/
stu[1] = "王二";                          /*修改数组中的第2个元素*/
```

4. 数组对象的属性和方法

Array对象的长度可以通过length属性值来获取。Array对象常用的方法及说明如表15-1所示。

表15-1 Array对象常用的方法及说明

方法	说明
join(分隔符)	将数组的所有元素放入一个字符串，元素通过指定的分隔符进行分隔
pop()	删除并返回数组的最后一个元素
push(新元素)	向数组的末尾添加一个或更多元素
shift()	删除并返回数组的一个元素
unshift(新元素)	向数组的开头添加一个或更多元素，并返回新的长度
sort()	对数组的元素进行排序
reverse()	颠倒数组中元素的顺序
splice()	删除元素，并向数组添加新元素
slice()	从某个已有的数组返回选定的元素
toString()	把数组转换为字符串，并返回结果
toLocaleString()	把数组转换为本地数组，并返回结果
concat()	连接两个或更多的数组，并返回结果

【扩展示例】

【例15-1】编写一段网页代码，在代码中演示数组属性和方法的应用(扫码可查阅完整代码和示例效果)。

15.1.2 Date对象

JavaScript脚本核心对象Date用于处理日期和时间。

1. 创建日期对象

【基本语法】

```
var today=new Date();
var today=new Date(毫秒数);
var today=new Date(标准时间格式字符串);
var today=new Date(年,月,日,时,分,秒,毫秒);
```

根据以上创建方法可以用下列格式来定义日期对象。格式如下：

```
var today=new Date();                          //自动使用当前的日期和时间
var today=new Date(2000);                      //1970年1月1日，0时0分2秒
var today=new Date("Apr 15,2022 18:11:00");    //2022年4月15日18时11分0秒
var today=new Date(2022,3,18,11,56,28);        //2022年3月18日11时56分28秒
```

2. 日期对象的方法

日期对象中包含着丰富的信息，可以通过日期对象提供的一系列方法分项提取出年、月、日、时、分、秒等各种信息。Date对象常用的方法及说明如表15-2所示。

表15-2　Date对象常用的方法及说明

方法	说明
getDate()	从Date对象返回一个月中的某一天(1~31)
getDay()	从Date对象返回一周中的某一天(0~6)
GetMonth()	从Date对象返回月份(0~11)
getFullYear()	从Date对象以4位数字返回年份
getHours()	返回Date对象的小时数(0~23)
getMinutes()	返回Date对象的分钟数(0~59)
getSeconds()	返回Date对象的秒数(0~59)
getMilliseconds()	返回Date对象的毫秒数(0~999)
getTime()	返回1970年1月1日至今的毫秒数

【示例代码】

【例15-2】编写一段网页代码，设计获取当前日期对象的年、月、日、时、分、秒，并以特定的格式显示(扫码可查阅完整代码)。示例效果如图15-1所示。

创建HTML5文档，在<body>标签中输入代码，定义一个日期对象now，代表了当前的日期时间。在下面的第5~10行调用对象now的相关方法，将该对象的年、月、日、小时、分钟、秒获取并显示在页面上。

```
<body>
    <h3>日期对象方法的应用</h3>
    <script type="text/javascript">
        var now =new Date();
        var y =now.getFullYear();
        var m =now.getMonth()+1;
        var d =now.getDate();
        var h =now.getHours();
        var mi =now.getMinutes();
        var s =now.getSeconds();
        if(m<10){m="0"+m;}
        if(d<10){d="0"+d;}
        if(h<10){h="0"+h;}
        if(mi<10){mi="0"+mi;}
        s=(s<10)?("0"+s):s;                    //if(s<10){s="0"+s;}
        var str =y+"年"+m+"月"+d+"日"+h+":"+mi+":"+s;
        document.write(str);
    </script>
</body>
```

图 15-1　在网页中显示当前系统日期和时间

【知识点滴】

日期中的1~12月用数字0~11表示；每周的星期日~星期六，用数字0~6表示。

3. 将日期转换为字符串

Date对象提供一些特有的方法可将日期转换为字符串，而不需要开发人员编写专门的函数去实现该功能，如表15-3所示。

表15-3　将日期转换成字符串的方法及说明

方法	说明
toString()	将Date对象转换为字符串
toLocaleString()	根据本地时间格式，将Date对象转换为字符串
toLocaleTimeString()	根据本地时间格式，将Date对象的时间部分转换为字符串
toLocaleDateString()	根据本地时间格式，将Date对象的日期部分转换为字符串

【示例代码】

【例15-3】编写一段网页代码，演示将日期转换成字符串的应用(扫码可查阅完整代码)。示例效果如图15-2所示。

```
<body>
    <h3>将日期转换为字符串</h3>
    <script type="text/javascript">
        var mydate=new Date();
        var msg="";
        msg+="当前日期字符串:"+mydate.toString()+"<br>";
        msg+="本地日期字符串:"+mydate.toLocaleString()+"
        <br>";document.write(msg);
</script>
</body>
```

图 15-2　将日期转换为字符串

以上代码的第4行定义了一个日期对象mydate，代表了当前的日期时间。第6和第7行分别调用日期对象转换为字符串的相关方法将mydate转换成字符串，并显示在页面中。

15.1.3　Math对象

Math对象拥有一系列的属性和方法，能够进行比基本算术运算更为复杂的运算。但Math对象所有的属性和方法都是静态的，并不能生成对象的实例，但能直接访问它的属性和方法。

1. Math的属性

Math的属性及说明如表15-4所示。

表15-4　Math的属性及说明

属性	说明
Math.E	返回算术常量e，即自然对数的底数(约等于2.718)
Math.LN2	返回2的自然对数(约等于0.693)
Math.LN10	返回10的自然对数(约等于2.302)
Math.LOG2E	返回2为底的e的对数(约等于1.414)
Math.LOG10E	返回以10为底的e的对数(约等于0.434)

(续表)

属性	说明
Math.PI	返回圆周率(约等于3.14159)
Math.sqrt1_2	返回2的平方根的倒数(约等于0.707)
Math.SQRT2	返回2的平方根(约等于1.414)

例如，计算圆的面积，圆周率可以用Math.PI代替：

```
var radius = 18;
var area = Math.PI*radius*radius;
```

2. Math的方法

Math的方法及说明如表15-5所示。

表15-5　Math的方法及说明

方法	说明
Math.ceil(x)	对数进行上舍入。返回大于或等于x，并且与x接近的整数
Math.floor(x)	对数进行下舍入。返回小于或等于x，并且与x接近的整数
Math.round(x)	将数四舍五入为最接近的整数
Math.random()	返回0和1之间的随机数
Math.max(x,y)	返回x和y中的最大值
Math.min(x,y)	返回x和y中的最小值
Math.sqrt(x)	返回数的平方根
Math.exp(x)	返回e的指数
Math.pow(x,y)	返回x的y次幂
Math.log(x)	返回数的自然对数(底为e)

Math对象提供很多方法用于基本运算，这些基本运算能够满足Web应用程序的要求。例如，在JavaScript脚本中，可以用Math对象的random()方法生成0~1的随机数(用户可以扫描右侧的二维码观看相关实例)。

15.1.4　Number对象

使用强制类型转换函数Number(value)可以把给定的值转换成数字(可以是整数或浮点数)。Number()的强制类型转换与parseInt()和parseFloat()方法的处理方式相似，只是它转换的是整个值，而不是部分值。

```
var ss=Number(false) ;                    //返回值为0
var ss=Number(true) ;                     //返回值为1
var ss=Number(null) ;                     //返回值为0
var ss=Number(10) ;                       //返回值为10
var ss=Number("8.8 ") ;                   //返回值为8.8
var ss=Number("99 ") ;                    //返回值为99
var ss=Number(undefined) ;                //返回值为NaN
var ss=Number("6.7.8 ") ;                 //返回值为NaN
var ss=Number(new Object()) ;             //返回值为NaN
```

15.1.5 String对象

String对象是与原始字符串数据类型相对应的JavaScript本地对象，属于JavaScript核心对象之一，主要提供诸多方法实现字符串检查、抽取子串、字符串连接、字符串分割等字符串相关操作，可以通过以下方式生成String对象。例如：

```
var s1 = "hello,world";
var s2 = "new String("hello,world")";
```

此外，强制类型转换String(value)可以将给定的值转换为字符串。

```
var s1=String("999");                              //返回值为字符串999
var s1=String("abcd");                             //返回值为字符串abcd
var s1=String("false");                            //返回值为字符串false
var s1=String("true");                             //返回值为字符串true
var s1=String("null");                             //返回值为字符串null
var s1=new Array("100","200",300);alert(String(s1));    //返回值为100,200,300
var s1=String(new Object());                       //返回值为字符串[object,Object]
```

1. 获取String对象长度

String对象常用的属性有length，用于返回目标字符串中字符的数目，例如：

```
var s1 = "hello,world";
var len = s1.length;                  //s1.length返回11，s1所指向的字符串有11个字符
```

2. 连接两个字符串

String对象的concat()方法能将作为参数传入的字符串加入调用该方法的字符串末尾，并将结果返回给新的字符串，例如：

```
var targetString=new String("Welcome to");
var strToBeAdded=new String("the world");
var finalString=targetString.concat(strToBeAdded);
```

3. 将字符串分割为字符串数组

使用split()方法可以将字符串分割为字符串数组。例如，“How is the world today？”中的5个单词之间都用空格间隔，可以将这个字符串按照空格分成5个字符串。

```
<script type="text/javascript">
    var str1 = "How is the world today?";
    var subarray =str1.split(" ");                    //subarray是一个数组
    for(var i=0;i<subarray.length;i++)
    {
        document.write(subarray [i]);
        document.write("<br>");
    }
</script>
```

split()方法的返回值是字符串数组。可以用Array对象的方法访问字符串数组中的元素。split()方法的分割方法还有很多，例如：

```
var sub1 = str1.split("");      //将字符串按字符分割，返回数组["H","o","w",…]
var sub2 = str1,solit("o");     //将字符串按字符o分割，返回数组["H","w is the w","rld","t","day?"]
```

4. 改变字符串显示风格

String对象还提供了可以改变字符串在Web页面中的显示风格的方法，如表15-6所示。

表15-6　改变字符串显示风格的方法及说明

方法	说明	方法	说明
blink()	显示闪动字符串	big()	使用大字号显示字符串
bold()	使用粗体显示字符串	small()	使用小字号显示字符串
fontcolor()	使用指定的颜色显示字符串	strike()	使用删除线显示字符串
fontsize()	使用指定的尺寸显示字符串	sub()	将字符串显示为下标
italics()	使用斜体显示字符串	sup()	将字符串显示为上标

【扩展示例】

【例15-4】编写一段网页代码，使用Math对象产生任意10个随机整数(扫码可查阅完整代码和示例效果)。

5. 字符串的大小写转换

字符串对象提供了字符串中的字符大小写相互转换的方法，具体如表15-7所示。

表15-7　字符串大小写转换的方法说明

方法	说明
toLowerCase()	将字符串转换为小写
toUpperCase()	将字符串转换为大写

15.1.6　Boolean对象

Boolean对象是对应于原始逻辑数据类型的本地对象，它具有原始的Boolean值，只有true和false两个状态。在JavaScript脚本中，1代表true状态，0表示false状态。

【基本语法】

创建Boolean对象时可以使用以下语句。

```
var boolean1 = new Boolean(value);              //构造方法
var boolean2 = Boolean(value);                  //转换函数
```

【语法说明】

第1句通过Boolean对象的构造函数创建对象的实例boolean1，并用以参数形式传入的value值将其初始化；第2句使用Boolean()函数创建Boolean对象的实例boolean2，并用以参数形式传入的value值将其初始化。

```
var b1 = Boolean("");                    //空字符串转换为false
var b2 = Boolean("hello");               //非空字符串转换为true
var b1 = Boolean(100);                   //非零数字转换为true
var b1 = Boolean(null);                  //null转换为false
var b1 = Boolean(0);                     //零转换为false
var b1 = Boolean(new object());          //对象转换为true
```

这里需要注意的是，若省略value参数，或设置为0、-0、null、" "、false、undefined或NaN，则该对象的值为false；否则为true(即使value参数是字符串"false")。

下面代码行可创建初始值为false的Boolean对象：

```
var myBoolean=new Boolean();
var myBoolean=new Boolean(0);
var myBoolean=new Boolean(null);
var myBoolean=new Boolean("");
var myBoolean=new Boolean(false);
var myBoolean=new Boolean(NaN);
```

下面代码行可创建初始值为true的Boolean对象：

```
var myBoolean=new Boolean(1);
var myBoolean=new Boolean(true);
var myBoolean=new Boolean("true");
var myBoolean=new Boolean("false");
var myBoolean=new Boolean("Bill Gates");
```

Boolean对象主要有3个方法，分别是toSource()、toString()及valueOf()方法。toSource()方法返回表示对象的源代码的字符串；toString()方法返回当前Boolean对象实例的字符串("true"或"false");valueOf()方法得到一个Boolean对象实例的原始Boolean值。

15.2 BOM

在实际应用中，常常使用JavaScript操作浏览器窗口以及窗口上的控件，从而实现用户和页面的动态交互功能。因而浏览器预定义了很多内置对象，这些对象都含有相应的属性和方法，开发人员可通过这些属性和方法控制浏览器窗口及其控件。客户端浏览器这些预定义的对象统称为浏览器对象，它们按照某种层次组织起来的模型统称为浏览器对象模型(Browser Object Model，BOM)。浏览器对象模型定义了浏览器对象的组成和相互关系，描述了浏览器对象的层次结构，是Web页面中内置对象的组织形式。

浏览器对象的模型如图15-3所示，从图中不仅可以看到浏览器对象的组成，还可以看到不同对象的层次关系：window对象是顶层对象，包含了document、history、location、navigator、screen及frame对象。这些对象都含有若干属性和方法，使用这些属性和方法可以操作Web浏览器窗口中的不同对象，控制和访问HTML页面中的不同内容。

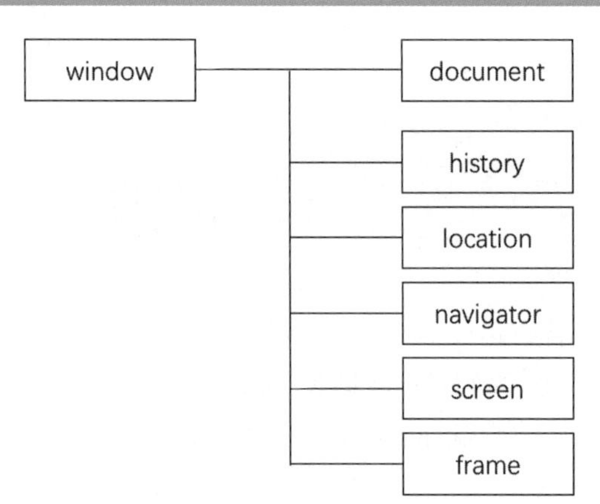

图 15-3　浏览器对象模型

15.2.1　window对象

window对象位于浏览器对象模型的顶层，是document、frame、location等其他对象的父类。在实际应用中，只要打开浏览器，无论是否存在页面，window对象都将被创建。由于window对象是所有对象的顶层对象，因此按照对象层次访问某一个对象时不必显式地注明window对象。

window对象内置了许多方法供用户操作，下面列出window对象最常用的方法，如表15-8所示。

表15-8　window对象的方法及说明

方法	说明
alert(message)	显示带有一段消息和一个确认按钮的警告框
confirm(question)	显示带有一段消息以及确认按钮和取消按钮的对话框
open(url,name,features,replace)	打开一个新的浏览器窗口或查找一个已命名的窗口
prompt("提示信息"，默认值)	显示可提示用户输入的对话框
blur()	将键盘焦点从顶层窗口移开
close()	关闭浏览器窗口
focus()	把键盘焦点给予一个窗口
setInterval(code,interval)	按照指定的周期(以毫秒计)来调用函数或计算表达式
setTimeout(code,delay)	在指定的毫秒数后调用函数或计算表达式
clearInterval(intervalID)	取消由setInterval()方法设置的timeout
clearTimeout(timeoutID)	取消由setTimeout()方法设置的timeout

【扩展示例】

【例15-5】编写一段网页代码，在代码中演示使用window对象的定时器方法实现div内字符串的移动(扫码可查阅完整代码和示例效果)。

15.2.2　navigator对象

navigator对象用于获取用户浏览器的相关信息。该对象是以Netscape Navigator命名的，在Navigator和Internet Explorer中都得到了支持。navigator对象包含若干属性，主要用于描述浏览器的信息，但不同的浏览器所支持的navigator对象的属性也是不同的，常用的属性如表15-9所示。

表15-9　navigator对象的属性及说明

属性	说明
appName	返回浏览器的名称
appVersion	返回浏览器的平台和版本信息
platform	返回运行浏览器的操作系统平台
systemLanguage	返回操作系统使用的默认语言
userAgent	返回由客户机发送服务器的user-agent头部的值
appCodeName	返回浏览器的代码名

navigator对象还支持一系列方法，与其属性一样，不同的浏览器支持的方法也不完全相同。常用的方法如表15-10所示。

表15-10　navigator对象的方法及说明

方法	说明
taintEnabled()	规定浏览器是否启用数据污点(data tainting)
javaEnabled()	规定浏览器是否启用Java
preference()	查询或者设置用户的优先级，该方法只能用在Navigator浏览器中
savePreference()	保存用户的优先级，该方法只能用在Navigator浏览器中

【扩展示例】

【例15-6】编写一段网页代码，在代码中演示navigator对象的应用(扫码可查阅完整代码和示例效果)。

15.2.3　screen对象

screen对象用于获取用户屏幕设置的相关信息，主要包括显示尺寸和可用颜色的数量信息。表15-11中给出了screen对象常用的属性，这些属性得到了各种浏览器的支持。

表15-11　screen对象的属性及说明

属性	说明	属性	说明
availWidth	返回可用的屏幕宽度	Height	返回显示屏幕的高度
availHeight	返回可用的屏幕高度	Width	返回显示平面的宽度

【扩展示例】

【例15-7】编写一段网页代码，在代码中演示screen对象的应用(扫码可查阅完整代码和示例效果)。

15.2.4　history对象

history对象表示窗口的浏览历史，并由window对象的history属性引用该窗口的history对象。history对象是一个数组，其中的元素存储了浏览历史中的URL，用于维护在Web浏览器的当前会话内所有曾经打开的历史文件列表。history对象有3个常用方法，具体说明如表15-12所示。

表15-12　history对象的方法及说明

方法	说明
forward()	加载history列表中的下一个URL
back()	加载history列表中的前一个URL
go(number|URL)	加载history列表中的某一个具体页面。URL参数指定要访问的URL；number参数指定要访问的URL在history的URL列表中的位置

history对象的方法与浏览器中的“后退”和“前进”按钮的功能一致。需要注意的是，如果没有使用过“后退”按钮或跳转菜单在历史记录中移动，而且JavaScript没有调用history.back()或history.go()方法，那么调用history.forward()方法不会产生任何效果，因为浏览器已经处在URL列表的尾部，没有可以前进访问的URL了。在实际应用中代码如下：

```
history.back()                    //与单击浏览器后退按钮执行的操作一致
history.go(-2)                    //与单击2次浏览器后退按钮执行的操作一致
history.forward()                 //等价于单击浏览器前进按钮或调用history.go(1)
```

15.2.5　location对象

location对象用于表示浏览器窗口中加载的当前文档的URL，其示意图如图15-4所示，该对象的属性对应说明了URL中的各个部分。

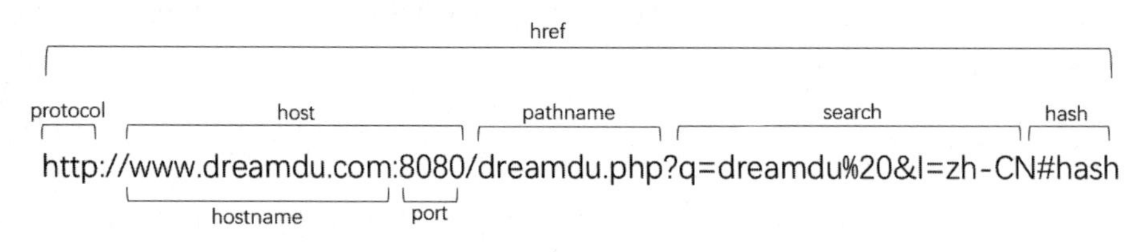

图 15-4　location 对象属性示意图

location对象的常用属性及说明如表15-13所示。

表15-13　location对象的属性及说明

属性	说明	属性	说明
hash	设置或返回从(#)开始的URL	port	设置或返回当前URL的端口号
href	设置或返回完整的URL	pathname	设置或返回当前URL的路径部分
hostname	设置或返回URL中的主机名	host	设置或返回URL的主机名和端口号组合
protocol	设置或返回当前URL的协议	search	设置或返回从(?)开始的URL(查询部分)

通过设置location对象的属性，可以修改对应的URL部分，并且一旦location对象的属

性发生变化，就相当于生成了一个新的URL，浏览器便会尝试打开新的URL。虽然可以通过改变location对象的任何属性加载新的页面，但是一般不建议这么做，正确的方法是修改location对象的href属性，将其设置为一个完整的URL地址，从而实现加载新页面的功能。

location对象和document对象的location属性是不同的，document对象的location属性是一个只读字符串，不具备location对象的任何特性，所以也不能通过修改document对象的location属性实现重新加载页面的功能。

location对象除了上面所述的属性以外，还具有3个常用的方法，用于实现对浏览器位置的控制。location对象的方法及说明如表15-14所示。

表15-14　location对象的方法及说明

方法	说明
reload()	重新加载当前文档
assign()	加载新的文档
replace()	用新的文档替换当前文档

实际应用中的代码如下：

```
location.assign("obj.html");                    //转到指定的URL资源
location.reload("obj.html");                    //加载指定的URL资源
location.replace("obj.html");                   //新的URL资源会替换当前的资源
```

【扩展示例】

【例15-8】编写一段网页代码，在代码中演示location对象的应用(扫码可查阅完整代码和示例效果)。

15.3　DOM

document对象是客户端JavaScript最为常用的对象之一，在浏览器对象模型中，它位于window对象的下一层。document对象包含一些简单的属性，提供了有关浏览器中显示文档的相关信息，如该文档的URL、字体颜色，修改日期等。另外，document对象还包含一些引用数组的属性，这些属性可以代表文档中的表单、图像、链接、锚以及applet。与其他对象一样，document对象还定义了一系列的方法，通过这些方法可以使JavaScript在解析文档时动态地将HTML文本添加到文档中。

正是因为document对象特有的重要性，所以从它出现开始，就在不停地扩展。遗憾的是，一开始document对象的扩展并没有统一的规范，不同的浏览器有不同的定义，而且彼此不兼容。为了解决不兼容带来的问题，万维网联盟(W3C)制定了一种规范，目的是创建一个通用的文档对象模型(Document Object Model，DOM)，得到所有浏览器的支持。

DOM也是一个发展中的标准，它指定了JavaScript等脚本语言访问和操作HTML或者XML文档各个结构的方法，随着技术的发展和需求的变化，DOM中的对象、属性和方法也在不断地变化。

DOM的设计是以对象管理组织(Object Management Group，OMG)的规约为基础的，因此可以用于任何编程语言。最初人们认为它是一种让JavaScript在浏览器间进行移植的方法，不过DOM的应用已经远远超出这个范围。DOM技术使得用户页面可以动态地变化，如可以动态地显示或隐藏一个元素、改变元素的属性、增加一个元素等。DOM技术使得页面的交互性大大增强。

15.3.1 DOM节点树

DOM定义了访问和操作HTML文档的标准方法。DOM将HTML文档表达为树结构，如图15-5所示。HTML文档结构就像一棵倒置的树，其中<html>标记就是树的根节点，<head>、<body>是树的两个子节点。这种描述页面标记关系的树形结构称为DOM节点树(文档树)。

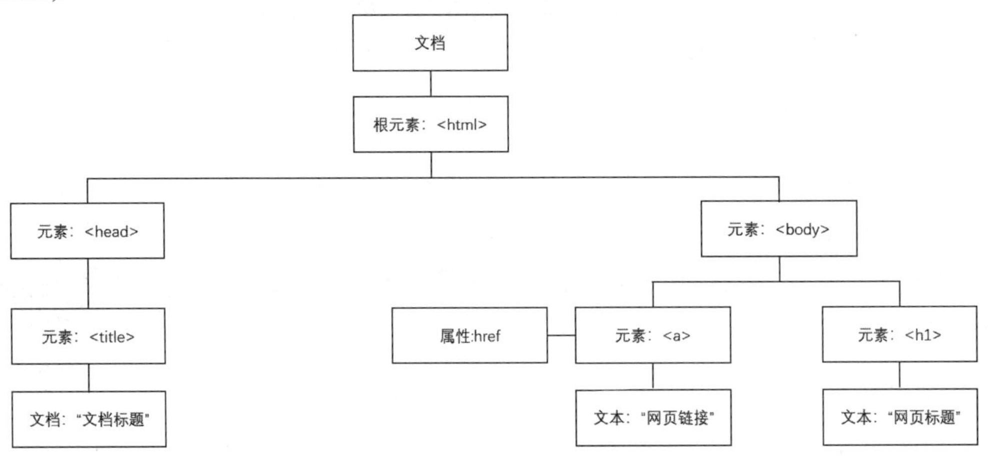

图 15-5　DOM 节点树

【扩展示例】

【例15-9】编写一段网页代码，在代码中编写DOM节点树对应的HTML文档(扫码可查阅完整代码)。

15.3.2 DOM节点

根据HTML DOM规范，HTML文档中的每个成分都是一个节点。具体规定如下。

- 每一个文档都是一个文档节点。
- 每个HTML标记是一个元素节点。
- 包含在HTML元素中的文本是文本节点。
- 每一个HTML属性是一个属性节点。
- 注释属于注释节点。

通过document对象的documentElement属性可以获得整个DOM节点树上的任何一个元

素，例如：

```
var root=document.documentElement;                    //获取根节点
```

通过节点的firstChild和lastChild属性来获得它的第一个和最后一个子节点。DOM规定一个页面只有一个根节点，根节点没有父节点，除此之外，指定节点可以通过parentNode属性获得自己的父节点，例如：

```
document.write(root.firstChild.nodeName);             //输出head
document.write(root.lastChild.nodeName);              //输出body
var parentNode=bNode.parentNode;                      //parentNode属性
```

同一父节点下位于同一层次的节点称为“兄弟节点”，一个子节点的前一个节点可以用previousSibling属性获取，对应的后一个节点可以用nextSibling属性获取。在DOM节点树图中，head节点下的子节点title节点和script节点就互为“兄弟节点”。从DOM树中可以看出根节点没有父节点，而最末端的节点没有子节点。不同节点对应的HTML元素是不同的，因此节点有不同类型。文档树中每个节点对象都有nodeType属性，该属性返回节点的类型，常用的节点类型及其说明如表15-15所示。

```
var nodeList=root.childNodes;
document.write(nodeList[0].nextSibling.nodeName);          //输出body
document.write(nodeList[1].previousSibling.nodeName);      //输出head
```

表15-15 常用节点类型及说明

节点类型	nodeType值	说明
Element	1	元素节点，表示文档中的HTML元素
Attr	2	属性节点，表示文档中HTML元素的属性
Text	3	文本节点，表示文档中的文本内容
Comment	8	注释节点，表示文档中的注释内容
Document	9	文档节点，表示当前文档

从上表中可以看出，若某个节点的nodeType的值为9，则说明该节点对象为一个Document对象，若某个节点的nodeType值为1，则说明节点对象为一个Element对象。不同类型的节点还可以包含其他类型的节点，相互连接在一起就构成了一个完整的树形结构。对于大多数HTML文档来说，元素节点、文本节点及属性节点是必不可少的。

1. 元素节点(Element Node)

元素节点构成了DOM基础。在文档结构中，<html>、<head>、<body>、<h1>、<p>和<ul>等标记都是元素节点。各种标记提供了元素的名称，如文本段落元素的名称是p，无序列表元素的名称是ul。元素可以包含其他元素，也可以被其他元素包含。图15-5显示这种包含与被包含关系，html元素没有被其他元素包含，因为它是根元素，代表整个文档。

2. 文本节点(Text Node)

元素节点只是节点树中的一种类型，如果文档完全由一些空白元素组成，那么这份文档本身将不包含任何信息，因此文档结构也就失去了存在的价值。在HTML文档中，文本节点包含在元素节点内，如h1、p、li等节点就可以包含一些文本节点。

3. 属性节点(Attribute Node)

元素一般都会包含一些属性，属性的作用是对元素做出更具体的描述。例如，一般元素都有title属性，该属性能够对元素进行详细的描述或说明，以便用户了解该元素的用途、作用或功能，示例如下：

```
<img src="image_1.png" title="图片1" />
```

在上面的示例中，img标记内title就是一个属性节点，由于属性节点总是被放在起始标记内，所以属性节点总是被包含在元素节点当中，可以通过元素节点对象调用getAttribute()方法来获取属性节点。

15.3.3 DOM节点访问

访问节点的方式有很多种，可通过document对象的方法来访问节点，也可以通过元素节点的属性来访问节点。

【示例代码】

【例15-10】编写一段网页代码，在代码中编写DOM节点访问的应用(扫码可查阅完整代码)。示例效果如图15-6所示。

```
<!doctype html>
<html>
<head>
<meta charset="utf-8">
<title>DOM节点访问</title>
<script type="text/javascript">
    function validate()     {//用户登录时的校验处理代码}
</script>
</head>
<body>
    <form method="post" action="" name="my_form">
        <fieldset style="width: 300px;height: 120px;text-align: center; background: #B3F88D">
            <legend align="center">网站登录</legend>
            用户名称：<input type="text" name="username" id="username"><br>
            输入密码：<input type="password" name="password" id="password"><br>
            电子邮箱：<input type="text" name="email" id="email"><br>
            <input type="button" value="登录" onClick="validate();">
            <input type="reset">
        </fieldset>
    </form>
</body>
</html>
```

图 15-6　网页效果

若要对上例中的“用户名称”文本输入框、“输入密码”文本输入框及“电子邮箱”文本输入框进行访问，可以通过以下几种方式。

1. 通过getElementById()方法访问节点

使用document对象的getElementById()方法可以访问页面中的节点，该方法在使用时必须指定一个目标元素的id作为参数。

【基本语法】

```
var s=document.getElementById(id);                    //调用时参数需要加双引号
```

【知识点滴】

在使用以上方法时需要注意以下两点。

- id为必选项，对应于页面元素属性id的属性值，类型为字符串型。在页面设计时最好给每一个需要交互的元素设定一个唯一的id，以便查找。
- 该方法返回的是一个页面元素的引用，若页面上出现了不同元素使用了同一个id，则该方法返回的只是第一个找到的页面元素；若给定的id没有找到对应的元素，则返回null。

通过此方法可以编写一个通过id获取HTML文档上元素的通用方法$(id)。

```
function $(id) {return document.getElementById(id);}        //调用时参数需要加双引号
```

对例15-10编写的脚本做一些修改，当用户输入用户名称、密码及电子邮箱后，单击“登录”按钮。触发该按钮的单击事件，调用其绑定的事件处理函数validate()，通过警告信息框显示用户输入的用户名称、密码及邮箱等信息，如图15-7所示。

```
<script type="text/javascript">
    function $(id){return document.getElementById(id);}
    function validate()
    {
        var msg ="用户名称为:"
        var username = $("username").value;
        var psw = $("password").value;
        var email= $("email").value;
        msg=msg+username+"\n密码为:"+psw+"\n电子邮箱地址为:"+email;
        alert(msg);                          //输出
    }
</script>
```

图 15-7 警告提示

2. 通过getElementsByName()方法访问节点

除通过元素id可以获取对象外，还可以通过元素的名字来访问。

【基本语法】

```
var s=document.getElementsByName("name");
```

【知识点滴】

在使用以上方法时需要注意以下两点。

- name为必选项，对应于页面元素属性name的属性值，类型为字符串型。该方法调用时返回的是一个数组，即使对应于该名称的元素只有一个。
- 若指定名字在页面中没有相应的元素存在，则返回一个长度为0的数组，程序中可以通过判断数组的length数值是否为0，判断是否找到了对应的元素。

通过此方法可以编写一个通过name获取HTML文档上的一组元素的通用方法$name(name)，此函数返回一个对象数组。

```
function $name(name){return document.getElementsByName(name);}    //调用时参数需要加双引号
```

若将JavaScript程序中的getElementById()方法替换成getElementsByName()方法来获取用户名称、密码及电子邮箱地址，则脚本需要做以下修改：

```
<script type="text/javascript">
    function $name(name){return document.getElementsByClassName(name);}
    function validate() {
        var msg ="用户名称为:"
        var username=$name("username")[0].value;        //获取用户名称
        var psw=$name("password")[0].value;             //获取密码
        var email=$name("email")[0].value;              //获取电子邮箱
        msg=msg+username+"\n密码为:"+psw+"\n电子邮箱地址为:"+email;
        alert(msg);                                      //输出
    }
</script>
```

3. 通过getElementsByTagName()方法访问节点

除了通过元素的id和name可以获取对应的元素以外，还可以通过标记名称获取页面上所有同类的元素，如表单中的所有input元素。

【基本语法】

```
var s=document.getElementsByTagName(tagname);
```

【知识点滴】

在使用以上方法时需要注意以下两点。

- tagname为必选项，对应于页面元素的类型，为字符串型的数据。该方法调用时返回的是一个数组，即使页面中对应于该类型的元素只有一个。
- 通过判断数组的length属性值来获取页面上该类型元素的个数。

通过此方法可以编写一个通过tagname获取HTML文档中的一组元素的通用方法$tag(tagname)，此函数返回一个对象数组。

```
function $tag(tagname){return document.getElementsByTagName(tagname);}    //调用时参数需要加双引号
```

若要在JavaScript程序中用getElementsByTagName方法来获取用户名、密码和电子邮

箱地址，则脚本代码需要做以下修改：

```
<script type="text/javascript">
    function $tag(tagname){return document.getElementsByTagName(tagname);}
    function validate() {
        var msg ="用户名称为:"
        var username=$tag("input")[0].value;            //获取用户名称
        var psw=$tag("input")[1].value;                 //获取密码
        var email=$tag("input")[2].value;               //获取电子邮箱
        msg=msg+username+"\n密码为:"+psw+"\n电子邮箱地址为:"+email;
        alert(msg);                                      //输出
}
</script>
```

15.3.4 DOM节点操作

DOM的应用非常广泛，如可以通过document对象实现表格的动态添加和删除，也可以通过document对象替换文本节点的内容等。

1. 创建和修改节点

document对象有很多创建和修改不同类型节点的方法，常用方法如表15-16所示。

表15-16 创建和修改节点的方法和说明

方法	说明
createElement(tagname)	创建标记名为tagname的节点
createTextNode(text)	创建包含文本text的文本节点
createDocumentFragment()	创建文档碎片
createAttribute()	创建属性节点
createComment(text)	创建注释节点
removeChild(node)	删除一个名为node的子节点
appendChild(node)	添加一个名为node的子节点
insertBefore(nodeB,nodeA)	在名为nodeA的节点前插入一个名为nodeB的节点
replaceChild(nodeB,nodeA)	用一个名为nodeB的节点替换另一个名为nodeA的节点
cloneNode(boolean)	克隆一个节点，它接收一个boolean参数，为true时表示该节点带文字；为false时表示该节点不带文字

假设要在一个HTML页面中添加一个<p>节点，<p>节点内的文本内容是“Hello World！”，在此可以使用createElement()、createTextNode()及appendChild()方法来实现。

【扩展示例】

【例15-11】编写一段网页代码，在代码中演示运用document对象在页面中创建文本节点(扫码可查阅完整代码和示例效果)。

2. 节点的innerTetx和innerHTML属性

在DOM中有两个很重要的属性，分别是innerText和innerHTML，通过这两个属性可以更方便地进行文档操作。

innerText属性用于修改起始标记和结束标记之间的文本。例如，如果有个空的<div>节点，需要在该<div>设置文本内容为“世界你好！”，则按照前面的介绍，代码需要这样编写：

```
oDiv.appendChild(document.createTextNode("世界你好！"));
```

如果使用innerText，代码就可以这样编写：

```
oDiv.innerText="世界你好！";
```

使用innerText，代码更加简洁，并且更加容易理解。另外，innerText会自动将小于号、大于号、引号和&符号进行HTML编码，所以不需要担心这些特殊字符。

innerHTML属性可以直接给元素分配HTML字符串，而不需要考虑使用DOM的方法来创建元素。例如，为空的<div>节点创建<strong>子节点，运用DOM方法创建的代码如下：

```
var strong1 =document.createElement("strong");
var otext =document.createTextNode("Hello World!");
strong1.appendChild(otext);
oDiv.appendChild(strong1);
```

若使用innerHTML属性，代码则需要变为：

```
oDiv.innerHTML="<strong> Hello World!</strong>";
```

此外，还可以使用innerText属性和innerHTML属性获取元素的内容。若元素只包含文本，则innerText和innerHTML返回相同的值。但是，若同时包含文本和其他元素，innerText将只返回文本的内容，而innerHTML则将返回所有元素和文本的HTML代码。

【扩展示例】

【例15-12】编写一段网页代码，在代码中演示document对象的innerText和innerHTML属性的应用(扫码可查阅完整代码和示例效果)。

3. 获取和设置指定元素属性

在DOM中，若需要动态获取及设置节点属性，可通过getAttribute()方法和setAttribute()方法来处理，具体使用说明如表15-17所示。

表15-17　获取和设置节点属性的方法及说明

方法	说明
getAttribute(name)	该方法用于获取元素指定属性的值。参数name为字符串，表示属性的名称
setAttribute(name,value)	该方法用于设置元素指定的值。参数name为字符串，表示要设置的属性的名称；参数value为字符串，表示属性的值

【扩展示例】

【例15-13】编写一段网页代码，在代码中演示DOM节点属性的获取和设置方法(扫码可查阅完整代码和示例效果)。

第16章 Bootstrap基础

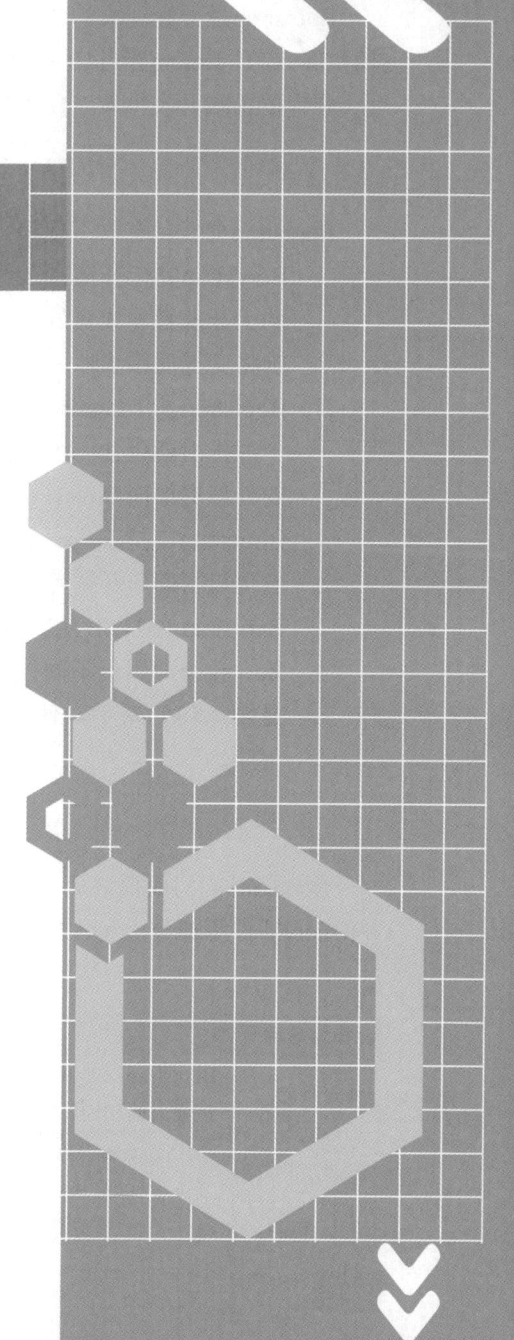

内容简介

Bootstrap是目前最受欢迎的前端框架，它能够最大程度地降低Web前端开发的难度，因此深受广大Web前端开发人员的喜爱。Bootstrap框架功能强大，能用最少的代码实现最多的功能。对最新的Bootstrap的学习，也是Web前端设计师的必修功课。

学习重点

- Bootstrap的下载与安装
- Bootstrap的布局基础
- Bootstrap的文件结构
- Bootstrap的网格系统
- Bootstrap的页面排版

16.1 Bootstrap概述

Bootstrap是一个简洁、直观、功能强大的Web前端开发框架，它集成了HTML、CSS和JavaScript技术，为网页的快速开发提供了包括布局、网格、按钮、表单、导航、提示、分页、表格等组件。用户只要遵循其标准，即便没有学习过网页设计，也能制作出专业、美观的页面，从而极大地降低了Web前端开发的门槛，提高了工作效率。

16.1.1 什么是Bootstrap

Bootstrap是一套现成的CSS样式集合，由美国Twitter公司的设计师Mark Otto(马克・奥托)和Jacob Thornton(雅各布・桑顿)合作开发，是基于HTML、CSS、JavaScript的简洁、直观、强悍的前端开发框架。用户使用Bootstrap可以高效、简单地构建网页和网站。

16.1.2 Bootstrap的优势

Bootstrap框架具有以下优势。

- Bootstrap完全开源，久经考验，其代码有着良好的代码规范。使用Bootstrap，有助于开发者养成良好的编码习惯。在Bootstrap的基础上创建项目，代码的后期维护将变得简单清晰。
- Bootstrap基于Less打造，并且也有Sass版本。Less和Sass是CSS的预处理技术，其一经推出就包含一个非常实用的Mixin库供开发者调用，可以使开发过程中对CSS的处理更加简单。
- Bootstrap支持响应式开发。Bootstrap响应式的网格系统(Grid System)非常好用，它可以帮助新开发者在非常短的时间内上手响应式布局的设计。
- Bootstrap的HTML组件和JavaScript组件非常丰富，并且代码简洁，易于修改。
- Bootstrap适用于不同技术水平的开发者，无论是设计师还是程序开发人员，或者是刚入门的新手，使用Bootstrap既能开发简单的小项目，也能构造复杂的应用程序。

16.1.3 Bootstrap的构成模块

Bootstrap的构成模块从大的方面可以分为页面布局、页面排版、通用样式、基本组件和jQuery插件等部分，其各自功能的简单介绍如表16-1所示。

表16-1 Bootstrap的构成模块

模块名称	功能说明
页面布局	Bootstrap在960栅格系统的基础上扩展出一套优秀的栅格布局，其在响应式布局中有非常强大的功能，能让栅格布局适应各种设备
页面排版	在Bootstrap中页面的排版都是从全局的概念出发，定制了主体文本、段落文本、强调文本、标题、Code风格、按钮、表单、表格等格式

(细胞)

模块名称	功能说明
通用样式	Bootstrap定义了通用样式类，包括边距、边框、颜色、对齐方式、阴影、浮动、显示与隐藏等，用户可以使用这些通用样式快速开发，无须再编写大量CSS样式
基本组件	基本组件是Bootstrap的重要功能之一，其中如按钮、下拉菜单、标签页、工具栏、工具提示等，都是Web前端开发者常用的交互组件。这些组件均配有jQuery插件，运用它们可以大幅度提升用户的交互体验
jQuery插件	Bootstrap中的jQuery插件主要用于帮助Web前端开发者实现与用户交互功能，例如： (1) 模态框(Modal)：在JavaScript模板基础上自定义弹出蒙版效果插件。 (2) 下拉菜单(Dropdown)：一款可以帮助实现下拉功能的插件，如下拉菜单/工具栏。 (3) 按钮(Button)：用于控制按钮的状态或更多组件功能，如复选框/单选按钮。 (4) 工具提示(Tooltip)：无须加载图片，即可动态显示存储的标题信息

目前使用较广的Bootstrap版本是Bootstrap 2、Bootstrap 3、Bootstrap 4和Bootstrap 5。本书将以Bootstrap 4为例来介绍Bootstrap的相关知识。

16.2　下载与安装

在使用Bootstrap之前，需要下载并安装Bootstrap。

16.2.1　下载Bootstrap

用户可以通过Bootstrap的官方网站下载Bootstrap，网址如下。

- 官方网站：http://getbootstrap.com
- 中文网站：http://www.bootcss.com

进入Bootstrap下载网站后，在页面的顶部可以选择需要下载的Bootstrap版本，如图16-1所示，选择合适的版本后，在打开的页面中单击网站提供的Bootstrap下载链接即可。

图 16-1　Bootstrap 官方下载页面

1. 下载源码版Bootstrap

在图16-1中单击“下载Bootstrap”按钮后，在打开的页面中单击图16-2所示的“下载Bootstrap源码”按钮，即可下载源码版Bootstrap压缩包，其中包含Bootstrap库中所有的源文件和参考文档。

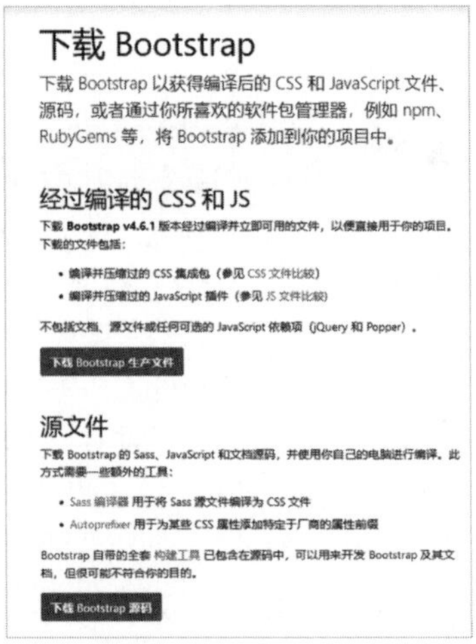

2. 下载编译版Bootstrap

如果用户需要快速使用Bootstrap，可以在图16-2所示的下载页面中单击“下载Bootstrap生产文件”按钮，直接下载经过编译、压缩后的发布版。编译版的Bootstrap文件仅包括CSS文件和JavaScript文件，Bootstrap中删除了字体图标文件。用户直接复制压缩包中的文件到网站目录，导入相应的CSS文件和JavaScript文件，即可在网站和页面中应用Bootstrap。

图 16-2　下载 Bootstrap

16.2.2　安装Bootstrap

成功下载Bootstrap压缩包后，就可以安装并使用Bootstrap了。下面介绍本地安装和在线安装两种安装Bootstrap的方法。

1. 本地安装

Bootstrap首先为移动设备优化代码，然后用CSS媒体查询来扩展组件。为了确保所有设备的渲染和触摸效果，必须在网页的<head>标签中添加响应式的视图标签，代码如下：

```
<meta name="viewport" content="width=device-width, initial-scale=1, shrink-to-fit=no">
```

接下来安装Bootstrap，需要两个步骤。

步骤1：安装Bootstrap的基本样式，在<head>标签中，使用<link>标签调用CSS样式，这是常见的一种调用方法。另外还需要一个viewportmeta标记来进行适当的响应。

```
<head>
    <meta name="viewport" content="width=device-width, initial-scale=1, shrink-to-fit=no">
    <link rel="stylesheet" href="bootstrap-4.6.1/dist/css/bootstrap.css">
    <link rel="stylesheet" href="css/style.css">
</head>
```

其中，Bootstrap.css是Bootstrap的基本样式，style.css是项目自定义的样式。

这里需要注意的是：调用必须遵从先手顺序，style.css是项目中的自定义样式，用于覆盖Bootstrap中的一些默认设置，以便于开发者定制本地样式，所以必须在bootstrap.css文件后面引用。

步骤2：CSS样式安装完成后，开始安装Bootstrap.js文件。按照与CSS样式相似的引入方式，将Bootstrap.js和jquery.js引入页面代码中即可。

```
<body>
<!--页面内容-->
    <script src="jquery.js"></script>
    <script src="Popper.js"></script>
    <script src="bootstrap-4.6.1/dist/js/bootstrap.js"></script>
</body>
```

其中，jquery.js是jQuery库基础文件；Popper.js是一些Bootstrap插件依赖的文件，如弹窗插件、工具提示插件、下拉菜单插件等；bootstrap.js是Bootstrap的jQuery插件的源文件。JavaScript脚本文件建议置于文档尾部，即放置在</body>标签的前面。

2. 在线安装

Bootstrap官方网站为Bootstrap构建了CDN加速服务，访问速度快，加速效果明显。用户可以在文档中使用以下代码直接引用。

```
<!--Bootstrap核心CSS文件-->
<link rel="stylesheet" href="https://stackpath.bootstrapcdn.com/bootstrap/4.6.1/css/bootstrap.min.css">
<!--jQuery文件，务必在bootstrap.min.js之前引入-->
<script src="https//code.jquery.com/jquery-4.6.1.slim.min.js"></script>
<!--popper.min.js用于弹窗、提示框、下拉菜单-->
<script src="https://cdnjs.cloudflare.com/ajax/libs/popper.js/2.6.0/umd/popper.min.js"></script>
<!--Bootstrap核心JavaScript文件-->
<script src="https://stackpath.bootstrapcdn.com/bootstrap/4.6.1/js/bootstrap.min.js"></script>
```

也可以使用另外一些CDN加速服务，如BootCDN为Bootstrap提供的免费CDN加速器。使用CDN提供的链接即可引入Bootstrap文件。

```
<!--Bootstrap核心CSS文件-->
https://cdn.bootcss.com/twitter-bootstrap/4.6.1/css/bootstrap.min.css
<!--Bootstrap核心JavaScript文件-->
https://cdn.bootcss.com/twitter-bootstrap/4.6.1/js/bootstrap.min.js
```

16.3 开发工具

Layoutit是一个在线工具，它可以简单而快速地搭建Bootstrap响应式布局。由于其操作基本是通过拖动方式来完成，元素都是基于Bootstrap框架集成，因此这款工具很适合网页设计师和前端开发人员使用。工具界面如图16-3左图所示。

IBootsrap也是一个在线工具，它和Layoutit类似。IBootsrap适配了多种浏览器，同时可以简单可视化编辑和生成，并有基本的布局设置、基本的CSS布局、工具组件和JavaScript工具，操作基本采用拖动方式来完成。工具界面如图16-3右图所示。

Layoutit 工具

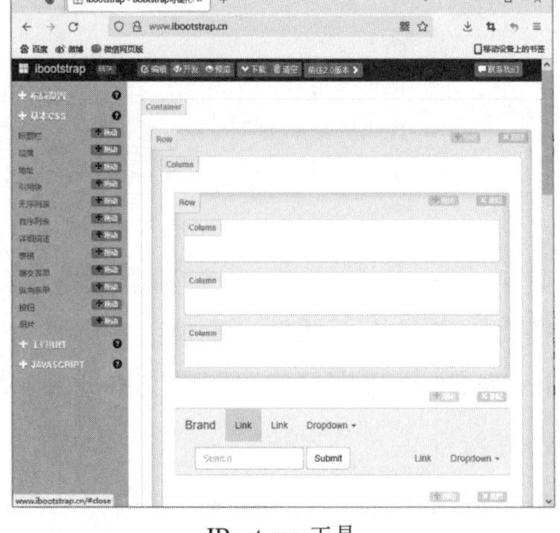

IBootsrap 工具

图 16-3　工具界面

16.4　基本架构

Bootstrap的网格系统提供了一套响应式的布局解决方案，可以根据屏幕大小使相应的类生效，这样能够更好地适配不同的设备。下面将主要介绍Bootstrap的文件结构、布局基础、网格系统、布局工具类等知识。

16.4.1　文件结构

下载Bootstrap压缩包并将其解压缩后，就可以看到压缩包中包含的Bootstrap文件结构，Bootstrap提供了编译和压缩两个版本的文件。下面针对不同版本的文件结构进行简单的介绍。

1. 源码版Bootstrap文件结构

如果下载源码版Bootstrap，解压Bootstrap(版本号).zip文件，就可以看到其中包含的所有文件。Bootstrap源码版中包含了预编译的CSS和JavaScript资源，以及源scss、JavaScript、例子和文档，其核心结构如图16-4所示，其他文件则是对整个Bootstrap开发、编译提供支持的文件及授权信息、支持文档。

在图16-4所示的核心结构中，scss/和js/目录下放置的是CSS 和 JavaScript 源码。dist/目录下放置的是预编译的文件，site/docs/ 目录放置的是文档源码，examples/目录下放置的是 Bootstrap 的用法示例。除了这些，其他文件夹中还有Bootstrap 安装包的定义文件、许可证文件和编译脚本等。

2. 译码版Bootstrap文件结构

如果用户下载编译版Bootstrap，解压bootstrap-4.6.1-dist.zip文件可以看到该压缩包中包含的所有文件，如图16-5所示。

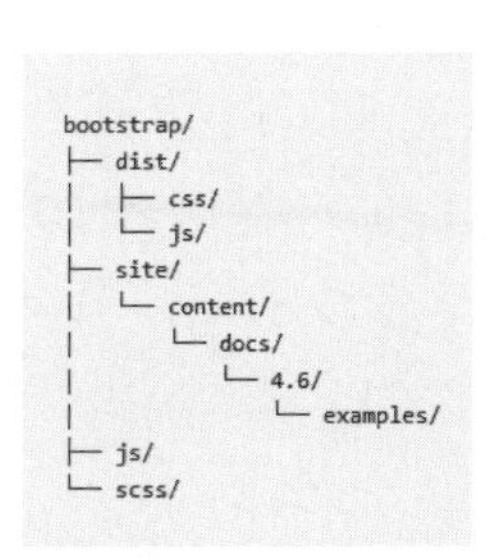

图 16-4　源码版 Bootstrap 文件结构

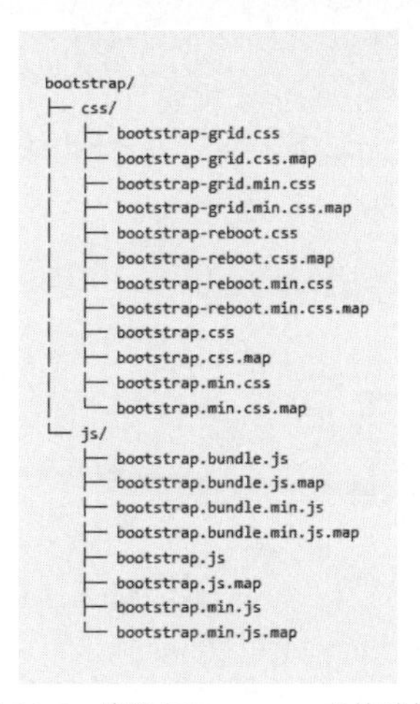

图 16-5　编译版 Bootstrap 文件结构

在图16-5所示的文件结构中，bootstrap.*是预编译文件，bootstrap.min.*是编译且压缩后的文件，用户可以根据需要选择引用。bootstrap.*.map格式的文件是source map文件，需要在特定的浏览器开发工具下才可以使用。

16.4.2　布局基础

Bootstrap布局基础包括布局容器、响应断点、z-index样式属性。

1. 布局容器

Bootstrap中定义了两个容器类，分别为.container和.container-fluid。容器是Bootstrap中最基本的布局元素，在使用默认网格系统时是必须要有的。container容器和container-fluid容器最大的不同之处在于宽度的设定。

container容器根据屏幕宽度的不同，会利用媒体查询设定固定的宽度，当改变浏览器大小时，页面会呈现阶段性变化。这意味着container容器的最大宽度在每个断点都会发生变化。

.container类的样式代码如下：

```
.container {
    width: 100%;
    padding-right: 15px;
    padding-left: 15px;
    margin-right: auto;
    margin-left: auto;
}
```

在每个断点中，container容器的最大宽度如以下代码：

```
@media (min-width: 576px) {
    .container {
        max-width: 540px;
    }
```

```
}
@media (min-width: 768px) {
    .container {
        max-width: 720px;
    }
}
@media (min-width: 992px) {
    .container {
        max-width: 960px;
    }
}
@media (min-width: 1200px) {
    .container {
        max-width: 1140px;
    }
}
```

container-fluid容器则保持全屏大小，始终保持100%的宽度。container-fluid用于一个全宽度容器，当需要一个元素横跨视口的整个宽度时，可以添加.container-fluid类。

.container-fluid类的样式代码如下：

```
.container-fluid {
    width: 100%;
    padding-right: 15px;
    padding-left: 15px;
    margin-right: auto;
    margin-left: auto;
}
```

【示例代码】

【例16-1】分别使用.container和.container-fluid 类创建容器(扫码可查阅完整代码)。示例效果如图16-6所示。

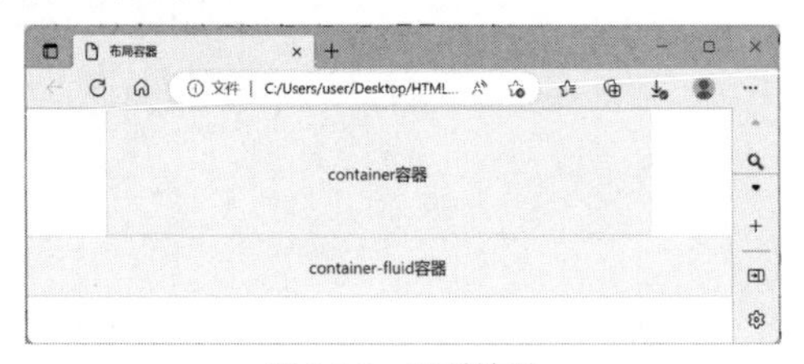

图 16-6　网页效果

(1) 新建一个HTML5文档，在<head>标签中输入以下代码。

```
<meta name="viewport" content="width=device-width, initial-scale=1, shrink-to-fit=no">
<link rel="stylesheet" href="bootstrap-4.6.1/dist/css/bootstrap.css">
<script src="jquery-3.5.1.slim.js"></script>
<script src="bootstrap-4.6.1/dist/js/bootstrap.bundle.min.js"></script>
```

(2) 在<body>标签中插入<div>标签。

```
<div class="container border text-center align-middle py-5 bg-light">container容器</div>
<div class="container-fluid border text-center align-middle py-2 bg-light">container-fluid容器</div>
```

【代码解析】

以上代码中，border、text-center、align-middle、py-5(py-2)、bg-light类，分别用于设置容器的边框、内容水平居中、垂直居中、上下内边距和背景色。这里需要注意的是，虽然容器可以嵌套，但大多数布局不需要嵌套容器。

2. 响应断点

Bootstrap使用媒体查询为布局和接口创建合理的断点。这些断点主要基于最小的视口宽度，并且允许随着视口的变化而扩展元素。

Bootstrap程序主要使用源Sass文件中的以下媒体查询范围(或断点)来处理布局、网格系统和组件。

```
//超小设备(xs，小于576像素)
//无媒体查询"xs"，因为在Bootstrap中是默认的。
//小型设备(sm，576像素及以上)
@media (min-width：576像素)(...)
//中型设备(md，768像素及以上)
@media (min-width：768像素)(...)
//大型设备(lg，992像素及以上)
@media (min-width：992像素)(...)
//超大型设备(xl，1200像素及以上)
@media (min-width：1200像素)(...)
```

由于在Sass中编写源CSS，因此所有的媒体查询都可以通过Sass mixins获得。

```
//xs断点不需要媒体查询，因为它实际上是'@media(min-width: 0){...}'
@include media-breakpoint-up(sm){...}
@include media-breakpoint-up(md){...}
@include media-breakpoint-up(lg){...}
@include media-breakpoint-up(xl){...}
```

3. z-index样式属性

一些Bootstrap组件使用了z-index样式属性。z-index样式属性设置一个定位元素沿z轴的位置，z轴定义为垂直延伸到显示区的轴。如果为正数，则离用户更近，为负数则表示离用户更远。Bootstrap利用该属性来安排内容，帮助控制布局。

Bootstrap中定义了相应的z-index标度，对导航、工具提示和弹出窗口、模态框等进行分层。

```
$zindex-dropdown:1000 !default;
$zindex-sticky:1020 !default;
$zindex-fixed:1030 !default;
$zindex-modal-backdrop:1040 !default;
```

```
$zindex-modal:1050 !default;
$zindex-popover:1060 !default;
$zindex-tooltip:1070 !default;
```

16.4.3 网格系统

Bootstrap包含了一个强大的移动设备优先的网格系统，它基于一个12列的布局，有5种响应尺寸(对应不同的屏幕)，支持Sass mixins自由调用，并结合自己预定义的CSS和JavaScript类，用于创建各种形状和尺寸的布局。

1. 网格选项

网格每一行都需要放置了.container(固定宽度)或.container-fluid(全屏宽度)类的容器，这样才可以自动设置一些外边距与内边距。

在网格系统中，使用行来创建水平的列组，内容放置在列中，并且只有列可以是行的直接子节点；预定义的类如.row和.col-sm-4可用于快速制作网格布局；列通过填充创建内容之间的间隙，该间隙是通过row类上的负边距设置第一行和最后一列的偏移。

网格列通过跨越指定的12个列来创建。例如，若需要设置5个大小相等的列，需要使用5个.col-sm-4来设置。

Bootstrap 4的网格系统在各种屏幕和设备上的约定如表16-2所示。

表16-2　网格系统在各种屏幕上的约定

设备类型	超小屏幕设备	小型屏幕设备	中型屏幕设备	大型屏幕设备	超大屏幕设备
最大container宽度	无(自动)	540px	720px	960px	1140px
类(class)前缀	.col-	.col-sm-	.col-md-	.col-lg-	.col-xl-
列数	12				
槽宽	30px(每列两边均有15px)				
嵌套	允许				
列排序	允许				

2. 自动布局列

利用特定于断点的列类，可以轻松进行大小调整，无须使用明确的样式，如col-sm-6。

1) 等宽列布局

【示例代码】

【例16-2】编写一段网页代码，在代码中设计等宽列布局网页(扫码可查阅完整代码)。示例效果如图16-7所示。

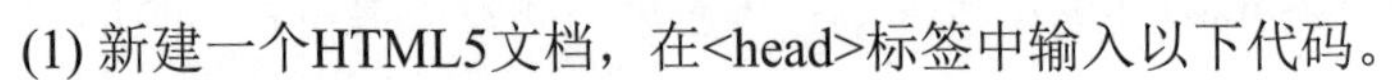

(1) 新建一个HTML5文档，在<head>标签中输入以下代码。

```
<meta name="viewport" content="width=device-width，initial-scale=1，shrink-to-fit=no">
<link rel="stylesheet" href="bootstrap-4.6.1/dist/css/bootstrap.css">
<script src="jquery-3.5.1.slim.js"></script>
<script src="bootstrap-4.6.1/dist/js/bootstrap.bundle.min.js"></script>
```

(2) 在<body>标签中插入<div>标签。

```
<body class="container">
<h3 class="text-center">等宽列布局</h3>
<div class="row">
    <div class="col border py-3 bg-light">上部50%</div>
    <div class="col border py-3 bg-light">上部50%</div>
</div>
<div class="row">
    <div class="col border py-5 bg-transparent">中部三分之一</div>
    <div class="col border py-5 bg-transparent">中部三分之一</div>
    <div class="col border py-5 bg-transparent">中部三分之一</div>
</div>
<div class="row">
    <div class="col border py-1 bg-warning">底部25%</div>
    <div class="col border py-1 bg-warning">底部25%</div>
    <div class="col border py-1 bg-warning">底部25%</div>
    <div class="col border py-1 bg-warning">底部25%</div>
</div>
</body>
```

图 16-7　等宽列布局效果

2) 设置列宽

【示例代码】

【例16-3】编写一段网页代码，在代码中设计列宽布局，为第一行中的第二列设置col-7类，为第二行的第一列设置col-3类(扫码可查阅完整代码)。示例效果如图16-8所示。

```
<body class="container">
<h3 align="center">列宽布局</h3>
<div class="row">
    <div class="col border py-5 bg-white">上左</div>
    <div class="col-10 border py-5 bg-white">上中</div>
    <div class="col border py-5 bg-white">上右</div>
</div>
<div class="row">
    <div class="col-3 border py-5 bg-white">下左</div>
    <div class="col border py-5 bg-white">下中</div>
    <div class="col-3 border py-5 bg-white">下右</div>
</div>
</body>
```

图 16-8　列宽布局效果

3) 可变宽度内容布局

【示例代码】

【例16-4】编写一段网页代码，在代码中使用col-{breakpoint}-auto断点方法，设计可变宽度内容布局(扫码可查阅完整代码)。示例效果如图16-9所示。

```
<body class="container">
<h3 class="mb-4">可变宽度内容布局</h3>
<div class="row justify-content-md-center">
    <div class="col col-lg-2 border py-3 bg-light">左侧</div>
    <div class="col-md-auto border py-3 bg-light">中部(在屏幕尺寸≥768px时，将根据内容自动调整列宽度)</div>
    <div class="col col-lg-2 border py-3 bg-light">右侧</div>
</div>
<div class="row">
    <div class="col border py-3 bg-light">左侧</div>
    <div class="col-md-auto border py-3 bg-light">中部(在屏幕尺寸≥768px时，将根据内容自动调整列宽度)</div>
    <div class="col col-lg-2 border py-3 bg-light">右侧</div>
</div>
</body>
```

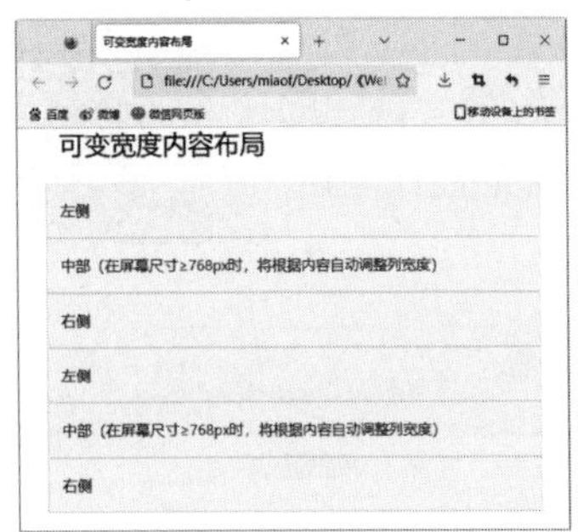

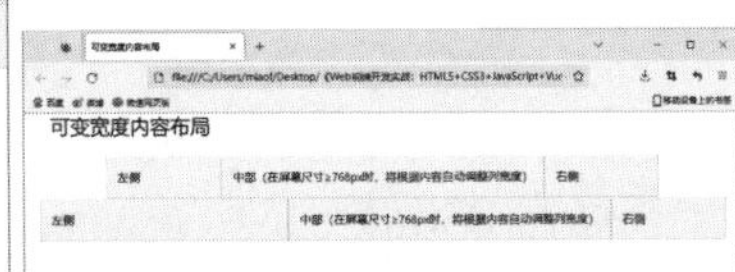

＜768px 屏幕显示　　≥768px＜992px 屏幕显示　　≥992px 屏幕显示

图 16-9　可变宽度内容布局效果

4) 等宽多列布局

【扩展示例】

【例16-5】编写一段网页代码，通过插入w-100通用样式类，将列拆分为新行，设计等宽多列布局(扫码可查阅完整代码和示例效果)。

3. 响应类

Bootstrap 4的网格系统包括五种宽度预定义，用于构建复杂的响应式布局，用户可根据需要定义在特小.col、小.col-sm-*、中.col-md-*、大.col-lg-*、特大.col-xl-*五种屏幕(设备)下的样式。

1) 覆盖所有设备

【扩展示例】

【例16-6】编写一段网页代码，在代码中设计覆盖所有设备的网页效果(扫码可查阅完整代码和示例效果)。

2) 水平排列

【示例代码】

【例16-7】编写一段网页代码，在代码中设计一个水平排列布局网页效果(扫码可查阅完整代码)。示例效果如图16-10所示。

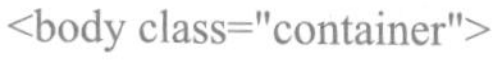

```
<body class="container">
<h3 align="center">水平排列布局</h3>
<!--在sm(≥576px)型设备上开始水平排列-->
<div class="row">
    <div class="col-sm-8 border py-5 bg-white">col-sm-8</div>
    <div class="col-sm-4 border py-5 bg-white">col-sm-4</div>
</div>
<!--在md(≥768px)型设备上开始水平排列-->
<div class="row">
    <div class="col-md-8 border py-5 bg-white">col-md-8</div>
    <div class="col-md-4 border py-5 bg-white">col-md-4</div>
</div>
</body>
```

程序在 sm(≥576px) 型设备运行效果

程序在 md(≥768px) 型设备上运行效果

图 16-10　可变宽度内容布局效果

3) 混合搭配

【示例代码】

【例16-8】编写一段网页代码，在代码中根据需要对每一列都进行不同的设备定义，设计混合搭配的网页(扫码可查阅完整代码和示例效果)。

```
<body class="container">
<h3 align="center">混合搭配</h3>
<!--在小于md型的设备上显示为一个全宽列和一个半宽列，在大于或等于md型设备上显示为一列，
```

```
分别占8份和4份-->
    <div class="row">
        <div class="col-12 col-md-8 border py-5 bg-white">.col-12和.col-8</div>
        <div class="col-6 col-md-4 border py-5 bg-white">.col-6和.col-4</div>
    </div>
    <!--在任何类型的设备上，列的宽度都是占50%-->
    <div class="row">
        <div class="col-6 border py-5 bg-light">.col-6</div>
        <div class="col-6 border py-5 bg-light">.col-6</div>
    </div>
    </body>
```

4) 删除边距

【扩展示例】

【例16-9】使用.no-gutters类消除Bootstrap默认的网格和列间边距，设计删除边距的网页效果(扫码可查阅完整代码和示例效果)。

5) 列包装

【扩展示例】

【例16-10】编写一段网页代码，在代码中设计列包装布局的网页效果(扫码可查阅完整代码和示例效果)。

4. 重排序

1) 排列顺序

【示例代码】

【例16-11】使用.order-*类选择符，对空间进行可视化排序，设计排列顺序布局的网页效果(扫码可查阅完整代码和示例效果)。

```
<h3 align="center">排列顺序布局</h3>
<div class="row">
    <div class="col order-10 py-5 border bg-white">order-10</div>
    <div class="col order-8 py-5 border bg-white">order-8</div>
    <div class="col py-5 border bg-white">col</div>
    <div class="col order-6 py-5 border bg-white">order-6</div>
</div>
```

【扩展示例】

【例16-12】使用.order-first和order-last*类，快速更改一个顺序到最前面和最后面(扫码可查阅完整代码和示例效果)。

2) 列偏移

在Bootstrap中可以使用以下两种方法进行列偏移。

方法1：使用响应式的.offset-*类偏移方法。通过定义*的数字，可以实现列向右偏

移，如.offset-md-2向右偏移2列。

方法2：使用边距通用样式处理，其内置了如.ml-*、.p-*、.pt-*等实用工具。在Bootstrap中，可以使用.ml-auto与.mr-auto来强制隔离两边的距离，实现水平隔离效果。

【示例代码】

【例16-13】编写一段网页代码，在代码中使用.offset-md-*类实现列偏移布局效果(扫码可查阅完整代码和示例效果)。

```
<div class="row">
    <div class="col-md-6 offset-md-3 py-5 border bg- light ">.col-md-6 .offset-md-3</div>
</div>
<div class="row">
    <div class="col-md-4 offset-md-1 py-5 border bg-white">.col-md-3 .offset-md-3</div>
    <div class="col-md-4 offset-md-2 py-5 border bg-white">.col-md-3 .offset-md-2</div>
</div>
<div class="row">
    <div class="col-md-4 py-5 border bg-light">.col-md-4</div>
    <div class="col-md-4 offset-md-4 py-5 border bg-light">.col-md-4 .offset-md-4</div>
</div>
```

【扩展示例】

【例16-14】编写一段网页代码，在代码中使用margin类实现列偏移效果(扫码可查阅完整代码和示例效果)。

5. 列嵌套

如果用户需要在网格系统中将内容再次嵌套，可以通过添加一个新的.row元素和一系列.col-sm-*元素到已经存在的.col-sm-*元素内。被嵌套的行所包含列数量推荐不要超过12个。

【扩展示例】

【例16-15】编写一段网页代码，在代码中设计列嵌套布局页面效果(扫码可查阅完整代码和示例效果)。

16.4.4 布局工具类

Bootstrap包含数十个用于显示、隐藏、对齐和间隔的实用工具，可加快移动设备与响应式界面的开发。

- display属性：使用响应式显示实用程序类更改display属性的值，将其与网格系统、内容或组件混合使用，可以在特定的视图中显示或隐藏它们。
- Flexbox选项：Bootstrap 4基于Flexbox流式布局，其大多数组件都支持Flex流式布局，但不是所有元素的display都是默认启用display:flex属性的，因为那样会增加很多不必要的div层叠，并会影响浏览器的渲染。如果需要将display:flex添加到元素中，可以使用.d-flex或响应式变体(如.d-sm-flex)。需要这个类或display值来允许使用额外的Flexbox实用程序来调整大小、对齐、间距等。

- 外边距和内边距：使用外边距和内边距实用程序来控制元素和组件的间距和大小。Bootstrap 4包含一个用于间隔实用程序的5级刻度，基于Irem值默认$spacer变量。为所有视图选择值(例如，.mr-3用于右边框:1rem)，或为目标特定视图选择相应变量(例如，.mr-md-3用于右边框:1rem，从md断点开始)。
- 切换显示和隐藏：如果不使用display对元素进行隐藏(或无法使用)，可以使用visibility这个Bootstrap可见性工具来隐藏网页上的元素，使用该工具后网页元素对于正常用户为不可见，但元素的宽高占位依然有效。

16.5 排版优化

Bootstrap重写了HTML默认样式，实现了对页面版式的优化。

16.5.1 标题

所有标题和段落元素(<h1>和<p>)都被重置，系统移除它们的上外边距margin-top属性，标题添加外边距为margin-bottom:5rem，段落元素<p>添加了外边距margin-bottom:1rem以形成简洁行距。

HTML中的标题标签<h1>~<h6>，在Bootstrap中均可以使用。在Bootstrap中，标题元素都被设置为以下样式：

```
h1, h2, h3, h4, h5, h6, .h1, .h2, .h3, .h4, .h5, .h6 {
    margin-bottom: 0.5rem;
    font-family: inherit;
    font-weight: 500;
    line-height: 1.2;
    color inherit;
}
```

每一级标题的字体大小设置如下：

```
h1, .h1{font-size: 2.5rem; }
h2, .h2{font-size: 2rem; }
h3, .h3{font-size: 1.75rem; }
h4, .h4{font-size: 1.5rem; }
h5, .h5{font-size: 1.25rem; }
h6, .h6{font-size: 1rem; }
```

例如，以下代码运行效果如图16-11左图所示，使用Bootstrap后的效果如图16-11右图所示。

```
<body class="container">
    <h1>一级标题(h1.heading)</h1>
    <h2>二级标题(h2.heading)</h2>
```

```
    <h3>三级标题(h3.heading)</h3>
    <h4>四级标题(h4.heading)</h4>
    <h5>五级标题(h5.heading)</h5>
    <h6>六级标题(h1.heading)</h6>
</body>
```

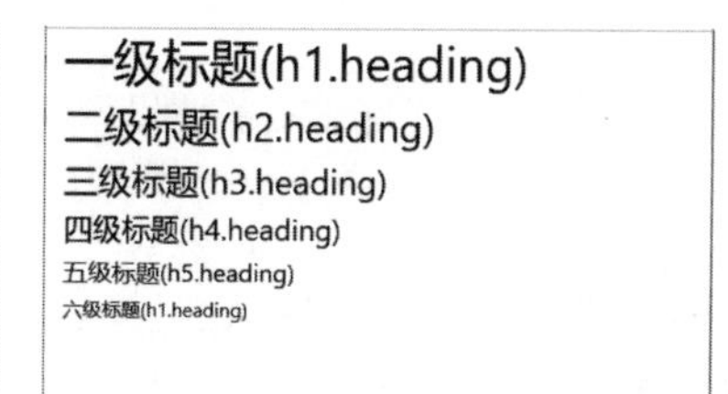

图 16-11　代码运行效果和使用 Bootstrap 后的效果

此外，还可以在HTML标签元素上使用标题类(.h1~.h6)，得到的字体样式和相应的标题字体样式完全相同。

【扩展示例】

【例16-16】编写一段网页代码，在代码中使用标题类(.h1~.h6)(扫码可查阅完整代码和示例效果)。

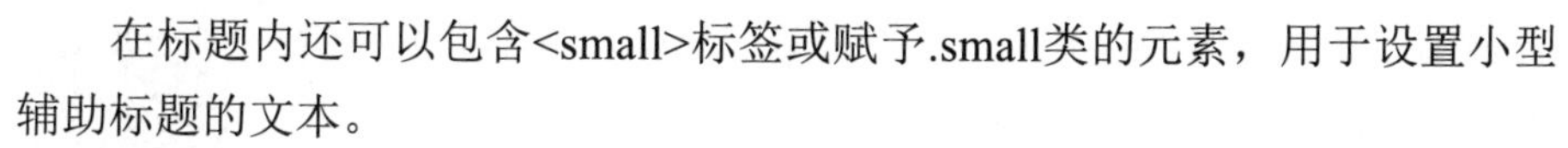

在标题内还可以包含<small>标签或赋予.small类的元素，用于设置小型辅助标题的文本。

【例16-17】编写一段网页代码，在代码中使用small类设置辅助标题(扫码可查阅完整代码和示例效果)。

当需要一个标题突出显示时，可以使用display类，使文本显示得更大。Bootstrap 4提供了.display-1、.display-2、.display-3、.display-4共4个display类，CSS样式代码如下：

```
.display-1 {font-size: 6rem; font-weight: 300; line-height: 1.2; }
.display-2 {font-size: 5.5rem; font-weight: 300; line-height: 1.2; }
.display-3 {font-size: 4.5rem; font-weight: 300; line-height: 1.2; }
.display-4 {font-size: 3.5rem; font-weight: 300; line-height: 1.2; }
```

【例16-18】编写一段网页代码，在代码中使用display类使标题突出显示(扫码可查阅完整代码和示例效果)。

16.5.2 段落

Bootstrap 4定义页面主体的默认样式如下：

```
body {
  margin: 0;
    font-family: -apple-system, BlinkMacsystemFont, "segoe UI", Roboto, "Helvetica Neue", Arial, "Noto Sans", sans-serif, "Apple Color Emoji", "Segoe UI Emoji", "Segoe UI Symbo1", "Noto Color Emoji";
    font-size: 1rem;
```

```
        font-weight: 550;
        line-height: 2.5;
        color: #20f;
        text-align: left;
        background-color: #ff1
    }
```

在Bootstrap 4中，段落标签<p>被设置上外边距为0，下外边距为1rem，CSS样式代码如下：

```
p{margin-top: 0; margin-bottom: 1rem;}
```

【扩展示例】

【例16-19】编写一段网页代码，在代码中设置网页段落的分段效果(扫码可查阅完整代码和示例效果)。

添加lead类样式可以定义段落的突出显示，被突出的段落文本font-size变为1.25rem，font-weight变为300，CSS样式代码如下：

```
.lead{font-size: 1.25rem; font-weight: 300;}
```

【扩展示例】

【例16-20】编写一段网页代码，在代码中演示使用lead类样式(扫码可查阅完整代码和示例效果)。

16.5.3 强调/对齐/列表

在Bootstrap 4中，用户可以使用<mark>、<del>、<s>、<ins>、<strong>、<em>等标签为常见的内联HTML5元素添加强调样式；可以使用.text-start、.text-center、text-end这3个对齐样式，分别用于表示文本左对齐、居中对齐和右对齐；可以使用list-unstyled类样式，移除默认的list-style样式，清理左侧填充，并对子节点列表呈现默认样式。

关于这部分内容，用户可以扫描右侧的二维码获取相关设计示例，进一步学习相关的知识。

扩展示例

16.6 显示代码

Bootstrap支持在网页中显示代码，主要通过<code>标签和<pre>标签来分别实现嵌入的行内代码和多行代码段。

16.6.1 行内代码

<code>标签用于表示计算机源代码或其他机器可以阅读的文本内容。Bootstrap 4优化了<code>标签的默认样式效果，其样式代码如下：

```
code {
    font-size: 92.5%;
    color: #001;
    word-break: break-word;
}
```

【扩展示例】

【例16-21】编写一段网页代码，设计显示行内代码效果网页(扫码可查阅完整代码和示例效果)。

16.6.2　多行代码块

使用<pre>标签可以包裹代码块，可对HTML的尖括号进行转义；还可以使用.pre-scrollable类样式，实现垂直滚动效果(其默认提供350px高度)。

【扩展示例】

【例16-22】编写一段网页代码，在代码中使用<pre>标签显示多行代码块(扫码可查阅完整代码和示例效果)。

16.7　响应式图片

Bootstrap 4为图片添加了轻量级的样式和响应式行为，在设计网页时引用图片可以非常方便，并且不会轻易破坏元素。

16.7.1　同步缩放

在Bootstrap 4中，为网页图像添加.img-fluid样式或定义max-width:100%、height:auto样式，即可设置响应式特效，网页图像大小将会随父元素大小同步缩放。

【示例代码】

【例16-23】编写一段网页代码，在代码中设计图像同步缩放效果(扫码可查阅完整代码和示例效果)。

```
<body class="container">
    <h5>图像同步缩放</h5>
    <img src="bootstrap_1.png" class="img-fluid">
</body>
```

16.7.2　缩略图

可以使用.img-thumbnail类为图片加上一个带圆角且1px边界的外框样式。

【示例代码】

【例16-24】编写一段网页代码，在代码中设计图像缩略图效果(扫码可查阅完整代码和示例效果)。

```
<body class="container">
    <h5>图像缩略图</h5>
    <img src="bootstrap_1.png" class="img-thumbnail">
</body>
```

16.7.3 图像对齐

Bootstrap设置图像对齐的方法如下。

- 使用浮动类实现图像的左浮动或右浮动效果。
- 使用.text-left、.text-center、.text-right类分别实现水平居左、水平居中和水平居右对齐。
- 使用外边距类mx-auto实现水平居中(注意应将<img>标签转换为块级元素，添加d-block类)。

【扩展示例】

【例16-25】编写一段网页代码，在代码中设计图像对齐效果(扫码可查阅完整代码和示例效果)。

16.8 表格样式

Bootstrap优化了表格的结构标签，并定义了很多表格的专用样式类。优化的结构标签如表16-3所示。

表16-3 Bootstrap优化的结构标签说明

标签	功能说明	标签	功能说明
<table>	表格容器	<tr>	表格行结构
<thead>	表格表头容器	<td>	表格单元格(在<tbody>内使用)
<tbody>	表格主体容器	<th>	表头容器中的单元格(在<thead>内使用)
<caption>	表格存储内容的描述或总结		

注意，只有为<table>标签添加.table类样式，才可以为其赋予Bootstrap表格优化效果。关于表格样式这部分内容，用户可以扫描右侧的二维码获取相关设计实例，进一步学习相关的知识。

第17章 CSS通用样式

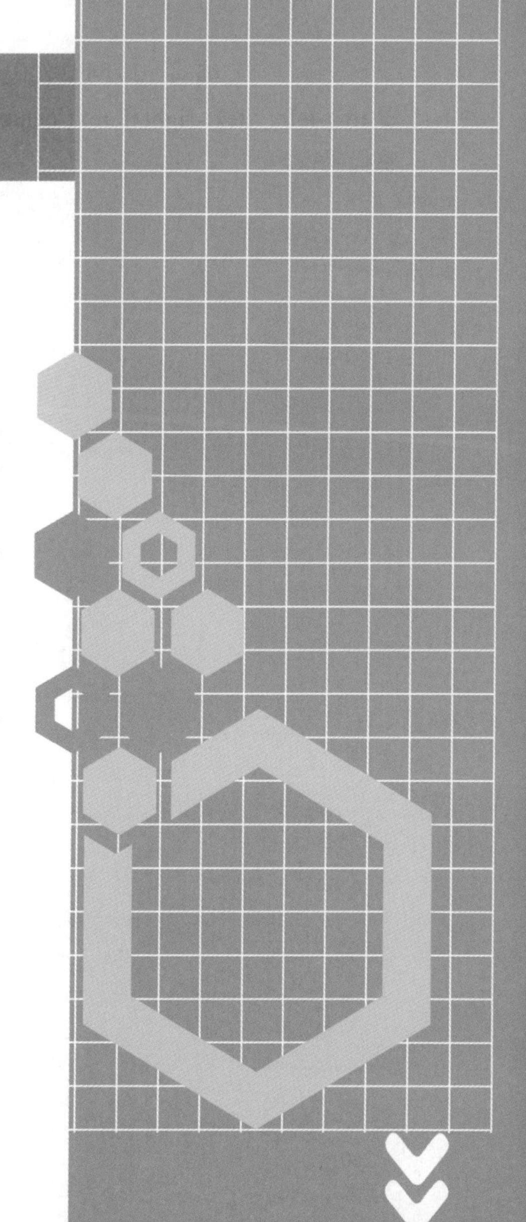

内容简介

Bootstrap核心是一个CSS框架，其定义了大量的通用样式类，包括边距、边框、颜色、对齐方式、阴影、浮动等。对于新手用户而言，使用Bootstrap提供的CSS通用样式，不需要花费太多的时间，无须编写大量的CSS样式，就可以快速地开发出精美的网页。

学习重点

- 文本处理
- 颜色样式
- 边框样式
- 宽度、高度、边距
- 浮动样式
- 嵌入网页元素
- 内容溢出
- 阴影效果

17.1 文本处理

Bootstrap定义了关于文本的样式类，用于控制文本的对齐、换行、转换等效果。

17.1.1 文本对齐

在Bootstrap中定义了表17-1所示的4个类，用于设置文本的水平对齐方式。

表17-1 Bootstrap文本对齐类

类	说明	类	说明
.text-left	设置左对齐	.text-center	设置居中对齐
.text-right	设置右对齐	.text-justify	设置两端对齐

【示例代码】

【例17-1】编写一段网页代码，在代码中定义3个div，为每个div分别设置.text-left、.text-right和.text-center类，设计效果如图17-所示(扫码可查阅完整代码)。

图 17-1 文本对齐效果

```
<!doctype html>
<html>
<head>
<meta charset="utf-8">
<title>文本对齐方式</title>
    <meta name="viewport" content="width=device-width, initial-scale=1, shrink-to-fit=no">
    <link rel="stylesheet" href="bootstrap-4.6.1/dist/css/bootstrap.css">
    <script src="jquery-3.5.1.slim.js"></script>
    <script src="bootstrap-4.6.1/dist/js/bootstrap.bundle.min.js"></script>
</head>
<body class="container">
<h3 align="center">文本对齐方式</h3>
    <div class="text-left border">HTML+CSS</div>
    <div class="text-right border">JavaScript</div>
    <div class="text-center border">Bootstrap+Vue.js</div>
</body>
</html>
```

【知识点滴】

左对齐、右对齐和居中对齐还可以结合网格系统的响应断点来定义响应的对齐方式。

- .text-(sm|md|lg|xl)-left：表示在sm|md|lg|xl型设备上左对齐。
- .text-(sm|md|lg|xl)-right：表示在sm|md|lg|xl型设备上右对齐。
- .text-(sm|md|lg|xl)-center：表示在sm|md|lg|xl型设备上居中对齐。

【扩展示例】

【例17-2】编写一段网页代码，在代码中设计响应式对齐方式(扫码可查阅完整代码及示例效果)。

17.1.2 文本换行

若元素中的文本超出了元素本身宽度，页面在默认情况下会自动换行。在Bootstrap 4中可以使用.text-nowrap类来阻止文本换行。

【示例代码】

【例17-3】编写一段网页代码，在代码中使用.text-nowrap类控制文本换行(扫码可查阅完整代码)。示例效果如图17-2所示。

```
<body class="container">
<h3 align="center">文本默认换行</h3>
<div class="border border-primary mb-5" style="width: 20rem;">风雨送春归，飞雪迎春到。已是悬崖百丈冰，犹有花枝俏。俏也不争春，只把春来报。待到山花烂漫时，她在丛中笑。</div>
<h3 align="center">阻止文本换行</h3>
<div class="text-nowrap border border-primary mb-5" style="width: 20rem;">风雨送春归，飞雪迎春到。已是悬崖百丈冰，犹有花枝俏。俏也不争春，只把春来报。待到山花烂漫时，她在丛中笑。</div>
</body>
```

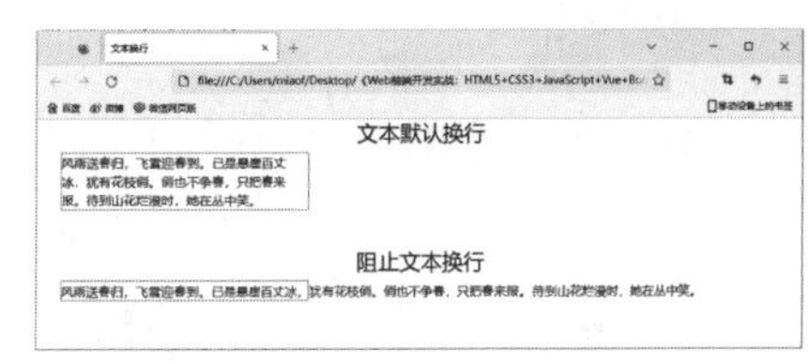

图 17-2 控制文本换行效果

【知识点滴】

在Bootstrap中，对于较长的文本内容，如果超出了元素盒子的宽度，则可以添加.text-truncate类，以省略号的形式表示超出的文本内容。这里需要注意的是：添加.text-truncate类只有包含display:inline-block或display:block样式才能实现。

【扩展示例】

【例17-4】编写一段网页代码，定义div标签宽度，并添加.text-truncate类，当文本内容溢出时，以省略号显示(扫码可查阅完整代码和示例效果)。

17.1.3 大小写转换

若页面中的文本包含字母，可以通过Bootstrap定义以下3个类来转换字母的大小写。

- .text-lowercase：将字母转换为小写。
- .text-uppercase：将字母转换为大写。

- .text-capitalize：将每个单词的第一个字母转换为大写。

【示例代码】

【例17-5】编写一段网页代码，在代码中演示转换文本字母的大小写(扫码可查阅完整代码和示例效果)。

```
<body class="container">
    <h3 align="center">转换大小写</h3>
    <p class="text-uppercase">全部转换为大写：How is the end of the world ？</p>
    <p class="text-lowercase">全部转换为小写：HOW IS THE END OF THE WORLD ？</p>
    <p class="text-capitalize">单词首字母大写：how is the end of the world ？</p>
</body>
```

17.1.4 粗体和斜体

Bootstrap 4中定义了关于文本字体的样式类，可以快速改变文本字体的粗细和倾斜样式。

```
.font-weight-light{font-weight：300 !important;}
.font-weight-lighter{font-weight：lighter !important;}
.font-weight-normal{font-weight：400 !important;}
.font-weight-bold{font-weight：700 !important;}
.font-weight-bolder{font-weight：bolder !important;}
.font-italic{font-style：italic !important;}
```

以上各个类的含义说明如表17-2所示。

表17-2 粗体和斜体类含义说明

类	说明	类	说明
.font-weight-light	设置较细的字体(相对父元素)	.font-weight-bold	设置粗的字体
.font-weight-lighter	设置细的字体	.font-weight-bolder	设置较粗的字体(相对父元素)
.font-weight-normal	设置正常粗细的字体	.font-italic	设置斜体字

【示例代码】

【例17-6】编写一段网页代码，在代码中设置文本的粗细和斜体效果(扫码可查阅完整代码和示例效果)。

```
<body class="container">
    <h3 align="center">粗体和斜体</h3>
    <p class="font-weight-light">今日长缨在手，何时缚住苍龙？(font-weight-light)</p>
    <p class="font-weight-lighter">今日长缨在手，何时缚住苍龙？(font-weight-lighter)</p>
    <p class="font-weight-normal">今日长缨在手，何时缚住苍龙？(font-weight-normal)</p>
    <p class="font-weight-bold">今日长缨在手，何时缚住苍龙？(font-weight-bold)</p>
    <p class="font-weight-bolder">今日长缨在手，何时缚住苍龙？(font-weight-bolder)</p>
    <p class="font-italic">今日长缨在手，何时缚住苍龙？(font-italic)</p>
</body>
```

17.1.5　其他文本样式类

除了上面介绍的样式类以外，在使用Bootstrap 4进行网页开发时，还可能会使用到以下几个样式类。

- .text-reset：用于颜色复位。重新设置文本或链接的颜色，继承来自父元素的颜色。
- .text-monospace：字体类。字体包括SFMono-Regular、Menlo、Monaco、Consolas、Liberation Mono、Courier New、monospace。
- .text-decoration-none：用于删除修饰线。

17.2　颜色样式

在网页设计中，定义文本颜色可以呈现不同的意义，并表达页面中的不同模块。在Bootstrap中有一系列颜色样式，包括文本颜色、链接颜色、背景颜色等。

17.2.1　文本颜色

Bootstrap提供了一些文本颜色类，如表17-3所示。

表17-3　文本颜色类说明

类	说明	类	说明
.text-primary	蓝色	.text-info	浅蓝色
.text-secondary	灰色	.text-light	浅灰色(白色背景上显示不清)
.text-success	浅绿色	.text-dark	深灰色
.text-danger	浅红色	.text-muted	灰色
.text-warning	浅黄色	.text-white	白色(白色背景上显示不清)

【示例代码】

【例17-7】编写一段网页代码，在代码中演示为文本设置.text-light类和.text-while类(扫码可查阅完整代码)。示例效果如图17-3所示。

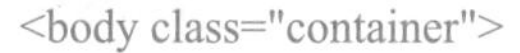

```
<body class="container">
    <h3 align="center">文本颜色</h3>
    <p class="text-primary">蓝色(text-primary)</p>
    <p class="text-secondary">灰色(text-secondary)</p>
    <p class="text-success">浅绿色(text-success)</p>
    <p class="text-danger">浅红色(text-danger)</p>
    <p class="text-warning">浅黄色(text-warning)</p>
    <p class="text-info">浅蓝色(text-info)</p>
    <p class="text-light bg-info">浅灰色(text-light)</p>
    <p class="text-dark">深灰色(text-dark)</p>
    <p class="text-muted">灰色(text-muted)</p>
    <p class="text-white bg-info">白色(text-white)</p>
</body>
```

图 17-3　文本颜色效果

【知识点滴】

在Bootstrap 4中还有以下两个特别的颜色类text-black-50和text-white-50：

```
.text-black-50 {
    color: rgba(0,0,0,0.5)
}
.text-white-50 {
    color: rgba(255,255,255,0.5)!important;
}
```

以上两个类分别设置文本为黑色和白色，透明度为0.5。

17.2.2　链接颜色

前面介绍的文本颜色类，在超链接上也能正常使用。如果再配合Bootstrap提供的悬浮和焦点样式，可以使文本在页面中呈现更加丰富的颜色效果。

【扩展示例】

【例17-8】编写一段网页代码，在代码中演示超链接颜色(扫码可查阅完整代码和示例效果)。

17.2.3　背景颜色

Bootstrap提供.bg-primary、.bg-success、.bg-warning、.bg-danger、.bg-secondary、.bg-dark以及.bg-light、.bg-info等背景颜色类。例如，在例17-7的代码中，为浅灰色文本添加浅蓝色背景，如图17-3所示。

```
<p class="text-light bg-info">浅灰色(text-light)</p>
```

背景颜色类不能设置文本的颜色，在网页开发中需要结合文本颜色样式使用。

【扩展示例】

【例17-9】编写一段网页代码，在代码中演示设置网页背景颜色(扫码可查阅完整代码和示例效果)。

17.3　边框样式

使用Bootstrap提供的边框样式类，可以快速添加或删除元素的边框，也可以指定添加或删除元素某一条边的边框。

17.3.1　添加边框

用户可以通过给元素添加.border类来添加边框。如果需要为元素的某一条边单独添加边框，则可以使用表17-4所示的类。

表17-4　添加元素边框的类

类	说明	类	说明
.border-top	添加元素上边框	.border-right	添加元素右边框
.border-bottom	添加元素下边框	.border-left	添加元素左边框

【扩展示例】

【例17-10】编写一段网页代码，在代码中演示为页面元素添加不同样式效果的边框(扫码可查阅完整代码和示例效果)。

【知识点滴】

在元素有边框的情况下，若要删除边框或单独删除元素某一边的边框，可以在边框样式类后添加“-0”，即可删除对应的边框。

【扩展示例】

【例17-11】编写一段网页代码，在代码中演示删除元素边框的方法(扫码可查阅完整代码和示例效果)。

17.3.2　边框颜色

Bootstrap提供的边框颜色类由.border加上主题颜色组成，包括.border-primary、.border-secondary、.border-success、.border-danger、.border-warning、.border-info、.border-light、.border-dark和.border-white。

【扩展示例】

【例17-12】编写一段网页代码，在代码中演示设置页面元素边框颜色(扫码可查阅完整代码和示例效果)。

17.3.3　圆角边框

在Bootstrap中为元素添加.rounded类可以实现圆角边框效果，也可以为元素的某一条边添加圆角边框。

【基本语法】

```
.rounded {
    border-radius: 0.25rem !important;
}
.rounded-top {
    border-top-left-radius: 0.25rem !important;
    border-top-right-radius: 0.25rem !important;
}
.rounded-right {
    border-top-right-radius: 0.25rem !important;
    border-bottom-right-radius: 0.25rem !important;
}
```

```
.rounded-bottom {
    border-bottom-right-radius: 0.25rem !important;
    border-bottom-left-radius: 0.25rem !important;
}
.rounded-left {
    border-top-left-radius: 0.25rem !important;
    border-bottom-left-radius: 0.25rem !important;
}
.rounded-circle {
    border-radius: 50% !important;
}
.rounded-pill {
    border-radius: 50rem !important;
}
```

【语法说明】

- .rounded-top：设置元素左上角和右上角的圆角边框。
- .rounded-bottom：设置元素左下角和右下角的圆角边框。
- .rounded-left：设置元素左上角和左下角的圆角边框。
- .rounded-right：设置元素右上角和右下角的圆角边框。

【扩展示例】

【例17-13】编写一段网页代码，在代码中演示为元素设置圆角边框(扫码可查阅完整代码和示例效果)。

17.4 宽度和高度

在Bootstrap 4中，宽度和高度的设置分为两种情况：一种是相对于父元素的宽度和高度来设置，以百分比表示；另一种是相对于视口的宽度和高度来设置，单位为vw(视口宽度)和vh(视口高度)。在Bootstrap 4中，宽度用w表示，高度用h表示。

17.4.1 相对于父元素

相对于父元素的宽度和高度样式类由_variables.scss文件中的$sizes变量来控制，默认值包括25%、50%、75%、100%和auto。

```
.w-25{width: 25% !important;}
.w-50{width: 50% !important;}
.w-75{width: 75% !important;}
.w-100{width: 100% !important;}
.w-auto{width: auto !important;}
```

```
.h-25{height: 25% !important;}
.h-50{height: 50% !important;}
.h-75{ height: 75% !important;}
.h-100{height: 100% !important;}
.h-auto{height: auto !important;}
```

【扩展示例】

【例17-14】编写一段网页代码，在代码中演示相对于父元素的宽度和高度效果(扫码可查阅完整代码和示例效果)。

【知识点滴】

除了可以使用上面这些类，还可以使用以下两个类。

```
.mw-100 {max-width: 100% !important;}
.mh-100 {max-height: 100% !important;}
```

其中.mw-100类用于设置最大宽度，.mh-100类用于设置最大高度。这两个类主要用来设置图片。

【扩展示例】

【例17-15】编写一段网页代码，在代码中设置图片的最大高度和宽度(扫码可查阅完整代码和示例效果)。

17.4.2　相对于视口

vw和vh是CSS3中的知识，是相对于视口(viewport)宽度和高度的单位。无论怎么调整视口的大小，视口的宽度都等于100vw，高度都等于100vh。也就是把视口平均分成100份，1vw等于视口宽度的1%，1vh等于视口高度的1%。

【基本语法】

在Boostrap 4中定义了以下4个相对于视口的类：

```
.min-vw-100 {min-width: 100vw !important;}
.min-vh-100 {min-height: 100vh !important;}
vw-100{width: 100vw !important;}
vh-100 {height: 100vh !important;}
```

【语法说明】

以上类的说明如表17-5所示。

表17-5　相对视口类说明

类	说明	类	说明
.min-vw-100	最小宽度等于视口的宽度	.vw-100	宽度等于视口的宽度
.min-vh-100	最小高度等于视口的高度	.vh-100	高度等于视口的高度

使用.min-vw-100类的元素，当元素的宽度大于视口的宽度时，按照该元素本身宽度来显示，出现水平滚动条；当宽度小于视口的宽度时，元素将自动调整，元素的宽度将等

于视口的宽度。使用.min-vh-100类的元素，当元素的高度大于视口的高度时，按照该元素本身高度来显示，出现竖向滚动条；当元素的高度小于视口的高度时，元素自动调整，元素的高度将等于视口的高度。使用.vw-100类的元素，元素的宽度将等于视口的宽度。使用.vh-100类的元素，元素的高度将等于视口的高度。

【示例代码】

【例17-16】编写一段网页代码，在代码中设置相对于视口的宽度(扫码可查阅完整代码)。示例效果如图17-4所示。

```
<body class="text-white">
    <h3 class="text-right text-dark mb-4">相对于视口的宽度</h3>
    <h5 style="width: 1500px;" class="min-vw-100 bg-info text-center">.min-vw-100</h5>
    <h5 style="width: 1500px;" class="vw-100 bg-success text-center">.vw-100</h5>
</body>
```

上例运行结果如图17-4所示，从结果可以看出设置了vw-100类的盒子宽度始终等于视口的宽度，会随着视口宽度的改变而改变；设置.min-vw-100类的盒子宽度大于视口宽度时，盒子宽度是固定的，不会随着视口的改变而改变，当盒子宽度小于视口宽度时，宽度将自动调整到视口的宽度。

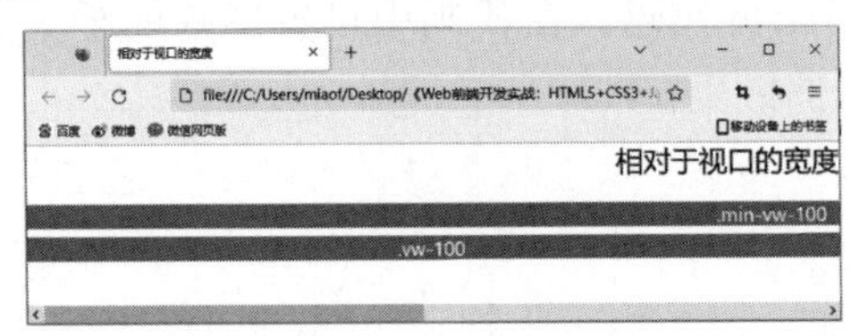

图 17-4　相对于视口的宽度效果

17.5　边距

Boostrap 4定义了许多关于边距的类，使用这些类可以快速地处理网页的外观，使页面的布局更加协调，还可以根据需要添加响应式操作。

17.5.1　定义边距

在CSS中通过margin(外边距)和padding(内边距)可以设置元素的边距。在Bootstrap 4中，用m表示margin，用p来表示padding。

关于设置哪一边的边距也做了定义，具体含义如下所示。

- t：用于设置margin-top或padding-top。
- b：用于设置margin-bottom或padding-bottom。
- l：用于设置margin-left或padding-left。
- r：用于设置margin-right或padding-right。

- x：用于设置左右两边的类*-left和*-right(*代表margin或padding)。
- y：用于设置左右两边的类*-top和*-bottom(*代表margin或padding)。

在Bootstrap 4中，margin和padding定义了以下6个值，具体说明如下。

- *-0：设置margin或padding为0。
- *-1：设置margin或padding为0.25rem。
- *-2：设置margin或padding为0.5rem。
- *-3：设置margin或padding为1rem。
- *-4：设置margin或padding为1.5rem。
- *-5：设置margin或padding为3rem。

此外，Bootstrap还包括一个.mx-auto类，常用于设置固定宽度的块级元素水平居中。

Bootstrap还定义了负的margin样式，具体说明如下。

- m-n1：设置margin为 - 0.25rem。
- m-n2：设置margin或padding为 - 0.5rem。
- m-n3：设置margin或padding为 - 1rem。
- m-n4：设置margin或padding为 - 1.5rem。
- m-n5：设置margin或padding为 - 3rem。

【扩展示例】

【例17-17】编写一段网页代码，在代码中为div元素设置不同的边距(扫码可查阅完整代码和示例效果)。

17.5.2　响应式边距

边距样式可以结合网格断点来设置响应式边距，在不同的断点范围显示不同的边距值。

【基本语法】

```
{m | p} {t | b | l | r | x | y }-{sm | md | lg |xl}-{0 | 1 | 2 | 3 | 4 | 5}
```

【扩展示例】

【例17-18】编写一段网页代码，在代码中设计响应式边距效果(扫码可查阅完整代码和示例效果)。

17.6　浮动样式

使用Boostrap 提供的float浮动通用样式，除了可以快速实现浮动效果以外，还可以在任何网格断点上切换浮动。

17.6.1　实现浮动样式

在Boostrap 4中可以使用以下两个类实现左浮动和右浮动。

- .float-left：元素向左浮动。
- .float-right：元素向右浮动。

设置浮动后，为了不影响网页的整体布局，需要清除浮动。Boostrap 4中使用.clearfix类来清除浮动，只需将.clearfix添加到父元素中即可。

【示例代码】

【例17-19】编写一段网页代码，实现浮动样式(扫码可查阅完整代码)。示例效果如图17-5所示。

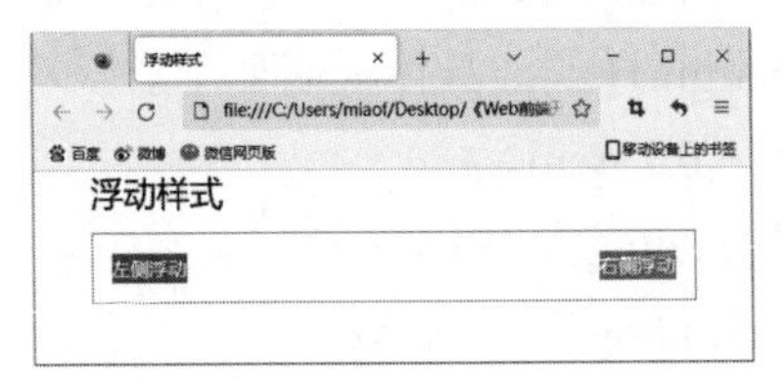

图 17-5　浮动样式效果

```
<h3 class="mb-3">浮动样式</h3>
<div class="clearfix text-white border border-info p-3">
    <div class="float-left bg-secondary">左侧浮动</div>
    <div class="float-right bg-success">右侧浮动</div>
</div>
```

17.6.2　响应式浮动样式

在设计网页时，可以在网格不相同的视口端点上设置元素不同的浮动效果。例如，若要在小型设备(sm)上设置右浮动，可添加.float-sm-right类来实现；若要在中型设备(md)上实现左浮动，可以通过添加.float-md-left类来实现。.float-sm-right类和.float-md-left类称为响应式浮动类。Bootstrap 4支持的响应式浮动类如表17-6所示。

表17-6　响应式浮动类

类	说明	类	说明
.float-sm-left	在小型设备(sm)上向左浮动	.float-lg-left	在大型设置(lg)上向左浮动
.float-sm-right	在小型设备(sm)上向右浮动	.float-lg-right	在大型设置(lg)上向右浮动
.float-md-left	在中型设备(md)上向左浮动	.float-xl-left	在超大型设备(xl)上向左浮动
.float-md-right	在中型设备(md)上向右浮动	.float-xl-right	在超大型设备(xl)上向右浮动

【扩展示例】

【例17-20】编写一段网页代码，在代码中设计响应式浮动样式(扫码可查阅完整代码和示例效果)。

17.7　display属性

通过display属性类，可以快速、有效地切换组件的显示或隐藏。

17.7.1　隐藏/显示元素

在CSS中隐藏和显示通常使用display属性来实现。在Bootstrap 4中也是通过该属性来实现，只是在Bootstrap 4中用d来表示。

【基本语法】

.d – {sm、md、lg或xl}-{value}

【语法说明】

value的取值说明如表17-7所示。

表17-7　value取值说明

值	说明	值	说明
none	隐藏元素	table-cell	元素作为一个表格单元格显示(类似<td>和<th>)
inline	显示为内联元素，元素前后没有换行符	table-row	元素作为一个表格行显示(类似<tr>)
inline-block	显示为行内块元素	flex	将元素作为弹性伸缩盒显示
block	显示为块级元素，元素前后带有换行符	inline-flex	将元素作为内联块级弹性伸缩盒显示
table	元素作为块级表格显示		

【扩展示例】

【例17-21】编写一段网页代码，在代码中设计隐藏/显示元素(扫码可查阅完整代码和示例效果)。

17.7.2　响应式隐藏/显示元素

为了方便进行移动开发，用户可以按不同的设备来响应式地显示或隐藏元素。为同一个网站创建不同的版本，应针对每个屏幕大小来隐藏或显示元素。

若要隐藏元素，需要使用.d-none类或.d-{sm、md、lg或xl}-none响应屏幕变化的类。若要在给定的屏幕大小间隔上显示元素，可以组合.d-*-none类和.d-*-*类，如.d-none .d-md-block .d-xl-none类，将隐藏除中型和大型设备外的所有屏幕大小的元素。在实际网页开发中，可根据需要自由组合显示或隐藏类。常用的类含义说明如表17-8所示。

表17-8　隐藏或显示的类

属性	说明
.d-none	在所有设备上都隐藏
.d-none .d-sm-block	仅在超小型设备(xs)上隐藏
.d-sm-none .d-md-block	仅在小型设备(sm)上隐藏
.d-md-none .d-lg-block	仅在中型设备(md)上隐藏
.d-lg-none .d-xl-block	仅在大型设备(lg)上隐藏
.d-xl-none	仅在超大型设备(xl)上隐藏
.d-block	在所有的设备上都显示
.d-block .d-sm-none	仅在超小型设备(xs)上显示
.d-none .d-sm-block .d-md-none	仅在小型设备(sm)上显示
.d-none .d-md-block .d-lg-none	仅在中型设备(md)上显示
.d-none .d-lg-block .d-xl-none	仅在大型设备(lg)上显示
.d-none .d-xl-block	仅在超大型设备(xl)上显示

【扩展示例】

【例17-22】编写一段网页代码，设计响应式显示或隐藏元素(扫码可查阅完整代码和示例效果)。

17.8　嵌入网页元素

在页面中通常使用<iframe>、<video>、<object>、<embed>标签来嵌入视频、图像、幻灯片等。在Bootstrap 4中不仅可以使用这些标签，还添加了一些相关的样式类。

例如，在页面中嵌入图片。首先使用一个div标签包裹插入标签<iframe>，在div中添加.embed-responsive类和.embed-responsive-16by9类，然后直接使用<iframe>标签的src属性引用本地的一张图片即可。

- .embed-responsive类：实现同比例的收缩。
- .embed-responsive-16by9类：定义16:9的长宽比例。

此外，还有.embed-responsive-21by9、.embed-responsive-3by4、.embed-responsive-1by1可以选择。

【示例代码】

【例17-23】编写一段网页代码，设计在页面中嵌入图片(扫码可查阅完整代码)。示例效果如图17-6所示。

```
<body class="container">
    <h3>嵌入网页图像</h3>
    <div class="embed-responsive embed-responsive-16by9">
    <iframe src="bootstrap.png"></iframe>
    </div>
</body>
```

图 17-6　网页效果

17.9 内容溢出

在Bootstrap 4中定义了两个类来处理内容溢出的情况，具体如下。

- .overflow-auto：在固定宽度和高度的元素上，如果内容溢出了元素，将生成一个垂直滚动条，通过滚动滚动条可以查看溢出的内容。
- .overflow-hidden：在固定宽度和高度的元素上，如果内容溢出了元素，溢出的部分将被隐藏。

【扩展示例】

【例17-24】编写一段网页代码，在代码中演示处理页面内容溢出(扫码可查阅完整代码和示例效果)。

17.10 定位元素

在Bootstrap 4中，定位元素可以使用表17-9所示的类来实现。

表17-9 定位元素使用的类

类	说明	类	说明
.position-static	无定位	.position-fixed	固定定位
.position-relative	相对定位	.position-sticky	黏性定位
.position-absolute	绝对定位		

无定位、相对定位、绝对定位和固定定位很好理解，只需要在要定位的元素中添加这些类，就可以实现定位。相比较而言，.position-sticky类很少使用，主要原因是.position-sticky类对浏览器的兼容性很差，只有部分浏览器支持(如谷歌和火狐浏览器)。

.position-sticky是集合.position-relative和.position-fixed两种定位功能于一体的特殊定位，元素定位表现在为跨越特定阈值前为相对定位，之后为固定定位。特定阈值指的是top、right、bottom或left中的一个。也就是说，必须指定top、right、bottom或left这4个阈值其中之一才可使黏性定位生效，否则其行为与相对定位相同。在Bootstrap 4中的@supports规则下定义了关于黏性定位的top阈值类.sticky-top，CSS样式代码如下：

```
@supports ((position: -webkit-sticky) or (position: sticky)){
    .sticky-top {
        position: -webkit-sticky;
        position: sticky;
        top: 0;
        z-index: 1020;
    }
}
```

当元素的top值为0时，表现为固定定位。当元素的top值大于0时，表现为相对定位。.sticky-top类适合用于一些特殊场景，如头部导航栏固定。

【扩展示例】

【例17-25】编写一段网页代码，设计头部导航栏固定网页效果(扫码可查阅完整代码和示例效果)。

17.11 阴影效果

在Bootstrap 4中定义了4个关于阴影的类，可以用于添加阴影或去除阴影。

【基本语法】

```
.shadow-none {box-shadow: none !important;}
.shadow-sm {box-shadow: 0 0.125rem 0.25rem rgba(0,0,0,0.75) !important;}
.shadow {box-shadow: 0 0.5rem 1rem rgba(0,0,0,0.15) !important;}
.shadow-lg {box-shadow: 0 1rem 3rem rgba(0,0,0,0.175) !important;}
```

【语法说明】

阴影类的说明如表17-10所示。

表17-10　阴影类的说明

类	说明	类	说明
.shadow-none	去除阴影	.shadow	设置正常的阴影
.shadow-sm	设置很小的阴影	.shadow-lg	设置更大的阴影

【扩展示例】

【例17-26】编写一段网页代码，在网页中设计阴影效果(扫码可查阅完整代码和示例效果)。

第18章

CSS 组件

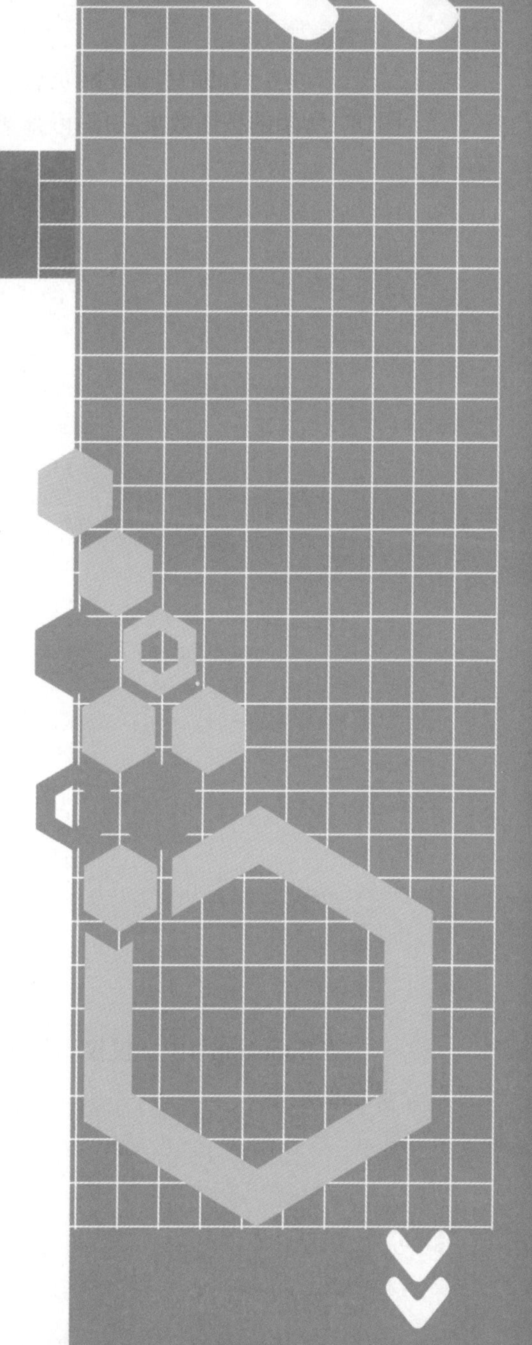

内容简介

Bootstrap内建了大量可重复使用的组件，包括按钮、按钮组、标签、下拉菜单、导航组件、进度条、超大屏幕、媒体对象等。

学习重点

- 按钮和按钮组
- 下拉菜单
- 导航组件
- 超大屏幕

18.1 按钮和按钮组

按钮和按钮组是网页中重要的组件，被广泛应用于表单、下拉菜单、对话框等场景。

18.1.1 按钮

1. 定义按钮

Bootstrap 4中使用btn类定义按钮。btn类不仅可以在<button>标签上使用，还可以在<a>、<input>标签上使用。

【示例代码】

【例18-1】编写一段网页代码，在代码中使用三种方式定义页面中如图18-1所示的按钮效果(扫码可查阅完整代码)。

```
<!doctype html>
<html>
<head>
<meta charset="utf-8">
<title>定义按钮</title>
    <meta name="viewport" content="width=device-
    width, initial-scale=1, shrink-to-fit=no">
    <link rel="stylesheet" href="bootstrap-4.6.1/dist/
    css/bootstrap.css">
    <script src="jquery-3.5.1.slim.js"></script>
    <script src="bootstrap-4.6.1/dist/js/bootstrap.bundle.min.js"></script>
</head>
<body class="container">
    <h3 align="center">定义按钮</h3>
    <!--使用<button>标签定义按钮-->
    <button class="btn">HTML5基础</button>
    <!--使用<a>标签定义按钮-->
    <a class="btn" href="#">CSS3基础</a>
    <!--使用<input>标签定义按钮-->
    <input class="btn" type="button" value="Bootstrap基础">
</body>
</html>
```

图 18-1 定义默认按钮效果

【知识点滴】

在Bootstrap 4中，仅仅添加了btn类，按钮不会显示任何效果，只在单击时才会显示淡蓝色的边框。

2. 设计按钮背景颜色

Bootstrap 4针对按钮定制了多种背景颜色类，具体如表18-1所示。

表18-1 背景颜色类及其说明

类	说明	类	说明
.btn-primary	亮蓝色，主要的	.btn-warning	黄色，表示警告，提醒需要谨慎
.btn-secondary	灰色，次要的	.btn-info	浅蓝色，表示信息
.btn-success	亮绿色，表示成功或积极动作	.btn-light	高亮
.btn-danger	红色，提醒存在危险	.btn-dark	黑色

【示例代码】

【例18-2】编写一段网页代码，在代码中定义按钮的背景颜色(扫码可查阅完整代码)。示例效果如图18-2所示。

```
<body class="container">
    <h3 align="center">定义按钮背景颜色</h3>
    <button class="btn btn-success" type="button">HTML5基础</button>
    <button class="btn btn-danger" type="button">CSS3基础</button>
    <button class="btn btn-warning" type="button">JavaScript基础</button>
    <button class="btn btn-secondary" type="button">Bootstrap基础</button>
    <button class="btn btn-info" type="button">Vue.js基础</button>
</body>
```

3. 设计按钮边框颜色

在btn类的引用中，若用户不需要按钮带有背景颜色，可以使用.btn-outline-*来设置按钮的边框。*可以从primary、secondary、success、danger、waring、info、light和dark中选择。

【示例代码】

【例18-3】编写一段网页代码，在代码中定义按钮的边框颜色(扫码可查阅完整代码)，示例效果如图18-3所示。

```
<body class="container">
    <h3 align="center">定义按钮背景颜色</h3>
    <button class="btn btn-outline-success" type="button">HTML5基础</button>
    <button class="btn btn-outline-danger" type="button">CSS3基础</button>
    <button class="btn btn-outline-warning" type="button">JavaScript基础</button>
    <button class="btn btn-outline-secondary" type="button">Bootstrap基础</button>
    <button class="btn btn-outline-info" type="button">Vue.js基础</button>
</body>
```

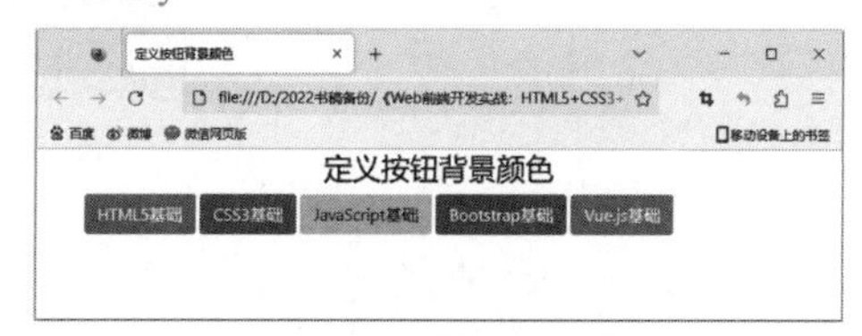

图 18-2 按钮背景颜色效果

图 18-3 按钮边框颜色效果

4. 设计按钮大小

Bootstrap 4中定义了.btn-lg(大号按钮)和.btn-sm(小号按钮)两个设置按钮大小的类，用户可根据网页布局设计合适的按钮大小。

【示例代码】

【例18-4】编写一段网页代码，在代码中定义按钮的大小(扫码可查阅完整代码和示例效果)。

```
<body class="container">
    <h3 align="center">定义按钮大小</h3>
    <button class="btn btn-secondary btn-lg" type="button">Bootstrap基础</button>
    <button class="btn btn-info btn-sm" type="button">Vue.js基础</button>
</body>
```

5. 设计按钮激活/禁用状态

在按钮上添加active类可以定义激活状态的按钮，将disabled属性添加到<button>标签中则可以实现按钮的禁用状态。

【示例代码】

【例18-5】编写一段网页代码，在代码中定义按钮的激活与禁用状态(扫码可查阅完整代码和示例效果)。

```
<body class="container">
    <h3 align="center">定义按钮激活/禁用状态</h3>
    <button class="btn active" type="button">Bootstrap基础</button>
    <button class="btn" type="button" disabled>Vue.js基础</button>
</body>
```

18.1.2 按钮组

用户可以使用按钮组将一系列按钮结合在一起。将按钮组与下拉菜单结合在一起使用，可以设计出按钮组工具栏，类似于按钮式导航样式。

1. 定义按钮组

使用含有btn-group类的容器包含的一系列的<a>或<button>标签，可以生成一个按钮组。

【示例代码】

【例18-6】编写一段网页代码，在代码中设计如图18-4所示的按钮组(扫码可查阅完整代码)。

```
<body class="container">
    <h3 align="center">定义按钮组</h3>
    <div class="btn-group">
        <button class="btn btn-success" type="button">HTML5基础</button>
```

```
            <button class="btn btn-danger" type="button">CSS3基础</button>
            <button class="btn btn-warning" type="button">JavaScript基础</button>
            <button class="btn btn-secondary" type="button">Bootstrap基础</button>
            <button class="btn btn-info" type="button">Vue.js基础</button>
        </div>
</body>
```

2. 定义按钮组工具栏

将多个按钮组(btn-group)包含在一个含有btn-toolbar类的容器中，可以将按钮组组合成更加复杂的按钮工具栏。

【示例代码】

【例18-7】编写一段网页代码，在代码中设计如图18-5所示的按钮组工具栏(扫码可查阅完整代码)。

```
<body class="container">
    <h3 align="center">定义按钮组</h3>
    <div class="btn-toolbar">
        <div class="btn-group mr-3">
            <button class="btn btn-secondary" type="button">页首</button>
        </div>
        <div class="btn-group mr-3">
            <button class="btn btn-info" type="button">1</button>
            <button class="btn btn-info" type="button">2</button>
            <button class="btn btn-info" type="button">3</button>
            <button class="btn btn-info" type="button">4</button>
            <button class="btn btn-info" type="button">5</button>
        </div>
        <div class="btn-group mr-3">
            <button class="btn btn-secondary" type="button">页尾</button>
        </div>
    </div>
</body>
```

图 18-4 按钮组效果

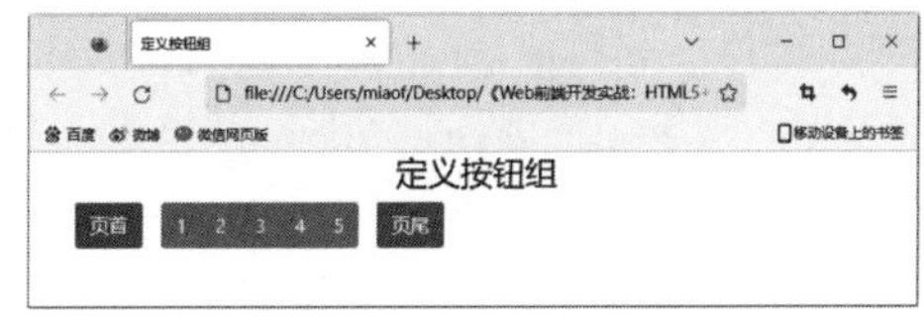

图 18-5 按钮组工具栏效果

3. 设计嵌套按钮组

在Bootstrap中，将一个按钮放在另一个按钮组中，可以实现按钮组与下拉菜单的组合。

【示例代码】

【例18-8】编写一段网页代码，在代码中设计如图18-6所示的嵌套按钮组(扫码可查阅完整代码)。

```
<body class="container">
    <h3 align="center">定义嵌套按钮组</h3>
    <div class="btn-group">
        <button type="button" class="btn btn-secondary">主站</button>
        <div class="btn-group">
        <button type="button" class="btn btn-secondary dropdown-toggle" data-
        toggle="dropdown">直播</button>
            <div class="dropdown-menu">
                <li><a class="dropdown-item" href="#">体育</a></li>
                <li><a class="dropdown-item" href="#">舞蹈</a></li>
                <li><a class="dropdown-item" href="#">教育</a></li>
            </div>
        </div>
        <button type="button" class="btn btn-secondary">赛事</button>
        <button type="button" class="btn btn-secondary">客户端</button>
    </div>
</body>
```

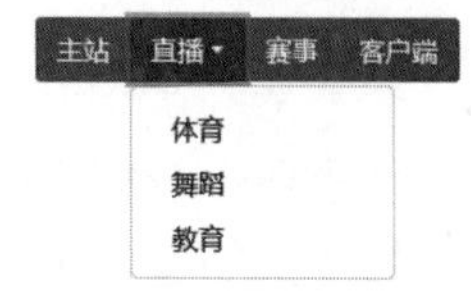

图 18-6　嵌套按钮组

4. 设计垂直布局按钮组

将一系列按钮包含在含有btn-group-vertical类的容器中，可以设计垂直分布的按钮组。

【示例代码】

【例18-9】编写一段网页代码，在代码中设计如图18-7所示的垂直分布的按钮组(扫码可查阅完整代码)。

```
<div class="btn-group-vertical">
    <button type="button" class="btn btn-primary">主站</button>
        <!--添加下拉菜单-->
        <div class="dropright">
        <button type="button" class="btn btn-info dropdown-toggle"
        data-toggle="dropdown">直播</button>
            <div class="dropdown-menu">
            <a class="dropdown-item" href="#">体育</a>
            <a class="dropdown-item" href="#">舞蹈</a>
            <a class="dropdown-item" href="#">教育</a>
        </div>
    </div>
<button type="button" class="btn btn-secondary">赛事</button>
<button type="button" class="btn btn-secondary">客户端</button>
</div>
```

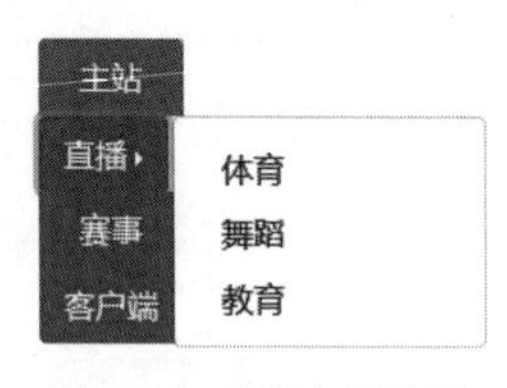

图 18-7　垂直布局按钮

5. 控制按钮组大小

在含有btn-group类的容器中添加btn-group-lg或btn-group-sm类，可以设计按钮组的大小。

【扩展示例】

【例18-10】编写一段网页代码，在代码中设计按钮组的大小(扫码可查阅完整代码和示例效果)。

18.2 下拉菜单

下拉菜单是网页中常见的组件形式。下拉菜单依赖于第三方popper.js插件实现，popper.js插件提供了动态定位和浏览器窗口大小监控，因此在使用下拉菜单时需要确保引入了popper.js文件，并将其放在引用Bootstrap.js文件之前。

Bootstrap中的下拉菜单组件有固定的基本结构，下拉菜单必须包含在dropdown类容器中，该容器包含下拉菜单的触发器和下拉菜单，必须包含在dropdown-menu类容器中。其基本结构如下：

```
<div class "dropdown">
    <button>触发按钮</button>
    <div class="dropdown-menu">下拉菜单内容</div>
</div>
```

若下拉菜单组不包含在dropdown类容器中，可以使用声明为position:relative;的元素。

```
<div style="position:relative;">
    <button>触发按钮</button>
    <div class="dropdown-menu">下拉菜单内容</div>
</div>
```

一般情况下使用<a>或<button>触发下拉菜单，以适应使用的需求。

在下拉菜单基本结构中，通过为激活按钮添加data-toggle="dropdown"属性，可以激活下拉菜单的交互行为；添加.dropdown-toggle类，来设置一个指示小三角。

```
<button type="button" class="btn btn-primary dropdown-toggle" data-toggle="dropdown">触发按钮</button>
```

在Bootstrap 3中必须使用<a>来定义下拉菜单的菜单项，在Bootstrap 4中，不仅可以使用<a>，也可以使用<button>，且每个菜单项无论是使用<a>还是<button>都需要添加dropdown-item类。

【示例代码】

【例18-11】编写一段网页代码，在代码中设计如图18-8所示的下拉菜单(扫码可查阅完整代码)。

```
<div class="dropdown">
<button class="btn btn-secondary dropdown-toggle" data-toggle="dropdown"
```

```
type="button">菜单按钮</button>
    <div class="dropdown-menu">
        <a class="dropdown-item" href="#">体育</a>
        <button class="dropdown-item" type="button">舞蹈</button>
    </div>
</div>
```

图 18-8　下拉菜单

18.2.1　设计分裂式按钮样式

在<div class="dropdown">容器中添加按钮组btn-group类，然后设置两个近似的按钮来创建分裂式按钮。在激活按钮中添加.dropdown-toggle-split类，减少水平方向的padding值，可以使主按钮边框得到更合适的控制。

【扩展示例】

【例18-12】编写一段网页代码，在代码中设计分裂式按钮下拉菜单(扫码可查阅完整代码和示例效果)。

18.2.2　设计菜单展开方向

在默认情况下，下拉菜单激活后向下方展开。用户可以通过将<div class="dropdown">容器中的dropdown类换成dropleft(向左)、dropright(向右)或dropup(向上)，设置下拉菜单向左、向右或向上展开。

【示例代码】

【例18-13】编写一段网页代码，在代码中设计下拉菜单的展开方向为向上展开(扫码可查阅完整代码和示例效果)。

```
<div class="dropup">
```

18.2.3　设计菜单分割线

使用了添加dropdown-divider类的容器(div)，并添加到需要的位置，可以在下拉菜单中实现分割线效果。

【示例代码】

【例18-14】编写一段网页代码，在代码中将下拉菜单项设计为如图18-9所示的分割线(扫码可查阅完整代码)。

```
<div class="dropdown btn-group">
    <button class="btn btn-secondary" type="button">直播</button>
    <button class="btn btn-secondary dropdown-toggle dropdown-toggle-split"
    data-toggle="dropdown"type="button"></button>
        <div class="dropdown-menu">
            <a class="dropdown-item" href="#">体育</a>
             <a class="dropdown-item" href="#">舞蹈</a>
            <a class="dropdown-item" href="#">教育</a>
```

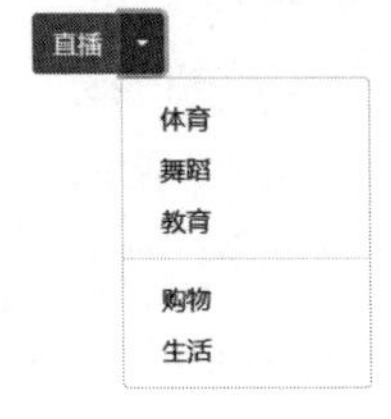

图 18-9　菜单项分割线

```
            <div class="dropdown-divider"></div>
            <a class="dropdown-item" href="#">购物</a>
            <a class="dropdown-item" href="#">生活</a>
        </div>
</div>
```

18.2.4　激活/禁用菜单项

通过添加.active类可以设置菜单项为激活状态，添加.disabled类可以设置菜单项为禁用状态。

【扩展示例】

【例18-15】在例18-14代码中使用.active 和.disabled 设置下拉菜单菜单项的激活与禁用状态(扫码可查阅完整代码和示例效果)。

18.2.5　设计菜单项对齐方式

在默认情况下，下拉菜单自动从顶部和左侧进行定位，用户可以为<div class="dropdown-menu">容器添加dropdown-menu-right类设置从右侧对齐。

【示例代码】

【例18-16】在例18-14代码中设计下拉菜单的对齐方式(扫码可查阅完整代码和示例效果)。

```
<div class="dropdown-menu dropdown-menu-right">
```

18.2.6　设计菜单偏移量

通过添加data-offset属性可以为下拉菜单设置偏移量。

【示例代码】

【例18-17】在例18-14代码中通过data-offset属性设计菜单偏移量(扫码可查阅完整代码和示例效果)。

```
<button class="btn btn-secondary dropdown-toggle dropdown-toggle-split" data-
toggle="dropdown" type="button" data-offset="100,50"></button>
```

18.2.7　设计更多菜单内容

在下拉菜单中还可以添加标题、文本、表单等更多内容。

【扩展示例】

【例18-18】编写一段网页代码，在代码中为下拉菜单设计丰富的内容(扫码可查阅完整代码和示例效果)。

18.3 导航组件

导航组件包括标签页导航和胶囊导航，并提供它们的激活方式。

Bootstrap中提供的导航可共享通用标记样式，如基础的nav样式类和活动与禁用状态类。基础的nav组件采用Flexbox弹性布局构建，并为构建所有类型的导航组件提供了坚实的基础，包括一些样式覆盖。

Bootstrap导航组件一般以列表结构为基础进行设计，在<ul>上添加nav类，在每个<li>选项上添加nav-item类，在每个链接上添加nav-link类。

```
<ul class="nav">
    <li class="nav-item">
        <a class="nav-link" href="#">主页</a>
    </li>
    <li class="nav-item">
        <a class="nav-link" href="#">直播</a>
    </li>
    <li class="nav-item">
        <a class="nav-link" href="#">会员购</a>
    </li>
    <li class="nav-item">
        <a class="nav-link" href="#">漫画</a>
    </li>
</ul>
```

Bootstrap 4中，nav类可以使用在其他元素上，不仅可以在<ul>列表中使用，也可以自定义一个<nav>元素。因为nav类基于Flexbox弹性盒子定义，导航链接的行为与导航项目相同，不需要额外的标记。

【示例代码】

【例18-19】编写一段网页代码，在代码中设计导航(扫码可查阅完整代码)。示例效果如图18-10所示。

```
<body class="container">
<h3 align="center">定义导航</h3>
<nav class="nav">
    <a class="nav-link active" href="#">主站</a>
    <a class="nav-link active" href="#">直播</a>
    <a class="nav-link active" href="#">赛事</a>
    <a class="nav-link active" href="#">客户端</a>
</nav>
</body>
```

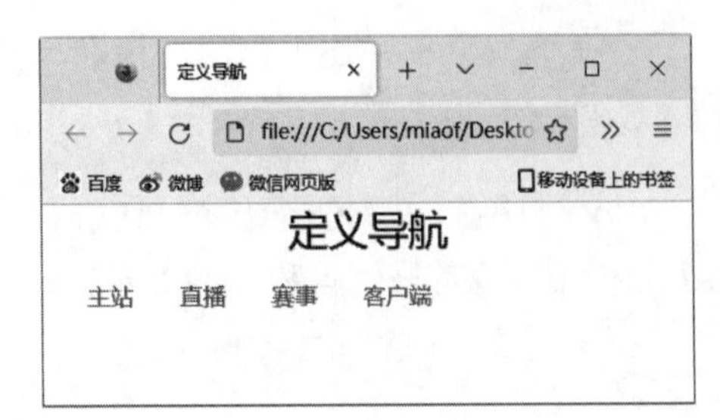

图 18-10　定义导航

18.3.1　设计水平对齐布局

默认情况下，导航为水平左对齐，使用Flexbox布局属性可以更改导航的水平对齐方式。

- .justify-content-center：设置导航水平居中。
- .justify-content-end：设置导航右对齐。

【扩展示例】

【例18-20】编写一段网页代码，在代码中设计导航的水平对齐方式(扫码可查阅完整代码和示例效果)。

18.3.2　设计垂直对齐布局

使用.flex-column类可以设置导航的垂直布局。如果只需要在特定的viewport平面下垂直布局，还可以定义响应式类，如flex-sm-column类，表示只在小屏设备(<768px)上导航垂直布局。

【示例代码】

【例18-21】编写一段网页代码，在代码中设计导航的垂直对齐方式(扫码可查阅完整代码和示例效果)。

18.3.3　设计标签页导航

为导航添加nav-tabs类，可以实现标签页导航。

【示例代码】

【例18-22】编写一段网页代码，在代码中设计效果如图18-11所示的标签页导航(扫码可查阅完整代码)。

```
<h3 align="center">设计标签页导航</h3>
<ul class="nav nav-tabs">
    <li class="nav-item">
        <a class="nav-link" href="#">主站</a>
    </li>
    <li class="nav-item">
        <a class="nav-link active" href="#">直播</a>
    </li>
        <li class="nav-item">
        <a class="nav-link" href="#">赛事</a>
    </li>
</ul>
```

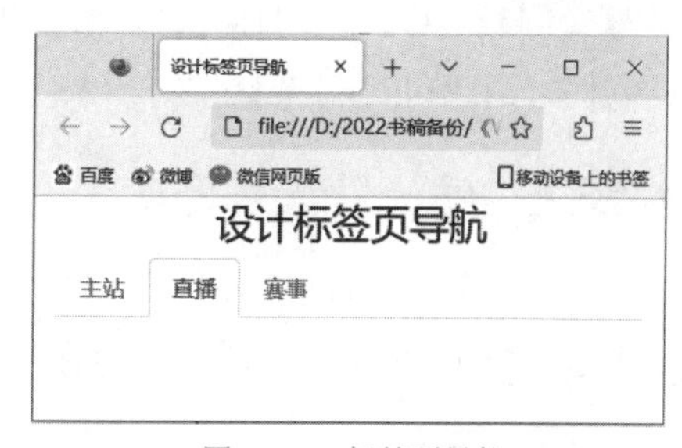

图 18-11　标签页导航

【扩展示例】

【例18-23】编写一段网页代码，在代码中设计带下拉菜单的标签页导航(扫码可查阅完整代码和示例效果)。

18.3.4 设计胶囊式导航

为导航添加nav-pills类，可以实现胶囊式导航。

【示例代码】

【例18-24】编写一段网页代码，在代码中设计效果如图18-12所示的胶囊式导航(扫码可查阅完整代码)。

```
<h3 align="center">设计胶囊式导航</h3>
<ul class="nav nav-pills">
    <li class="nav-item">
        <a class="nav-link" href="#">主站</a>
    </li>
    <li class="nav-item">
        <a class="nav-link active" href="#">直播</a>
    </li>
        <li class="nav-item">
        <a class="nav-link" href="#">赛事</a>
    </li>
</ul>
```

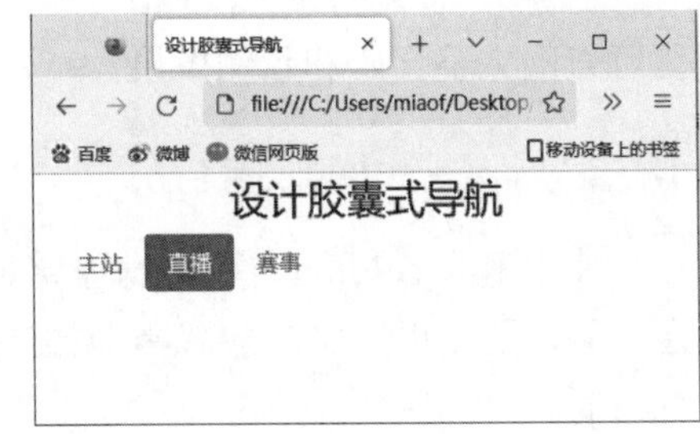

图 18-12　胶囊式导航

【扩展示例】

【例18-25】编写一段网页代码，在代码中设计带下拉菜单的胶囊式导航(扫码可查阅完整代码和示例效果)。

18.3.5 设计导航内容填充和对齐

Bootstrap对于导航内容有一个扩展类nav-fill，该类会将含有nav-item类的元素按照比例分配空间。

【扩展示例】

【例18-26】在例18-14编写的代码中添加nav-fill类，设计导航填充和对齐效果(扫码可查阅完整代码和示例效果)。

18.3.6 设计导航选项卡

导航选项卡就像tab栏一样，切换tab栏中的每个项可以切换对应内容框中的内容。在Bootstrap 4中，导航选项卡一般在标签页导航和胶囊式导航的基础上实现。

【扩展示例】

【例18-27】编写一段网页代码，在代码中设计导航选项卡(扫码可查阅完整代码和示例效果)。

18.4　超大屏幕

超大屏幕是一个轻量、灵活的组件，可以选择性地扩展到整个视口，以呈现网站中的重要信息。

超大屏幕是一个使用jumbotron类定义的包含框，可以根据需要添加相应的内容。在Bootstrap中jumbotron类的代码如下：

```
. jumbotron {
    padding: 2rem 1rem;
    margin-bottom: 2rem;
    background-color: #ff023;
    border-radius: 0.5rem;
}
```

【示例代码】

【例18-28】编写一段网页代码，在代码中设计效果如图18-13所示的超大屏幕(扫码可查阅完整代码)。

```
<body class="container">
<h3 align="center">定义超大屏幕</h3>
<div class="jumbotron">
    <h1 class="display-3">Vue3源码解析课程</h1>
        <p class="lead">Vue3源码解析，打造自己的Vue3框架</p>
        <p class="lead">成为一个前端高手的最佳方式就是循迹高手的脚步</p>
        <hr class="my-2">
        <p class="lead">从实际工作场景出发，真正掌握Vue3源码，实现技术深度与思维的双重提升!</p>
        <a class="btn btn-info btn-lg" href="#">课程信息</a>
</div>
</body>
```

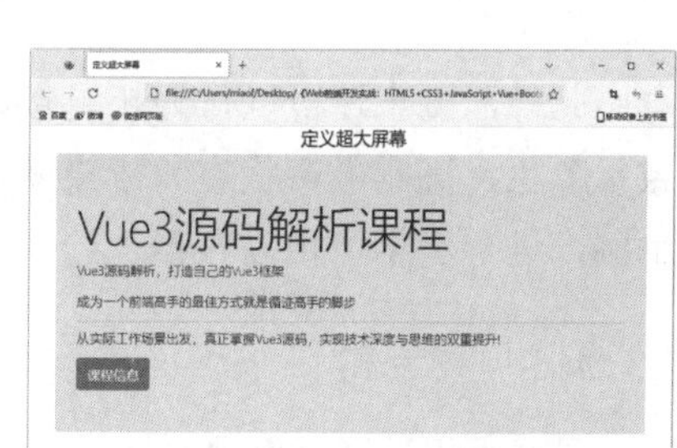

图18-13　超大屏幕

若要超大屏幕占满当前浏览器宽度并且不带圆角，可以添加.jumbotron-fluid类，并在里面添加一个container或container-fluid类来设置间隔空间。

【扩展示例】

【例18-29】编写一段网页代码，设计占满全屏宽度的超大屏幕(扫码可查阅完整代码和示例效果)。

18.5 其他CSS组件

Bootstrap通过组合HTML、CSS和JavaScript代码，可设计出丰富的组件。除了上面介绍过的按钮、按钮组、下拉菜单、导航组件和超大屏幕以外，还有徽章、警告框、媒体对象、进度条、导航栏等。下面将简要介绍这些组件的使用方法。

18.5.1 徽章

徽章主要用于突出显示新的或未读的内容。

在Bootstrap中通常使用<span>标签添加badge类来设计徽章。徽章可以嵌入在标题中，并通过标题样式来适配其大小，因为徽章的大小是使用em单位来设计的，所以其具有良好的弹性效果。

【示例代码】

【例18-30】编写一段网页代码，在代码中为标题添加徽章效果(扫码可查阅完整代码和示例效果)。

```
<body class="container">
<h3 align="center">定义徽章</h3>
    <h1>标题1<span class="badge badge-info">徽章文本</span></h1>
    <h2>标题1<span class="badge badge-info">徽章文本</span></h2>
    <h3>标题1<span class="badge badge-info">徽章文本</span></h3>
    <h4>标题1<span class="badge badge-info">徽章文本</span></h4>
    <h5>标题1<span class="badge badge-info">徽章文本</span></h5>
    <h6>标题1<span class="badge badge-info">徽章文本</span></h6>
</body>
```

此外，徽章还可以作为超链接或按钮的一部分来提供计数器，并可设置徽章颜色、椭圆徽章状态和链接徽章。用户可以扫描右侧的二维码获取扩展示例，进一步学习相关内容。

扩展示例

18.5.2 警告框

警告框组件通过提供一些灵活的预定义消息，为常见的用户动作提供反馈消息和提示。

使用alert类可以设计警告框组件，还可以使用alert-success、alert-info、alert-warning、alert-danger、alter-primary、alter-secondary、alter-light或alter-dark类来定义不同的颜色。

【示例代码】

【例18-31】编写一段网页代码，在代码中定义效果如图18-14所示的警告框(扫码可查阅完整代码)。

```
<body class="container">
<h3 align="center">定义警告框</h3>
```

```
<div class="alert alert-primary">
    <strong>主要！</strong>这是一个重要的操作提示信息。
</div>
<div class="alert alert-secondary">
    <strong>次要！</strong>显示一些不太重要的操作提示信息。
</div>
<div class="alert alert-success">
    <strong>成功！</strong>这是一个操作成功提示信息。
</div>
<div class="alert alert-info">
    <strong>信息！</strong>这是一个需要注意的信息。
</div>
<div class="alert alert-warning">
    <strong>警告！</strong>这里设置了一个警告信息。
</div>
<div class="alert alert-danger">
    <strong>错误！</strong>这是一个危险操作的提示信息。
</div>
<div class="alert alert-dark">
    <strong>深灰色！</strong>这是一个深灰色提示框。
</div>
<div class="alert alert-light">
    <strong>浅灰色！</strong>这是一个浅灰色提示框。
</div>
</body>
```

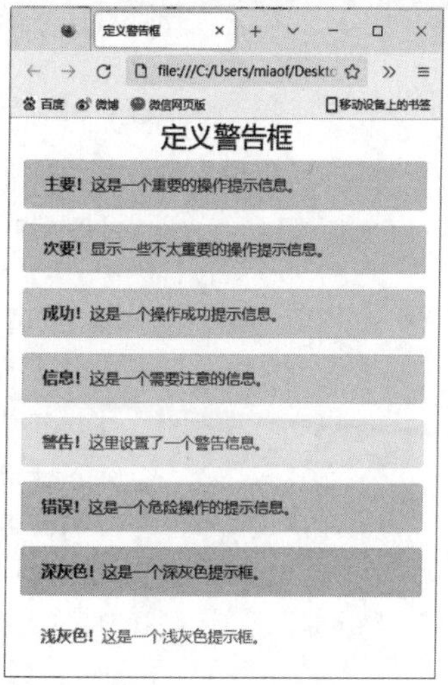

图 18-14 警告框

在定义警告框时，还可以为警告框设计链接颜色、额外附加内容和关闭按钮。用户可以扫描右侧的二维码获取扩展示例，进一步学习相关内容。

扩展示例

18.5.3 媒体对象

媒体对象是一类特殊版式的区块样式，用于设计图文混排效果(也可以是媒体与文本的混排效果)。

媒体对象仅需要引用.media和.media-body两个类，即可实现页面设计目标、形成布局，并控制可选的填充和边框。

【示例代码】

【例18-32】编写一段网页代码，在代码中设计媒体版式(扫码可查阅完整代码)。示例效果如图18-15所示。

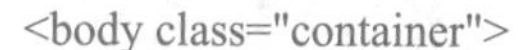

```
<body class="container">
<h5 align="center">设计媒体版式</h5>
<div class="media">
    <img src="Web.png" class="mr-3 w-25" alt="">
        <div class="media-body">
```

```
        <h3 class="mt-1">专为程序员设计的统计课</h3>
        <div class="my-2">课程介绍：打造为程序员设计的统计学课程。</div>
        <div class="my-2">章节目录：</div>
    <div class="my-1">
    <a href="#">套餐1</a>
            <a href="#">套餐2</a>
            <a href="#">套餐3</a>
            <a href="#">套餐4</a>
            <a href="#">套餐5</a>
            </div>
        <div class="my-2">学习服务：讲师答疑，答你所疑。</div>
        <div class="my-2">资料专区：总结出专属于你自己的技术手册。</div>
    </div>
</div>
</body>
```

图 18-15　媒体版式

在定义媒体对象时，还可以设计媒体嵌套、对齐方式、排列顺序、媒体列表。用户可以扫描右侧的二维码获取扩展示例，进一步学习相关内容。

扩展示例

18.5.4　进度条

Bootstrap提供了简单、优雅的进度条。用户可以使用CSS3的渐变、透明度和动画效果，实现带条纹和动画效果的进度条。

在Bootstrap中，进度条一般由嵌套的两层结构标签构成，外层标签引入progress类，用于设计进度条；内层标签引入progress-bar类，用来设计进度条。基本结构如下：

```
<div class="progress">
    <div class="progress-bar"></div>
</div>
```

在进度条中使用width样式属性设置进度条的精度，也可以使用Bootstrap 4提供的设置宽度的通用样式，如w-25、w-75等。

【示例代码】

【例18-33】编写一段网页代码，在代码中设计进度条效果(扫码可查阅完整代码)。示例效果如图18-16所示。

```
<body class="container">
<h5 align="center">定义进度条</h5>
<div class="progress">
    <div class="progress-bar w-25"></div>
</div><br/>
```

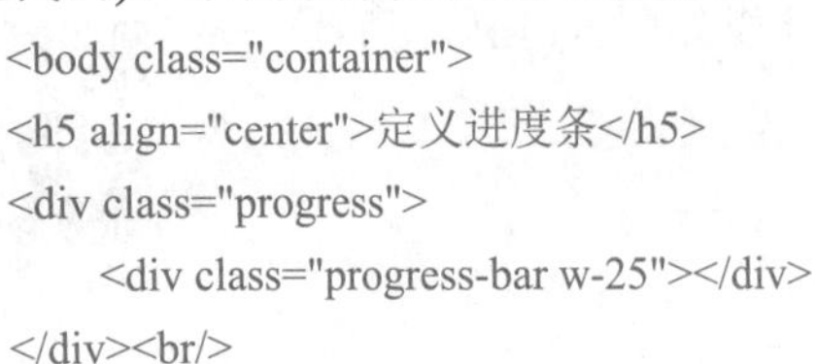

```
<div class="progress">
    <div class="progress-bar w-50"></div>
</div><br/>
<div class="progress">
    <div class="progress-bar w-75"></div>
</div><br/>
<div class="progress">
    <div class="progress-bar w-100"></div>
</div>
</body>
```

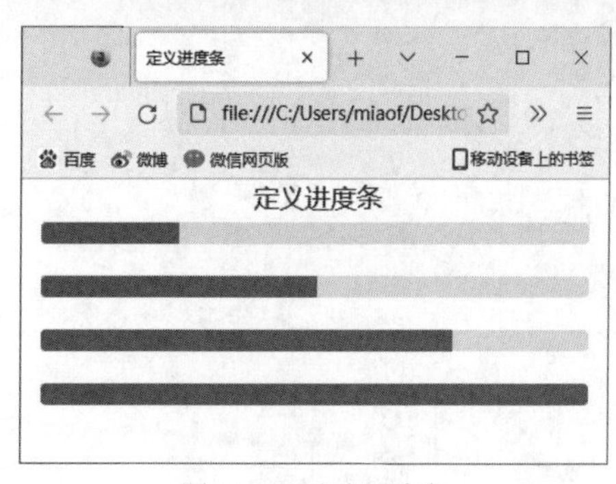

图 18-16 定义进度条

在设计进度条时，用户还可以为进度条设计标签、高度、背景色等样式，或者设计多进度条进度、条纹进度条、动画条纹进度条。用户可以扫描右侧的二维码获取扩展示例，进一步学习相关内容。

扩展示例

18.5.5 导航栏

导航栏是将商标、导航以及其他元素组合一起形成的，很容易扩展，并且在折叠插件的协助下，可以轻松与其他内容整合。导航栏是网页设计中必不可少的部分，它是整个网站的核心控制中枢。一般情况下，在网站的每个页面中都会看到导航栏。

在Bootstrap中，导航栏组件是由许多子组件组成的，可以根据需要从中选择。导航栏组件包含的子组件如表18-2所示。关于这部分内容，用户可以扫描右侧的二维码获取扩展示例，进一步学习相关内容。

扩展示例

表18-2 导航栏组件的子组件说明

子组件	说明
.navbar-brand	用于设置Logo或项目名称
.navbar-nav	提供轻便的导航，包括对下拉菜单的支持
.navbar-toggler	用于折叠插件和导航切换行为
.form-inline	用于控制操作表单
.navbar-text	对文本字符串的垂直对齐、水平间距做了优化处理
.collapse .navbar-collapse	用于通过父断点进行分组和隐藏导航列内容

第19章 JavaScript 插件

内容简介

Bootstrap自带了很多插件。即便不是JavaScript开发人员，使用这些插件也能给网页添加许多动态的效果。

学习重点

- 模态框
- 下拉菜单
- 弹窗
- 工具提示
- 标签页

19.1 JavaScript插件概述

Bootstrap内建了许多实用的JavaScript插件。利用Bootstrap数据API(Bootstrap Data API)，大部分的插件都可以在不编写任何代码的情况下被触发。

Bootstrap 4内置的插件在Web开发中的使用频率比较高，表19-1列出了Bootstrap插件支持的文件以及各种插件对应的js文件。

表19-1 Bootstrap插件支持的文件及对应的js文件

插件	对应文件	插件	对应文件
警告框	alert.js	模态框	modal.js
按钮	button.js	弹窗	popover.js
轮播	carousel.js	滚动监听	scrollspy.js
折叠	collapse.js	标签页	tab.js
下拉菜单	dropdown.js	工具提示	tooltip.js

表19-1所示的插件可以在Bootstrap源文件中找到，是从Bootstrap 4源文件中提取的插件文件，如果只需要使用其中的某个插件，可以从相应的文件夹中选择。

19.1.1 安装插件

Bootstrap插件可以单独引用，方法是使用Bootstrap提供的单个*.js文件；也可以一次性全部引入，方法是引入bootstrap.js或者bootstrap.min.js文件，例如：

```
<script src="bootstrap-4.6.1-dist/js/bootstrap.js"></script>
<script src="bootstrap-4.6.1-dist/js/bootstrap.min.js"></script>
```

【知识点滴】

部分Bootstrap插件和CSS组件依赖于其他插件。如果需要单独引入某个插件，应确保在文档中检查插件之间的依赖关系。

所有Bootstrap插件都依赖于util.js，它必须在插件之前引入。如果要单独使用某一个插件，引用时必须要包含util.js文件。若使用的是已编译bootstrap.js或者bootstrap.min.js文件，就没有必要再引入该文件了，因为其中已经包含了unil.js。

unil.js文件包含实用程序函数、基本事件和CSS转换模拟器。unil.js文件在Bootstrap 4源文件中可以找到，与其他插件在一个文件夹中。

【注意事项】

所有插件都依赖jQuery，因此必须在所有插件之前引入jQuery库文件，例如：

```
<script src="jquery-3.5.1.min.js"></script>
<script src="carousel.js"></script>
```

19.1.2 调用插件

Bootstrap 4提供两种调用插件的方法。

1. date属性调用

在页面中的目标元素上定义date属性，可以启用插件，不用编写JavaScript脚本。例如，激活下拉菜单，只需要定义data-toggle属性，设置属性值为dropdown即可实现。

```
<button class="btn btn-primary" data-toggle="dropdown" type="button">下拉菜单</button>
```

【知识点滴】

data-toggle属性是Bootstrap激活特定插件的专用属性，它的值对应插件的字符串名称。

大部分Bootstrap插件还需要data-target属性配合使用，用于指定控制对象，该属性值一般是一个jQuery选择器。例如，在调用模态框时，除了定义data-toggle="modal"激活模态框插件外，还应该使用data-target="#myModal"属性绑定模态框，告诉Bootstrap插件应该显示哪个页面元素，"myModal"属性值匹配页面中的模态框包含框<div id="myModal">。

```
<button type="button" class="btn" data-toggle="modal" data-target="#myModal">打开模态框</button>
<div id="myModal" class="modal">模态框</div>
```

在某些情况下，可能需要禁用Bootstrap的data属性，若要禁用data属性API，可使用data-API取消对文档上所有事件的绑定，代码如下：

```
$(document).off('.data-api')
```

或者针对特定的插件，只需要将插件的名称和数据API一起作为参数使用，代码如下：

```
$(document).off('.alert.data-api')
```

2. JavaScript调用

Bootstrap插件可以使用JavaScript脚本进行调用。使用脚本调用下拉菜单和模态框的代码如下：

```
<script>
    $(function(){
        $(".btn").dropdown();                    //调用下拉菜单
        $(".btn").click(function(){
            $('#mymodal').modal();               //调用模态框
        });
    })
</script>
```

当调用方法没有传递任何参数时，Bootstrap将使用默认参数初始化插件。

在Bootstrap中，插件定义的方法都可以接收一个可选的参数对象。下面的用法可以在打开模态框时取消遮罩层和按Esc键关闭模态框。

```
$(function(){
    $(".btn").click(function(){
        $('#Modal-test').modal({
            backdrop:false,                      //取消背景遮罩层
            keyboard:false                       //按Esc键关闭模态框
        });
    });
});
```

19.1.3　事件

Bootstrap 4为大部分插件自定义事件，这些事件包括不定式和过去式两种动词形式。

- 不定式形式：如show，表示其在事件开始时被触发。
- 过去式形式：如shown，表示在动作完成之后被触发。

所有不定式事件都提供了preventDefault()功能，可在操作开始之前停止其执行，从事件处理程序返回false也会自动调用preventDefault()。

```
$('#myModal').on('show.bs.modal',function (e){
    if (!data) return e.preventDefault()                //停止显示模态框
})
```

19.2　模态框

模态框(Modal)是覆盖在父窗体上的子窗体。子窗体可以在不离开父窗体的情况下有一些互动，可以自定义内容、提供信息、产生交互等。

模态框插件需要modal.js插件的支持，因此在使用插件之前，应该先导入jquery.js、util.js和modal.js文件。

```
<script src="jquery-3.5.1.min.js"></script>
<script src="util.js"></script>
<script src="modal.js"></script>
```

或者直接导入jquery.js和bootstrap.js文件：

```
<script src="jquery-3.5.1.min.js"></script>
<script src="bootstrap-4.6.1-dist/js/bootstrap.js"></script>
```

【示例代码】

【例19-1】编写一段网页代码，在代码中定义模态框(扫码可查阅完整代码)。示例效果如图19-1所示。

```
<!doctype html>
<html>
<head>
```

```
<meta charset="utf-8">
<title>定义模态框</title>
    <meta name="viewport" content="width=device-
    width, initial-scale=1, shrink-to-fit=no">
    <link rel="stylesheet" href="bootstrap-4.6.1/dist/
    css/bootstrap.css">
    <!--引入jQuery框架文件-->
    <script src="jquery-3.5.1.min.js"></script>
    <!--引入Bootstrap脚本文件-->
    <script src="bootstrap-4.6.1/dist/js/bootstrap.bundle.min.js"></script>
</head>
<body>
<h4>模态框标题</h4>
<a href="#myModal" class="btn btn-default" data-toggle="modal">弹出模态框</a>
<div id="myModal" class="modal">
    <div class="modal-dialog">
    <div class="modal-content">
        <h3>模态框</h3>
        <p>模态框中的内容</p>
        </div>
    </div>
</div>
</body>
</html>
```

图 19-1　模态框

在模态框的HTML代码中，封装div嵌套在父模态框div内。这个div的modal-content类告诉bootstrap.js在哪里查找模态框的内容。在这个div内，需要放置前面提到的三个部分：头部、正文和页脚。

模态框有固定的结构，外层使用modal类样式定义弹出模态框的外框，内部嵌套两层结构，分别为<div class="modal-dialog">和<div class="modal-content">。<div class="modal-dialog">定义模态框对话层，<div class="modal-content">定义模态对话框显示样式。

```
<div class="modal">
    <div class="modal-dialog">
        <div class="modal-content">模态框内容</div>
    </div>
</div>
```

模态框内容包括三个部分，分别是头部、正文和页脚，分别使用.modal-header、.modal-body和.modal-footer定义。

- 头部：用于给模态框添加标题和“×”关闭按钮等。标题使用.modal-title来定义，关闭按钮中需要添加data-dismiss="modal"属性，用来指定关闭的模态框组件。

- 正文：可以在其中添加任何类型的数据，包括嵌入视频、图像或其他任何内容。
- 页脚：页脚区域默认为右对齐。在这个区域内，可以放置“保存”“关闭”“接受”等操作按钮，这些按钮与模态框需要表现的行为相关联。“关闭”按钮中也需要添加data-dismiss="modal"属性，用于指定关闭的模态框组件。

以下为完整的模态框结构。

```
<!--模态框-->
<div class="modal" id="Modal-test">
    <div class="modal-dialog">
        <div class="modal-content">
            <!--头部-->
            <div class="modal-header">
                <!--标题-->
                <h5 class="modal-title" id="modalTitle">模态框标题</h5>
                <!--关闭按钮-->
                <button type="button" class="close" data-dismiss="modal">
                    <span>&times;</span>
                </button>
                <!--正文-->
                <div class="modal-body">模态框正文</div>
                <!--页脚-->
                <div class="modal-footer">
                    <!--关闭按钮-->
                    <button type="button" class="btn btn-secondary" data-dismiss="modal">关闭
                    </button>
                    <button type="button" class="btn btn-primary">保存</button>
                </div>
            </div>
        </div>
    </div>
</div>
```

模态框设计完成后，需要为特定对象(通常使用按钮)绑定触发行为，才能通过该对象触发模态框。在这个特定对象中需要添加data-target= "#Modal-test"属性来绑定对应的模态框，添加data-toggle= "modal"属性指定要打开的模态框。

```
<button type="button" class="btn btn-primary" data-toggle="modal" data-target="#Modal-test">单击打开
模态框</button>
```

前面的完整的模态框结构代码运行结果如图19-2所示。

图 19-2　激活模态框

19.2.1　设计模态框垂直居中

通过给<div class="modal-dialog">添加.modal-dialog-centered样式，来设置模态框垂直居中显示。

【示例代码】

【例19-2】在例19-1编写的代码中设置模态框垂直居中(扫码可查阅完整代码和示例效果)。

```
<div class="modal-dialog modal-dialog-centered">
```

19.2.2 设计模态框大小

模态框除了默认大小以外，还有三种可选值，如表19-2所示。

表19-2 模态框大小说明

大小	类	模态框宽度
小尺寸	.modal-sm	300px
大尺寸	.modal-lg	800px
超大尺寸	.modal-xl	1140px
默认尺寸	无	500px

表19-2所示的三种可选值在响应断点处还可以自动响应，以避免在较窄的视图上出现水平滚动条。通过给<div class="modal-dialog">添加.modal-sm、.modal-lg、.modal-xl来设置模态框的大小。

【扩展示例】

【例19-3】在例19-1代码中设置模态框的大小(扫码可查阅完整代码和示例效果)。

19.2.3 添加模态框和工具提示

工具提示和弹窗，可以根据需要放置在模态框中。当模态框关闭时，包含的任何工具提示和弹窗都会同步关闭。

【扩展示例】

【例19-4】编写一段网页代码，在代码中添加弹窗和工具提示(扫码可查阅完整代码和示例效果)。

19.2.4 调用模态框

模态框可以通过date属性或JavaScript脚本来调用。

1. data属性调用

启动模态框无须编写JavaScript脚本，只需要在控制元素上设置data-toggle= "modal"属性，以及data-target或href属性。data-toggle="modal"属性用来激活模态框插件，data-target或href属性用来绑定目标对象。

```
<button type="button" data-toggle="modal" data-target="#myModal">modal</button>
<a href="#myModal" data-target="modal" class="btn"></a>
```

2. JavaScript调用

JavaScript调用直接使用modal()函数即可。下面的示例即为按钮绑定click事件，当单击该按钮时，为模态框调用modal()构造函数。

【扩展示例】

【例19-5】编写一段网页代码，在代码中通过JavaScript调用模态框(扫码可查阅完整代码和示例效果)。

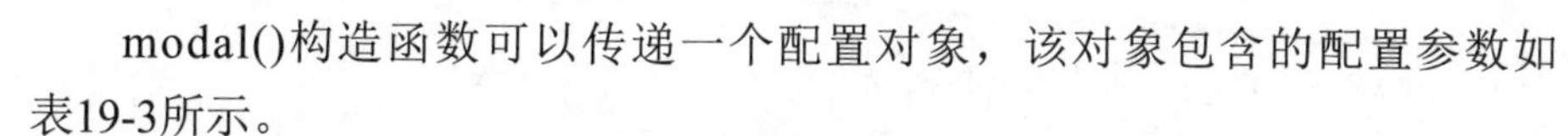

modal()构造函数可以传递一个配置对象，该对象包含的配置参数如表19-3所示。

表19-3　modal()配置参数说明

名称	类型	默认值	说明
backdrop	boolean	true	是否显示背景遮罩层，同时设置单击模态框其他区域是否关闭模态框。默认值为true，表示显示遮罩层
keyboard	boolean	true	是否允许按Esc键关闭模态框，默认值为true，表示允许使用键盘上的Esc键关闭模态框
focus	boolean	true	初始化时将焦点放在模态框上
show	boolean	true	初始化时是否显示模态框(默认状态表示显示模态框)

【知识点滴】

使用data属性调用模态框时，上面的选项也可以通过data属性传递给组件。对于data属性，将选项名称附着于data-之后，如data-keyboard=" "。

19.2.5　为模态框添加用户行为

Bootstrap 4为模态框定义了4个事件，如表19-4所示。

表19-4　模态框事件说明

事件	说明
show.bs.modal	当调用显示模态框的方法时将会触发该事件
shown.bs.modal	当模态框显示完毕后触发该事件
hide.bs.modal	当调用隐藏模态框的方法时触发该事件
hidden.bs.modal	当模态框隐藏完毕后触发该事件

【扩展示例】

【例19-6】编写一段网页代码，在代码中为模态框添加用户行为(扫码可查阅完整代码和示例效果)。

19.3　下拉菜单

Bootstrap通过dropdown.js支持下拉菜单交互，在使用之前应导入jquery.js、util.js和

dropdown.js。下拉菜单组件还依赖于第三方popper.js插件实现，popper.js插件提供了动态定位和浏览器窗口大小检测，所以在使用下拉菜单时应确保引入了popper.js文件，并放在Bootstrap.js文件之前。

```
<script src= "jquery-3.5.1.slim.js "></script>
<script src= "util.js "></script>
<script src= "popper.min .js"></script>
<script src= "dropdown.js "></script>
```

或者直接导入jquery.js、popper.js和bootstrap.js文件：

```
<script src= "jquery-3.5.1.slim.js "></script>
<script src= "popper.min.js "></script>
<script src= "bootstrap-4.6.1-dist/js/bootstrap.js "></script>
```

19.3.1 调用下拉菜单

下拉菜单插件可以为所有对象添加下拉菜单，包括按钮、标签页等。调用下拉菜单有data属性调用和JavaScript脚本调用两种方法。

1. data属性调用

在超链接或按钮上添加data-toggle="dropdown"属性即可激活下拉菜单的交互行为。

【示例代码】

【例19-7】编写一段网页代码，在代码中演示通过data属性激活下拉菜单(扫码可查阅完整代码)。示例效果如图19-3所示。

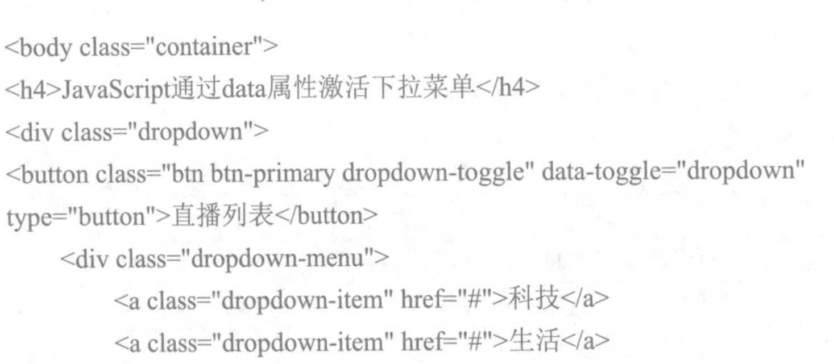

```
<body class="container">
<h4>JavaScript通过data属性激活下拉菜单</h4>
<div class="dropdown">
<button class="btn btn-primary dropdown-toggle" data-toggle="dropdown"
type="button">直播列表</button>
    <div class="dropdown-menu">
        <a class="dropdown-item" href="#">科技</a>
        <a class="dropdown-item" href="#">生活</a>
        <a class="dropdown-item" href="#">音乐</a>
        <a class="dropdown-item" href="#">舞蹈</a>
    </div>
</div>
</body>
```

图 19-3　调用下拉菜单

2. JavaScript调用

使用dropdown()构造函数可直接调用下拉菜单。

【扩展示例】

【例19-8】编写一段网页代码，在代码中演示通过dropdown()构造函数调用下拉菜单(扫码可查阅完整代码和示例效果)。

【知识点滴】

当调用dropdown()方法后，单击按钮会弹出下拉菜单，但再次单击时将不再收起下拉菜单，需要使用脚本进行关闭。

19.3.2　设置下拉菜单

可通过data属性或JavaScript脚本传递配置参数，参数说明如表19-5所示。

表19-5　传递配置参数说明

参数	类型	默认值	说明
offset	number|string|function	0	下拉菜单相对于目标的偏移量
flip	boolean	true	允许下拉菜单在引用元素重叠的情况下翻转

【扩展示例】

【例19-9】编写一段网页代码，在代码中演示设置下拉菜单(扫码可查阅完整代码和示例效果)。

19.3.3　为下拉菜单添加用户行为

Bootstrap为下拉菜单定义了4个事件，如表19-6所示。这些事件用于响应特定操作阶段的用户行为。

表19-6　下拉菜单事件说明

事件	说明
show.bs.dropdown	调用显示下拉菜单的方法时触发该事件
shown.bs.dropdown	当下拉菜单显示完成后触发该事件
hide.bs.dropdown	当调用隐藏下拉菜单的方法时触发该事件
hidden.bs.dropdown	当下拉菜单隐藏完毕后触发该事件

下面示例将使用show、shown、hide、hidden这4个事件来监听下拉菜单，然后激活下拉菜单交互行为，这样当下拉菜单在交互过程中，就可以看到4个事件的执行顺序和发生节点。

【扩展示例】

【例19-10】编写一段网页代码，在代码中演示为下拉菜单添加用户行为(扫码可查阅完整代码和示例效果)。

19.4　弹窗

弹窗依赖工具提示插件，因此需要先加载工具提示插件。另外，弹窗插件还需要popover.js文件支持，所以应先导入jquery.js、util.js、popper.js、tooltip.js、popover.js文件。

```
<script src="jquery-3.5.1.min.js"></script>
<script src="util.js"></script>
<script src="popper.js"></script>
<script src="tooltip.js"></script>
<script src="popover.js"></script>
```

或者直接导入jquery.js、popper.js和bootstrap.js文件：

```
<script src="jquery-3.5.1.min.js"></script>
<script src="popper.js"></script>
<script src="bootstrap-4.6.1-dist/js/bootstrap.js"></script>
```

使用data-toggle="popover"属性对元素添加弹窗，使用title属性设置弹窗的标题内容，使用data-content属性设置弹窗的内容。如下面的代码，定义一个超链接，添加data-toggle="popover"属性，定义title和data-content属性内容：

```
<a href="#" type="button" class="btn btn-primary" data-toggle="popover" title="弹窗标题" data-content="
弹窗的内容">弹窗</a>
```

出于性能的考虑，Bootstrap中无法通过data属性激活弹窗插件，因此必须手动通过JavaScript脚本方式调用。调用方法是通过popover()构造函数来实现的。

- 使用data-toggle属性初始化弹窗：

```
<script>
    $(function (){
        $('[data-toggle="popover"]').popover()
    })
</script>
```

- 使用选择器初始化弹窗，如id或者class：

```
$(function() {
    $('class或id').popover()
})
```

初始化完成后，即可实现弹窗效果。禁用的按钮元素是不能交互的，因为无法通过悬浮或单击来触发弹窗。但可以通过为禁用元素包裹一个容器，在该容器上触发弹窗。

【示例代码】

【例19-11】编写一段网页代码，在代码中为禁用按钮添加弹窗(扫码可查阅完整代码)。示例效果如图19-4所示。

```
<body class="container">
<h4>禁用的按钮弹窗</h4>
<span data-toggle="popover" title="提示" data-content="用户免
费分享资源，请登录后获取。">
    <button class="btn btn-info" type="button" >下载资源
    </button>
</span>
```

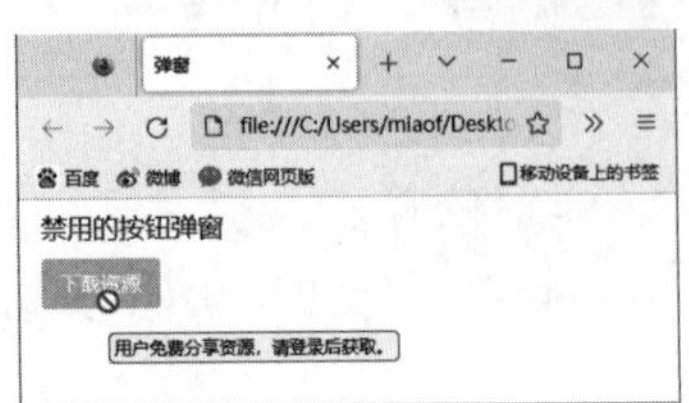

图 19-4　禁用按钮的弹窗效果

```
<script>
$(function () {
    $("[data-toggle='popover']").popover();
});
</script>
</body>
```

19.4.1 设计弹窗方向

与工具提示默认的显示位置不同，弹窗默认显示位置在目标对象的右侧。通过data-placement属性可以设置提示信息的显示位置，取值包括top、right、bottom和left。

【扩展示例】

【例19-12】在例19-11编写的代码中演示设置弹窗方向(扫码可查阅完整代码和示例效果)。

19.4.2 调用弹窗

使用JavaScript脚本触发弹窗：

```
$('#example').popover(options)
```

$('#example')表示匹配的页面元素，options是一个参数对象，可以配置弹窗的相关参数，具体参数说明如表19-7所示。

表19-7 popover()的参数说明

名称	类型	默认值	描述
animation	boolean	true	设置弹窗是否应用CSS淡入淡出过渡特效
container	string|element|false	false	将弹窗附加到特定元素上，如<body>
content	string|element|function	无	若data-content属性不存在，则为默认内容值。若给定一个函数，该函数将被调用，它的引用集将指向弹出窗口所附加的元素
delay	number|object	0	设置弹窗显示和隐藏的延迟时间，不适用于手动触发类型；若只提供了一个数字，则表示显示和隐藏的延迟时间，语法为：delay:{show:100,hide:500}
html	boolean	false	设置是否插入HTML字符串，若设置为false，则使用jQuery的text()方法插入内容，就不用担心XSS攻击
placement	string|function	right	设置弹窗的位置，包括auto|top|bottom|left|right。当设置为auto时，它将动态地重新定位弹窗
selector	string|function	false	若提供了选择器，则弹窗对象将委托给指定的目标
title	string|element|function	无	若title属性不存在，则需要显示提示文本
trigger	string	click	设置弹窗的触发方式，包括单击(click)、鼠标经过(hover)、获取焦点(focus)或者手动(manual)。可以指定多种方式，多种方式之间通过空格分隔
offset	number|string	0	设置弹出窗口相对于其目标的偏移量

可以通过data属性或JavaScript传递参数。对于data属性，将参数名附着到data-后面即可，如data-container=" "。也可以针对单个弹窗，指定单独的data属性。

【扩展示例】

【例19-13】通过JavaScript设置弹窗的参数，让弹窗以HTML文本格式显示一张图片，同时延迟1秒显示，推迟1秒隐藏，通过click(单击)触发弹窗(扫码可查阅完整代码和示例效果)。

弹窗插件拥有多个方法，具体如表19-8所示。

表19-8　弹窗插件的方法说明

方法	说明
.popover('show')	显示页面某个元素的弹窗
.popover('hide')	隐藏页面某个元素的弹窗
.popover('toggle')	打开或隐藏页面某个元素的弹窗
.popover('dispose')	隐藏和销毁元素的弹窗
.popover('enable')	赋予元素弹窗显示的能力。默认情况下，弹窗为启用状态
.popover('disable')	移除显示元素的弹窗功能。只有在重新启用时，才能显示弹窗
.popover('toggleEnable')	切换显示或隐藏元素弹窗的能力
.popover('update')	更新元素的弹窗位置

19.4.3　为弹窗添加用户行为

Bootstrap 4为弹窗插件提供了表19-9所示的5个事件。

表19-9　弹窗事件的说明

事件	说明
show.bs.popover	当调用show方法时，此事件立即触发
shown.bs.popover	当弹窗对用户可见时触发此事件
hide.bs.popover	当调用hide方法时，此事件立即触发
hidden.bs.popover	当弹窗对用户隐藏完成时，将触发此事件
inserted.bs.popover	该事件在show.bs.popover事件结束后被触发

【扩展示例】

【例19-14】为弹窗绑定多个监听事件，然后激活弹窗交互行为，多个监听事件将依次执行，执行过程中，为每个过程添加alert()方法，弹出对应的事件，并设置此时按钮的颜色(扫码可查阅完整代码和示例效果)。

19.5　工具提示

在Bootstrap 4中，工具提示插件需要tooltip.js文件支持，所以在使用之前应该导入

jquery.js、util.js和tooltip.js。工具提示插件还依赖于第三方popper.js插件实现，所以在使用工具提示时应确保引入popper.js文件，并放置在bootstrap.js文件之前。

```
<script src="jquery-3.5.1.min.js"></script>
<script src="util.js"></script>
<script src="popper.js"></script>
<script src="tooltip.js"></script>
```

或者直接导入jquery.js和bootstrap.js文件。

```
<script src="jquery-3.5.1.min.js"></script>
<script src="popper.min.js"></script>
<script src="bootstrap-4.6.1-dist/js/bootstrap.js"></script>
```

使用data-toggle="tooltip"属性对元素添加工具提示，提示的内容使用title属性设置。如以下代码，定义了一个超链接，添加data-toggle="tooltip"属性，并定义title内容：

```
<a href="#" type="button" class="btn btn-primary" data-toggle="tooltip" title="将跳转至网站主页">返回</a>
```

出于性能原因的考虑，Bootstrap无法通过data属性激活工具提示插件，因此必须手动通过JavaScript脚本方式调用。调用方法是通过tooltip()构造函数来实现，如以下代码：

```
<!--使用data-toggle属性初始化-->
<script>
    $(function(){
        $('[data-toggle="tooltip"]').tooltip()
    })
</script>
```

也可以使用选择器(id或class)初始化工具提示：

```
<script>
    $(function{}{
        $('.btn').tooltip()
    })
</script>
```

程序运行结果如图19-5左图所示。

禁用的按钮元素是不能交互的，因为无法通过悬浮或单击来触发工具提示。可以通过为禁用元素包裹一个容器，在该容器上触发工具提示。例如，在以下代码中，为禁用按钮包裹一个<span>标签，在其上添加工具提示，效果如图19-5右图所示。

```
<span data-toggle="tooltip" title="将跳转至网站主页">
    <button class="btn btn-info" type="button" disabled>返回</button>
</span>
```

图 19-5　工具提示

19.5.1　工具提示方向

使用data-placement= " "属性可设置工具提示的显示方向，可选值有left、right、top和

bottom四个，分别表示向左、向右、向上和向下。

【扩展示例】

【例19-15】定义4个按钮，使用data-placement属性，为每个按钮设置不同的工具提示显示方向(扫码可查阅完整代码和示例效果)。

19.5.2 调用工具提示

使用JavaScript脚本触发工具提示：

```
$('#example').tooltip(options);
```

$('#example')表示匹配的页面元素，options是一个参数对象，可以设置工具提示的相关配置参数，如表19-10所示。

表19-10 tooltip()的参数说明

名称	类型	默认值	描述
animation	boolean	true	设置工具提示是否应用CSS淡入淡出过渡效果
container	string|element|false	false	将工具提示附加到特定元素上，如<body>
delay	number|object	0	设置工具提示显示和隐藏的延迟时间，不适用于手动触发类型；如果只提供了一个数字，则表示显示和隐藏的延迟时间。语法结构为：delay:{show:1000,hide:500}
html	boolean	false	设置是否插入HTML字符串。若为true，工具提示标题中的HTML标记将在工具提示中呈现；若设置为false，则使用jQuery的text()方法插入内容，就不用担心XSS攻击
placement	string|function	top	设置工具提示的位置，包括auto|top|bottom|left|right。当设置为auto时，它将动态地重新定位工具提示
selector	string	false	设置一个选择器字符串，则具体提示针对选择器匹配的目标进行显示
title	string|element|function	无	如果title属性不存在，则需要显示提示文本
trigger	string	click	设置工具提示的触发方式，包括单击(click)、鼠标经过(hover)、获取焦点(focus)或者手动(manual)。可以指定多种方式，多种方式之间通过空格进行分隔
offset	number|string	0	设置工具提示内容相对于其目标的偏移量

可以通过data属性或JavaScript传递参数。对于data属性，将参数名附着到data-后面即可，如data-container=" "。也可以针对单个工具提示，指定单独的data属性。

【扩展示例】

【例19-16】通过JavaScript设置工具提示的参数，让提示信息以HTML文本格式显示一张图片，同时延迟1秒钟显示，推迟1秒钟隐藏，通过click(单击)触发弹窗，应用淡入淡出过渡特效(扫码可查阅完整代码和示例效果)。

【知识点滴】

工具提示插件拥有多个方法，具体说明如表19-11所示。

表19-11　工具提示插件的方法说明

方法	说明
.tooltip('show')	显示页面某个元素的工具提示
.tooltip('hide')	隐藏页面某个元素的工具提示
.tooltip('toggle')	打开或隐藏页面某个元素的工具提示
.tooltip('dispose')	隐藏和销毁元素的工具提示
.tooltip('enable')	赋予元素工具提示显示的能力。默认情况下，工具提示为启用状态
.tooltip('disable')	移除显示元素的工具提示功能。只有在重新启用时，才能显示工具提示
.tooltip('toggleEnabled')	切换显示或隐藏元素工具提示的能力
.tooltip('update')	更新元素的工具提示位置

19.5.3　为工具提示添加用户行为

Bootstrap 4为工具提示插件提供5个事件，如表19-12所示。

表19-12　工具提示事件说明

事件	说明
show.bs.tooltip	当调用show方法时，此事件立即触发
shown.bs.tooltip	当工具提示对用户可见时触发此事件
hide.bs.tooltip	当调用hide方法时，将立即触发此事件
hiden.bs. tooltip	当工具提示对用户隐藏完成时，将触发此事件
inserted.bs.tooltip	该事件在show.bs.tooltip事件结束后被触发

【扩展示例】

【例19-17】为一个工具提示绑定多个监听事件，然后激活工具提示交互行为，多个监听事件将依次执行，执行过程中，为每个过程添加alert()方法，弹出对应的事件(扫码可查阅完整代码和示例效果)。

19.6　标签页

标签页插件需要tab.js文件支持，因此在使用该插件之前应先导入jquery.js、util.js和tab.js文件。

```
<script src="jquery-3.5.1.min.js"></script>
<script src="util.js"></script>
<script src="tab.js"></script>
```

或者直接导入jquery.js和bootstrap.js文件。

```
<script src="jquery-3.5.1.min.js"></script>
<script src="bootstrap-4.6.1-dist/js/bootstrap.js"></script>
```

在使用标签页插件之前，首先应了解标签页的HTML结构。标签页分为以下两个部分。

- 导航区：导航区使用Bootstrap导航组件设计，在导航区内，将每个超链接定义为锚点链接，锚点值指向对应的标签内容框的ID值。
- 内容区域：内容区域需要使用tab-content类定义外包含框，使用tab-pane类定义每个Tab内容框。

在导航区域内为每个超链接定义data-toggle="tab"，激活标签页插件。对于下拉菜单选项，也可以通过该属性激活它们对应的行为。

【扩展示例】

【例19-18】编写一段网页代码，在代码中定义标签页(扫码可查阅完整代码和示例效果)。

19.6.1 调用标签页

调用标签页插件可以使用data属性和JavaScript脚本两种方法。

1. data属性调用

通过data属性来激活标签页，不需要编写任何JavaScript脚本，只需要在导航标签或者导航超链接中添加data-toggle="tab"或者data-toggle="pill"属性即可。同时确保为导航包含框添加nav和nav-tabs(或nav-pills)类。

```
<ul class="nav nav-tabs">
    <li class="nav-item">
        <a class="nav-link active" data-toggle="tab" href="#1"></a>
    </li>
    <li class="nav-item">
        <a class="nav-link active" data-toggle="tab" href="#2"></a>
    </li>
    <li class="nav-item">
        <a class="nav-link active" data-toggle="tab" href="#3"></a>
    </li>
</ul>
<!--Tab panes-->
<div class="tab-content">
    <div class="tab-pane active" id="1">...</div>
    <div class="tab-pane " id="2">...</div>
    <div class="tab-pane" id="3">...</div>
</div>
```

2. JavaScript脚本调用

可以通过JavaScript脚本直接调用标签页，调用方法是在每个超链接的单击事件中调用tab("show")方法显示对应的标签内容框。

```
<script>
    $(function(){
```

```
            $('#myTab a').on('click',function (e){
                e.preventDefault()
                $(this).tab('show')
            })
        })
    </script>
    <!--Nav tabs-->
    <ul class="nav nav-tabs" id="maTab">
        <li class="nav-item">
            <a class="nav-link active" href="#1"></a></li>
        <li class="nav-item">
            <a class="nav-link" href="#2"></a>
        </li>
        <li class="nav-item">
            <a class="nav-link" href="#3"></a>
        </li>
    <!--Tab panes-->
    <div class="tab-content">
        <div class="tab-pane active" id="1"></div>
        <div class="tab-pane" id="2"></div>
        <div class="tab-pane" id="3"></div>
    </div>
```

其中，e.preventDefault()阻止超链接的默认行为，$(this).tab('show')显示当前标签页对应的内容框内容。

用户还可以设计单独的控制按钮，专门显示特定Tab项的内容框。

```
$('#myTab a[href="#profile"]').tab('show')          /*显示ID名为profile的项目*/
$('#myTab li:first-child a').tab('show')            /*显示第一个Tab选项*/
$('#myTab li:last-child a').tab('show')             /*显示最后一个Tab选项*/
$('#myTab li:nth-child(3)a').tab('show')            /*显示第3个Tab选项*/
```

19.6.2　为标签页添加用户行为

标签页插件包括4个事件，如表19-13所示。

表19-13　标签页事件说明

事件	说明
show.bs.tab	当一个选项卡被激活前触发
shown.bs.tab	当一个选项卡被激活后触发
hide.bs.tab	切换选项卡时，旧的选项卡按开始隐藏时触发
hidden.bs.tab	切换选项卡时，旧的选项卡隐藏完成后触发

对于以上4个事件，通过event.target和event.relatedTarget可以获取当前触发的Tab标签和前一个被激活的Tab标签。

【扩展示例】

【例19-19】编写一段代码，为标签页绑定show.bs.tab事件，实时监听选项卡切换，并弹出旧的选项卡标签和将被激活的选项卡标签(扫码可查阅完整代码和示例效果)。

19.7 其他JavaScript插件

除了上面介绍的JavaScript插件以外，Bootstrap还定义了丰富的其他JavaScript插件，如按钮、警告框、折叠，下面将进行简要介绍。

19.7.1 按钮

按钮插件需要button.js文件支持，在使用该插件之前，需要先导入jquery.js和button.js文件，同时还应该导入插件所需要的样式表文件。

```
<link rel="stylesheet" href="bootstrap-4.6.1/dist/css/bootstrap.css">
<script src="jquery-3.5.1.min.js"></script>
<script src="button.js"></script>
```

或者直接导入jquery.js和bootstrap.js文件：

```
<script src="jquery-3.5.1.min.js"></script>
<script src="bootstrap-4.6.1/dist/js/bootstrap.js"></script>
```

激活按钮交互行为的方法有以下两种。

方法1：添加data-toggle="button"属性，可以激活按钮。

```
<button type="button" class="btn btn-info" data-toggle="button">激活按钮</button>
```

方法2：通过JavaScript脚本形式激活按钮。

```
$(".btn").button()
```

按钮插件中定义了以下方法。

```
$().button("toggle")
```

该方法可以切换按钮状态，设置按钮被激活时的状态和外观。

Bootstrap的.button样式也可以作用于其他元素，如<label>，从而模拟单选按钮、复选框效果。添加data-toggle="button"到.btn-group下的元素里，可以启用样式切换效果。预先选中的按钮需要手动将.active添加到<label>上。用户可以扫描右侧的二维码获取扩展示例，进一步学习相关内容。

扩展示例

19.7.2 警告框

警告框插件需要alert.js文件支持，因此在使用该插件之前，应先导入jquery.js、util.js

和alert.js文件。

```
<script src="jquery-3.5.1.min.js"></script>
<script src="util.js"></script>
<script src="alert.js"></script>
```

或者直接导入jquery.js和bootstrap.js文件。

```
<script src="jquery-3.5.1.min.js"></script>
<script src="bootstrap-4.6.1/dist/js/bootstrap.js"></script>
```

设计一个警告框，并添加一个关闭按钮，示例效果如图19-6所示。代码如下：

图 19-6　警告框

```
<!doctype html>
<html>
<head>
<meta charset="utf-8">
<title>警告框</title>
    <meta name="viewport" content="width=device-width, initial-scale=1, shrink-to-fit=no">
    <link rel="stylesheet" href="bootstrap-4.6.1/dist/css/bootstrap.css">
    <script src="jquery-3.5.1.min.js"></script>
    <script src="bootstrap-4.6.1/dist/js/bootstrap.min.js"></script>
</head>
<body class="container">
<h4>定义警告框</h4>
<div class="alert alert-info fade show">
    <strong>警告框标题</strong>说明文本。
    <button type="button" class="close" data-bs-dismiss="alert">
        <span>&times;</span>
    </button>
</div>
</body>
</html>
```

通过使用JavaScript脚本可以控制警告框的关闭操作。通过使用Bootstrap 4为警告框提供的close.bs.alert事件(当close函数被调用后，该事件被触发)和closed.bs.alert事件(当警告框被关闭后，该事件被触发)，可以为警告框添加用户行为。关于这部分内容，用户可以扫描右侧的二维码获取扩展示例，进一步学习相关内容。

扩展示例

19.7.3　折叠

Bootstrap折叠插件允许在网页中使用JavaScript和CSS类切换内容，以控制内容的可见性，可以用折叠插件来创建折叠导航、折叠内容面板。

折叠插件需要collapse.js插件的支持，因此在使用插件之前，应先导入jquery.js、util.js和collapse.js文件。

```
<script src="jquery-3.5.1.min.js"></script>
<script src="util.js"></script>
<script src="collapse.js"></script>
```

或者直接导入jquery.js和bootstrap.js文件。

```
<script src="jquery-3.5.1.min.js"></script>
<script src="bootstrap-4.6.1/dist/js/bootstrap.js"></script>
```

折叠的结构看起来复杂，但调用起来很简单，具体可以分为以下两个步骤。

步骤1：定义折叠的触发器，使用<a>或者<button>标签。在触发器中添加触发属性data-toggle="collapse"，并在触发器中使用id或class来指定触发的内容。若使用的是<a>标签，可以让href属性值等于id或class值；若使用<button>标签，在<button>中添加data-target属性，属性值为id或class值。

步骤2：定义折叠包含框，将折叠内容包含在折叠框中，然后在包含框中设置id或class值，该值等于触发器中对应的id或class值，最后还需要在折叠包含框中添加表19-14所示的三个类中的一个。

表19-14　折叠包含框中添加的类

类	说明
.collapse	隐藏折叠内容
.collapsing	隐藏折叠内容，切换时带有动态效果
.collapse.show	显示折叠内容

完成以上两个步骤即可实现折叠效果。

【扩展示例】

【例19-20】编写一段网页代码，在代码中定义折叠(扫码可查阅完整代码)。示例效果如图19-7所示。

图 19-7　折叠

在定义折叠时，还可以通过选择器来显示或隐藏多个折叠包含框(一般使用class值)，也可以通过多个触发器来控制显示或隐藏一个折叠包含框。或者使用折叠组件结合卡片组件实现手风琴效果。关于这部分的内容，用户可以扫描右侧的二维码获取扩展示例，进一步学习相关内容。

第20章 使用Vue

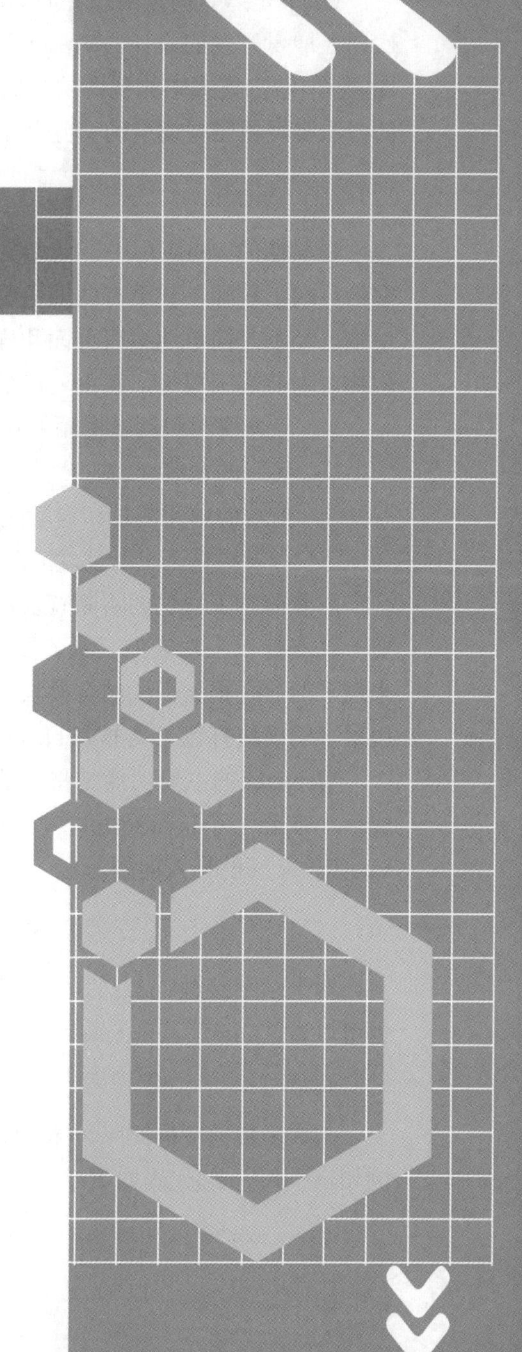

内容简介

Vue.js(简称Vue)是一套构建用户界面的渐进式框架。与其他框架不同的是，Vue采用自底向上增量开发的设计。Vue的核心库只关注图层，并且非常容易与其他库或已有项目整合。

本章将重点介绍Vue的基础知识。

学习重点

- Vue实例和组件
- Vue插值表达式
- Vue指令
- Vue的data属性

20.1 Vue概述

Vue.js的作者是尤雨溪(Evan You)，尤雨溪在Hacker News1、Echo JS2与Reddit3的r/javascript版块发布了最早的版本，在一天之内，Vue.js就登上了这3个网站的首页。之后Vue.js成为GitHub上最受欢迎的开源项目之一。

同时，在JavaScript框架/函数库中，Vue.js所获得的星标数已超过React，并高于Backbone.js、Angular 2、jQuery等项目。

Vue.js是一套构建用户界面的渐进式框架。与其他重量级框架不同的是，Vue.js采用自底向上增量开发的设计。Vue.js所关注的核心是MVVM(Model-View-ViewModel，模型-视图-视图模型)模式中的视图层，同时，它也能方便地获取数据更新，并通过组件内部特定的方法实现视图与模型的交互。

20.1.1 Vue.js产生的背景

在早期的Web应用中，前端开发项目就是写一些HTML代码，实现页面的布局，然后交给后端工程师，甚至有些业务都是由后端工程师一并承担。但随着业务和技术的发展，前端已经不是简单地编写页面和样式了，而是需要一系列可以流程化和规范化的能力，我们称之为前端工程化，其主要包括以下几个部分。

- 静态资源和动态资源的处理。
- 代码的预编译。
- 前端的单元测试和自动化测试。
- 开发调试工具和前端项目的部署。

随着前端工程化的不断普及，仅仅靠手工来完成这些操作显得效率低下，前端迫切需要一款支持以上功能的工具，随后便出现了如Webpack、Browserify模块的打包工具。越来越多的前端框架需要结合模块打包工具一起使用，Vue.js也不例外，目前和Vue.js结合使用最多的模块打包工具非Webpack莫属。

Webpack的主要功能是将前端工程所需要的静态资源文件(如CSS、JavaScript等)打包成一个或若干个JavaScript文件或CSS文件。同时，Webpack提供了模块化方案来解决与Vue组件之间的导入问题。

20.1.2 Vue.js的安装和导入

对于刚刚接触Vue.js的用户，可以采用最简单、最原始的方式来安装或者导入Vue.js，也可以通过npm工具来安装或导入Vue.js。

1. 通过<script>标签导入

与大多数前端框架库一样，在HTML页面中，可以通过<script>标签的方式导入Vue.js。例如，引入Vue 3代码如下：

```
<script src="https://unpkg.com/vue@next"></script>
```

【知识点滴】

也可以通过JavaScript将Vue.js下载到本地计算机中，再从本地计算机导入。这里需要注意的是，Vue.js 3有多个版本，包括Vue.js 3.0.0、Vue.js 3.1.0等，同时也在不断更新中，通过上面配置的链接可以获取到最新版本的Vue.js 3。当然，若想固定使用某个版本的Vue.js 3，也可以将链接修改为https://unpkg.com/vue@3.2.28/dis/vue.global.prod.js。

2. 通过nmp标签导入

在使用Vue.js开发大型项目时，可以使用npm工具来安装Vue.js。npm可以很好地和Webpack或Rollup等模块打包工具配合使用，例如以下代码：

```
npm install vue@next
```

3. 通过Vue Cli或Vite导入

对于实际项目而言，也可以采用Vue Cli或者Vite的方式来创建Vue项目。

- Vue Cli是一个官方的脚手架工具，它基于Webpack，提供页面应用的快速搭建，并为现代前端工作流提供了功能齐备的构建设置。只需要几分钟的时间就可以运行起来，并带有热重载、保存时lint校验以及生产环境可用的构建版本。
- Vite是一个Web开发构建工具，基于Rollup，伴随着Vue 3而来，由于其原生的ES 6模块导入方式，因此可以实现闪电般的冷服务器启动。

20.2 Vue实例和组件

在使用Vue开发的每个Web应用中，大部分是一个单页应用(只有一个Web页面的应用)，它加载单个HTML页面，并在用户与应用程序交互时动态地更新该页面的DOM内容。

每一个单页Vue应用都需要从一个Vue实例开始。每一个Vue应用都由若干个Vue实例或组件组成。

20.2.1 Vue实例

在创建index.html文件并通过<script>的方式导入Vue.js后，即可创建Vue实例。

【示例代码】

【例20-1】创建index.html文件，在代码中创建一个简单的Vue.js实例(扫码可查阅完整代码)。示例效果如图20-1所示。

```
<!doctype html>
<html>
<head>
<meta charset="utf-8">
<meta name="viewport" content="width=device-width, initial-
scale=1.0, maxium-scale=1.0, user-scalable=no" />
<title>Vue.js实例</title>
```

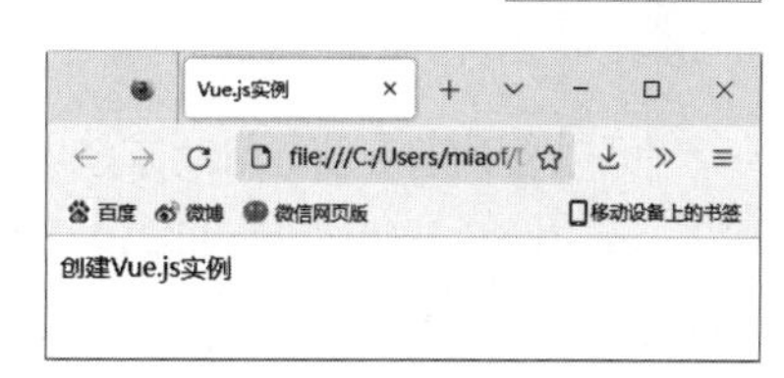

图 20-1 Vue.js 实例效果

```
<script src="https://unpkg.com/vue@3.2.28/dist/vue.global.js"></script>
</head>
<body>
<div id="app">
    {{msg}}
</div>
<script type="text/javascript">
    const app = Vue.createApp({
        data(){
            return {
                msg:"创建Vue.js实例",
            }
        }
    })
    app.mount('#app')
</script>
</body>
</html>
```

【知识点滴】

通过createApp方法可以创建一个Vue实例，一个Vue实例若想和页面上的DOM渲染进行挂载，就需要调用mount方法，参数传递id选择，挂载后这个id选择器对应的DOM将会被Vue实例接管。当然，也可以使用class选择，但需要注意：若通过class选择器找到多个DOM元素，则只会选取第一个。

data属性表示数据，用于接收一个对象。也就是说，若Vue实例需要操作页面DOM里的数据，可以通过data来控制，需要在HTML代码中写插值表达式{{}}，然后获取data中的数据(如上例中{{msg}}会显示成“创建Vue.js实例”)。接下来在Vue实例中通过this.xxx使用data中定义的值。需要注意在Vue 3中，data需要一个函数function，并返回对象。在浏览器中打开index.html文件查看页面效果，如图20-1所示。

createApp方法传递的参数是根组件(也可以称为根实例)的配置，返回的对象称为Vue应用实例，当应用实例调用mount方法后返回的对象称为根组件实例，一个Vue应用由若干个实例组成，准确地说是由一个根实例和若干个子实例(也称为子组件)组成。若将一个Vue应用看作一棵大树，那么可以称根节点为Vue根实例，子节点为Vue子组件。

此外，一个Vue实例还可以有很多其他的属性和方法。

20.2.2 Vue组件

1. 使用component()方法创建组件

可以使用component()方法来创建Vue.js组件。

Vue中每个组件都可以定义自己的名称。下面的代码新建一个自定义组件，将其放在Vue根实例中使用，使用上一步返回的Vue实例app调用component()方法创建一个组件。

```
const app = Vue.createApp({})
//定义一个名为button-component的新组件
app.component('button-component',{
    data() {
        return {
            str: 'btn'
        }
    },
    template: '<button>这里是一个{{str}}</button>'
})
app.mount('#app')
```

app. component()方法的第一个参数是标识这个组件的名称，名为button-component，第二个参数是一个对象，这个data必须是一个function函数，这个函数返回一个对象。template定义了一个模板，表示这个组件将会使用这部分HTML代码作为其内容，如以下代码所示。

```
<div id="app">
    <button-component></button-component>
    {{msg}}
</div>
```

<button-component>表示用了一个自定义标签来使用组件，其内容保持和组件名一样，这是Vue中特有的使用组件的写法。此外，还可以多次使用<button-component>组件，以达到简单的组件复用效果，如以下代码所示。

```
<div id="app">
    <button-component></button-component>
    <button-component></button-component>
    {{msg}}
</div>
```

以上代码在index.html文件中运行的效果如图20-2所示。用户可以扫描右侧的二维码查看完整代码。

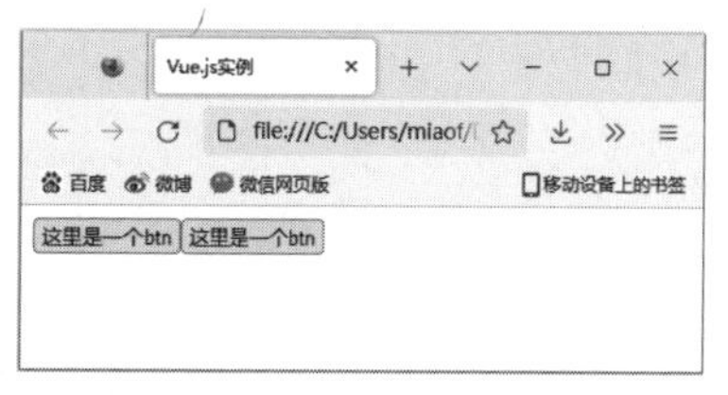

图 20-2　组件复用

2. Vue组件、根组件和实例的区别

在一般情况下，使用createApp创建的称为应用(根)实例，调用mount方法得到的称为根组件，而使用app.component()方法创建的称为子组件，组件也可以称为组件实例，在概念上它们的区别并不大。一个Vue应用由一个根组件和多个子组件组成，它们之间的关系和区别主要如下。

- 根组件也是组件，只是根组件需要应用实例挂载之后得到，可以看作一个实例化的过程。
- 创建子组件需要指定组件的名称，第二个对象参数和创建根组件时基本一致。

- 子组件是可复用的。一个组件被创建后，就可以被用在任何地方。因此子组件的data属性需要一个function函数，以保证组件无论被复用了多少次，组件中的data数据都相互隔离、互不影响。

在一般情况下，Vue中的组件是互相嵌套的，可以看作一个树结构，每个组件可以引用多个其他组件，而其他组件又可以引用另外一些组件，但是它们有一个共同的根组件，这就是组件树。

3. 全局组件和局部组件

在Vue中，组件可以分为全局组件和局部组件。

在代码中直接使用app.component()创建的组件为全局组件，全局组件无须特意指定挂载到哪个实例上，可以在需要时直接在组件中使用，但需要注意的是，全局组件必须在根应用实例挂载前定义才行，否则将无法被使用该根组件的应用找到，就像在前面的代码中，app.component()要写在app.mount('#app')之前，否则将无法找到该组件。

全局组件可以在任意Vue组件中使用，也就意味着只要注册了全局组件，无论是否被引用，它在整个代码逻辑中都可见。而局部组件则表示指定它被某个组件所引用，或者说局部组件只在当前注册的这个组件中使用。

【示例代码】

创建局部组件，代码如下：

```
//局部组件
<div id="app">
    {{msg}}
    <inner-component></inner-component>
</div>
    const app = Vue.createApp({
    data(){
        return {
            msg: "Hello World"
        }
    },
    components: {//可以设置多个
        'inner-component':{
            template: '<h2>inner component</h2>'
        }
    }
}).mount('#app')
```

以上代码中，inner-component是一个局部组件，它只有一个简单的template属性，在使用者的组件中可以通过components将局部组件挂载进去，注意这里是components(复数)，而不是component，因为可能有多个局部组件。这个局部组件只能被当前app的根组件使用。为了组件复用的效果，也可以将组件单独抽离出来。

【示例代码】

将局部组件单独抽离，代码如下：

```
const myComponenta = {
    template: '<h2>{{str}}</h2>',
    data(){
        return {
        str: 'inner a'
        }
    }
}
const app = Vue.createApp({
    components:{
        'my-component-a':myComponenta
    }
})
app.component('button-component', {
    data(){
        return {
            str:'btn'
        }
    },
    components:{
        'my-component-a':myComponenta
    },
    template:'<my-component-a></my-component-a>'>
})
app.mount('#app')
```

在上面的代码中定义了局部组件的配置项myComponenta，然后在根组件app和全局组件<button-component>中分别复用了使用配置项myComponenta的局部组件<my-conponent-a>。

4. 组件方法和事件的交互操作

在Vue中可以使用methods为每个组件添加方法，然后可以通过this.xxx()来调用。下面通过一个单击事件的交互操作来演示如何使用methods。

【示例代码】

组件方法methods的使用代码如下：

```
<div id="app">
    <h2 @click="clickCallback">{{msg}}</h2>
</div>
```

```
Vue.createApp({
    data(){
        return {msg: "Hello World"}
    },
    methods:{
        clickCallback(){
            alert("click")
        }
    }
})
```

在组件或实例中，methods接收一个对象，对象内部可以设置方法，并且可以设置多个方法。在上面的代码中，clickCallback是方法名。

在模板中设置@click="clickCallback"表示为<h2>绑定了一个click事件，回调方法是clickCallback，当单击发生时，会自动从methods中寻找clickCallback这个方法，并且触发它。

同理，可以设置另一个方法，同时在clickCallback中使用this.xxx()去调用。

【示例代码】

调用methods中的方法，代码如下：

```
Vue.createApp({
    data() {
        return {msg:"Hello World"}
    },
    methods:{
        clickCallback(){
            alert("click")
            this.foo()
        },
        foo(){
            alert("foo")
        }
    }
}).mount("#app")
```

在了解组件方法methods的用法之后，下面可以通过一个计数器的例子来演示Vue中事件和DOM交互操作的方法。

【示例代码】

事件和DOM交互操作，代码如下：

```
<div id="counter">
    <my-component></my-component>
</div>
```

```
const myComponent = {
    template: '<h2 @click="clickCallback">单击{{num}}</h2>',
    data(){
        return {
            num: 0
        }
    },
    methods: {
        clickCallback(){
            this.num++
        }
    }
    Vue.createApp({
        components:{
            myComponent: myComponent
        }
    }).mount('#counter')
}
```

以上代码中使用了局部组件进行演示，当单击<h2>时，将触发clickCallback回调方法，在回调方法内对data中的num值进行了加1的自增，num通过插值表达式{{num}}在页面中显示出来。我们会发现，每单击一次，页面上的num将增加1，这就是Vue中响应式的体验，即当一个对象变化时，能够被实时检测到，并且实时修改结果。正是由于Vue的响应式原理，才能有双向绑定，这也是Vue中双向绑定时Model影响DOM的具体体现。

5. 单文件组件

Vue.js的组件化是指每个组件控制一块用户界面的显示和用户的交互操作，每个组件都有自己的功能，代码在自己的模块内互相不影响，这是使用Vue.js的优势。

在一个有很多组件的项目中，若想要组件复用，就可能需要使用app.component()来定义多个全局组件，或者定义多个局部组件，然后在组件中互相调用它们。但前提是所有组件定义和引用的代码都必须在一个上下文对象中，或者说是写在一个JavaScript文件中，维护效率很低，这不符合前端工程化的思想。这样的写法存在以下几点不足。

- 全局定义：强制要求每个component中的命名不得重复。
- 字符串模板：缺乏语法高亮显示功能，在HTML代码有多行时，需要用到“丑陋”的“\”或者“+”来拼接字符串。
- 不支持CSS：意味着当HTML和JavaScript组件化时，CSS只能写在一个文件中，无法突出组件化的优点。
- 没有构建步骤：在当前比较流行的前端工程化中，若一个项目没有构建步骤，开发起来将会变得异常麻烦，简单地使用app.component()来定义组件无法集成构建功能。

文件扩展名为.vue的单文件组件为以上所有问题提供了解决方法，并且还可以使用

Webpack或Rollup等模块打包工具。该特性带来的好处是，对于项目所需要的众多组件进行文件化管理，再通过压缩工具和基本的封装工具处理之后，最终得到的可能只有一个文件，这极大地减少了对于网络请求多个文件带来的文件缓存或延时问题。

以下代码是一个单文件组件index.vue的例子。

【示例代码】

```
<template>
    <div class="box">
        {{msg}}
    </div>
</template>

<script>
module.exports = {
    name:'single'
    data() {
        return {
        msg:'Single File Components'
        }
    }
}
</script>

<style scoped>
    .box {
        color: #008;
    }
</style>
```

在以上代码中，组件的模板代码被抽离到一起，使用<template>标签包裹；组件的脚本代码被抽离到一起，使用<script>标签包裹；组件的样式代码被抽离到一起，使用<style>标签包裹。这使得组件UI样式和交互操作的代码可以写在一个文件内，方便了维护和管理。

当然，这个文件是无法被浏览器直接解析的，因而需要通过构建步骤将这些文件编译并打包成浏览器可以识别的JavaScript和CSS，如Webpack的vue-loader，<template>中的代码会被解析成Vue的render方法中的虚拟DOM对应的JavaScript代码，<script>中的代码会被解析成Vue组件配置对应的JavaScript代码，<style>中的内容将会被单独抽离出来，在组件加载时插入HTML页面中。

对于<style>标签可以配置一些属性来提供较为实用的功能，scoped属性标识当前<style>标签中的样式代码只会对当前的单文件组件生效，这样即使多个单文件组件被打包到一起，也不会相互影响。同时，<style>标签也提供了lang属性，可以用来启用scss或less。

【示例代码】

```
<style scoped lang='less'>
</style>
<style scoped lang='scss'>
</style>
```

当<style>标签启用了scoped后，若想要在样式代码中写一些样式来影响非当前组件所产生的DOM元素，可以采用深度选择器:deep()。

【示例代码】

```
//局部组件<aButton>
const aButton = {
    template:'<div class="a-button"></div>',
}

<template>
    <div class="content">
    <aButton/>
    <a-button>
</template>

<script>
module.exports = {
    name:'single',
    components:{
        aButton:aButton
    }
}
</script>


<style scoped>
    .content :deep(.a-button) {
        /*...*/
    }
</style>
```

以上代码中，.a-button这个class的样式可以通过父组件single中的<style>来设置。

<script>标签可以标识当前使用的语言引擎，以便进行预处理，最常见的就是在<script>中使用lang属性来声明TypeScript。

【示例代码】

```
<script lang="ts">
    //使用 TypeScript
</script>
```

若想将*.vue组件拆分为多个文件，<template>、<style>和<script>都可以使用src属性来引入外部的文件作为语言块。

【示例代码】

```
<template src="./template.html"></template>
<style src="./style.css"></style>
<script src="./script.js"></script>
```

注意src引入所需遵循的路径解析规则与构建工具(如Webpack模块)一致，即：相对路径需要以“./”开头；可以直接从node_modules依赖中引入资源。直接引入node_modules的资源的代码如下。

【示例代码】

```
<!--从已安装的"todomvc-app-css"npm包中引入文件-->
<style src="todomvc-app-css/index.css">
```

最后，对于<script>标签，在Vue3中引入了setup属性，配置完成之后，就相当于可以在<script>标签内部直接写Composition API中的setup()方法中的代码，当然最终还是会在打包时被编译成对应的JavaScript代码，但是在开发阶段就显得简洁并且便利了。

因为Vue.js有了单文件组件，才能将其和构建工具(如Webpack)结合起来，使得Vue.js项目不单单是简单的静态资源查看，而是可以集成更多文件预处理功能，这些功能改变了传统的前端开发模式，更能体现出前端工程化的特征。目前大部分Vus.js项目都会采用单文件组件。

20.3 Vue模板语法

Vue模板语法是Vue中常用的技术，其具体功能就是让用户界面渲染和用户交互操作的代码经过一系列的编译，生成HTML代码，最终输出到页面上。但是，在底层的实现上，Vue将模板编译成DOM渲染函数。结合响应系统，Vue能够智能地计算出最少需要重新渲染多少组件，并将DOM操作次数减少到最少。

Vue采用简洁的HTML模板语法，将数据渲染到DOM结构中。在应用状态改变时，Vue能够重新渲染组件并映射到DOM操作。

20.3.1 插值表达式

【示例代码】

```
<template>
    <div id="app">
        {{message}}
    </div>
</template>
```

代码中出现的{{message}}在之前的章节中也出现过多次，它的正式名称为插值(Mustache)表达式，也称为插值标签。它是Vue模板语法中最重要的，也是最常用的表达式，使用两个大括号“{{}}”来包裹，在渲染时会自动对里面的内容进行解析。Vue模板中的插值常见的使用方法包括文本、原始HTML、属性、JavaScript表达式等。

1. 文本插值

文本插值是指一对大括号中的数据经过编译和渲染出来是一个普通的字符串文本。同时，message在这里也形成了一个数据绑定，无论何时，绑定的数据对象上的message属性发生了改变，插值处的内容都会实时更新。

【示例代码】

文本插值表达式的使用代码如下：

```
<div id="app">
    {{message}}
</div>
```

<div>中的内容将会被替换为message的内容，同时实时更新体现了双向绑定的作用。但是，也可以通过设置v-once指令，使得数据改变时，插值处的内容不会更新。不过，注意这会影响该节点上所有的数据绑定。

在Vue中给DOM元素添加v-***形式的属性的写法称为指令。

【示例代码】

v-once指令的运用示例代码如下：

```
<div id="app" v-once>
    此处将不会改变：{{message}}
</div>
```

2. HTML插值

一对大括号会将数据解析为普通文本，而不是HTML代码。为了输出真正的HTML代码，需要使用v-html指令。

【示例代码】

v-html指令示例代码如下：

```
vue.createApp({
    data(){
        return {
            rawHtml:"<div>html 文本<span>abc</span></div>"
        }
    }
}).mount("#app")
<p>{{rawHtml}}</p>
<p>v-html:<span v-html="rawHtml"></span></p>
```

以上代码中，rawHtml是一段含有HTML代码的字符串，直接使用{{rawHtml}}并不会解析HTML字符串的内容，而是原模原样地显示在页面上。但是，若使用v-html指令，则会作为一段HTML代码插入当前<span>中。若rawHtml中还含有一些插值表达式或指令，那么v-html将会忽略解析属性值中的数据绑定。例如以下设置：

```
data() {
    return {
        rawHtml:"<div>html 文本<span>{{abc}}</span></div>"
    }
}
```

这里需要注意的是，网页中动态渲染任意的HTML可能非常危险，很容易导致XSS攻击，应只对可信的内容使用v-html指令，绝不要对用户输入的内容使用这个指令。

3. 属性插值

插值语法不能作用在HTML的属性上，遇到这种情况应使用v-bind指令。例如，若要给HTML的style属性动态绑定数据，使用插值可能采用以下写法。

```
data() {
    return {
        str: "000000"
    }
}
<div id="app" style="color: {{str}}"></div>
```

这样写的插值无法生效，因为Vue无法识别写在HTML属性上的插值表达式。遇到这样的情况，可以采用v-bind指令，例如下面的示例代码。

【示例代码】

```
data() {
    return {
        str: "color:#000000"
    }
}
<div id="app" v-bind:style="str"></div>
```

对于布尔属性(它们只要存在，就意味着值为true)，v-bind工作起来略有不同，在以上例子中为：

```
<button v-bind:disabled="isButtonDisabled">Button</button>
```

若isButtonDisabled的值是null、undefined或false，则disabled属性甚至不会出现在渲染出来的<button>元素中。

4. JavaScript表达式插值

在插值表达式中，基本上都是一直只绑定简单的属性键值，例如，直接将message的值显示出来。但在实际情况中，对于所有的数据绑定，Vue.js都提供了完整的JavaScript表

达式支持。

【示例代码】

```
//单目运算
{{ number +1 }}
//三目运算
{{ ok ? 'YES' : 'NO' }}
//字符串处理
{{ message.split('').reverse().join('') }}
//拼接字符串
<div v-bind:id="'list-' + id"></div>
```

例如，加法运算、三目运算、字符串的拼接，以及常用的split处理等，这些表达式将会在所属Vue实例的数据作用域下作为JavaScript代码被解析。

20.3.2 指令

Vue中的指令是指带有v-前缀或以v-开头的、设置在HTML节点上的特殊属性。指令的作用是，当表达式的值改变时，将其产生的连带影响以响应的方式作用在DOM上。例如v-bind和v-model都属于指令，它们都属于Vue中的内置指令。

1. v-bind

v-bind指令可以接收参数，在v-bind后加上一个冒号再跟上参数，该参数一般是HTML元素的属性，例如以下所示的代码。

【示例代码】

```
<a v-bind:href="url">...</a>
<img v-bind:src="url"/>
```

使用v-bind绑定HTML元素的属性之后，这个属性就有了数据绑定的效果，在Vue实例的data中定义之后，就会直接替换属性的值。

v-bind还有一个简写的用法，就是直接用冒号而省去v-bind，代码如下：

```
<img :src="url" />
```

使用v-bind和data结合可以便捷地实现数据渲染，但是应注意，并不是所有的数据都需要设置到data中，当一些组件中的变量与显示无关或没有相关的数据绑定逻辑时，也无须设置在data中，在methods中使用局部变量即可。这样可以减少Vue对数据的响应式监听，从而提升性能。

2. v-for

与代码中的for循环功能类似，可以使用v-for指令通过一个数组来渲染一个列表。v-for指令需要使用item in items形式的特殊语法，其中items是源数据数组，而item则是被迭代的数组元素的别名。

【示例代码】

```
<body>
<div id="app">
<ul>
    <li v-for="item in items">
        {{item.message}}
    </li>
</ul>
</div>
<script type="text/javascript">
Vue.createApp({
    data() {
        return {
            items: [
                {message: "张三" },
                {message: "李四" },
                {message: "王二" }
            ]
        }
    }
}).mount("#app")
</script>
</body>
```

以上代码的运行结果如图20-3所示。

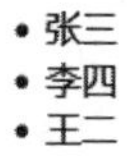

- 张三
- 李四
- 王二

图 20-3　v-for 一般用法结果

也可以用of替代in作为分隔符，因为其更接近JavaScript迭代器的语法：

```
<div v-for="item of items"></div>
```

在使用v-for指令时，若我们在data中定义的数组动态地改变，那么执行v-for所渲染的结果也会改变，这也是Vue中响应式的体现，例如，我们对数组进行push()、pop()、shift()、unshift()、splice()、sort()、reverse()操作时，渲染结果也会动态地改变。

【示例代码】

```
<div id="app">
    <button @click="add">add</button>
    <ul>
        <li v-for="item in items">
            {{item.message}}
        </li>
    </ul>
</div>
<script type="text/javascript">
Vue.createApp({
```

```
        data() {
            return {
                items: [
                    {message: "张三" },
                    {message: "李四" }
                ]
            }
        },
        methods:{
            add(){
                this.items.push({message:"王二"})
            }
        }
    }).mount("#app")
    </script>
```

以上代码运行结果如图20-4所示(用户可以扫描右侧的二维码获取完整代码)。

图 20-4 示例效果

在v-for代码区域中，可以访问当前Vue实例的所有其他属性，也就是其他设置在data中的值。v-for还支持一个可选的第二个参数，即当前项的索引。

【示例代码】

```
<div>
<ul id="app">
    <li v-for="(item,index) in items">
        {{ parentMessage }} - {{ index }} - {{ item.message }}
    </li>
</ul>
</div>
<script type="text/javascript">
Vue.createApp({
    data(){
        return {
            parentMessage: "Parent",
            items: [
                { message: "张三"},
```

```
                    { message: "李四"},
                    { message: "王二"}
                ]
            }
        }
    }).mount("#app")
</script>
```

以上代码运行结果如图20-5所示(用户可以扫描右侧的二维码获取完整代码)。

v-for指令不仅可以遍历一个数组，还可以遍历一个对象，其功能就像JavaScript中的for/in和Object.keys()一样。

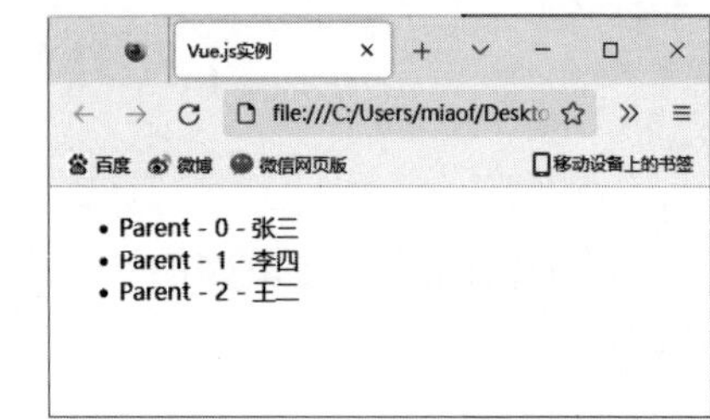

图 20-5　v-for 通过索引存取数据项

【示例代码】

```
<div>
<ul id="app">
    <li v-for="value in object">
        {{ value }}
    </li>
</ul>
</div>
<script type="text/javascript">
Vue.createApp({
    data() {
        return {
            object: {
                title:"文章标题",
                author:"作者张三",
                time:"2023-01-02"
            }
        }
    }
}).mount("#app")
</script>
```

以上代码运行结果如图20-6所示(用户可以扫描右侧的二维码获取完整代码)。

和使用索引一样，v-for指令提供的第二个参数为property名称(也就是键名)，第三个参数为index索引。

- 文章标题
- 张三
- 2023-01-02

图 20-6　v-for 遍历对象

【示例代码】

```
<div>
<ul id="app">
    <li v-for="(value,name,index) in object">
    {{ index }}:{{ name }} {{value}}
```

```
        </li>
    </ul>
    </div>
    <script type="text/javascript">
    Vue.createApp({
        data() {
            return {
                object: {
                    title:"文章标题",
                    author:"作者张三",
                    time:"2023-01-02"
                }
            }
        }
    }).mount("#app")
    </script>
```

以上代码运行结果如图20-7所示(用户可以扫描右侧的二维码获取完整代码)。

在使用Object.keys()遍历对象时，有时遍历出来的键(key)的顺序并不是我们定义时的顺序，例如，定义时title在第一个，author在第二个，time在第三个，但是遍历出来却不是这个顺序(这里只是举一个例子，上面代码的应用场景是按照顺序来的)。

- 0:title 文章标题
- 1:author 作者张三
- 2:time 2023-01-02

图 20-7　v-for 显示键名索引

需要注意的是，在使用v-for遍历对象时，是按照调用Object.keys()的结果顺序遍历的，因此在某些情况下并不会按照定义对象的顺序来遍历。若要严格控制顺序，则要在定义时转换成数组来遍历。

为了让Vue可以跟踪每个节点，则需要为每一项提供一个唯一的key属性。

【示例代码】

```
<div v-for="item in items" v-bind:key="item.id">
    <!--内容-->
</div>
```

当Vue更新使用了v-for渲染的元素列表时，它会默认使用“就地更新”策略。若数据项的顺序被改变了，Vue将不会移动DOM元素来匹配数据项的顺序，而是就地更新每个元素，并且确保它们在每个索引位置正确渲染到用户界面上。

Vue会尽可能地对组件进行高度复用，所以增加key可以标识组件的唯一性，目的是更好地区别各个组件，key更深层的意义是为了高效地更新虚拟DOM。关于虚拟DOM的概念，可以简单地将其理解为Vue在每次将数据更新到用户界面时，都会在内部事先定义好前后两个虚拟的DOM，一般是对象的形式。通过对比前后两个虚拟DOM的异同来针对性地更新部分用户界面，而不是整体更新(没有改变的用户界面部分不去修改，这样可以减少DOM操作)。设置key值，有利于Vue更加高效地查找需要更新的用户界面。不要使用对象或数组之类的非基本类型值作为v-for的key，应用字符串或数字类型的值。

3. v-model

v-model指令一般用在表单元素上，如<input type="text" />、<input type="checkbox"/>、<select>等，以便实现双向绑定。v-model将会忽略所有表单元素的value、checked和selected属性的初始值，因为它选择Vue实例中data设置的数据作为具体的值。

【示例代码】

v-model指令示例如下：

```
<div id="app">
    <input v-model="message">
    <p>Hello {{message}}</p>
</div>
Vue.createApp ({
    data() {
        return {message:'Jack'}
    }
}).mount("#app")
```

以上例子中，直接在浏览器<input>中输入别的内容，下面的<p>标签里的内容会跟着变化。这就是双向数据绑定。

将v-model应用在表单输入元素上时，Vue内部会为不同的输入元素使用不同的属性并触发不同的事件。

- text和textarea使用value属性和input事件。
- checkbox和radio使用checked属性和change事件。
- select字段将value作为属性并将change作为事件。

【示例代码】

v-model指令结合v-for指令实现<select>的双向数据绑定。

```
<div id="app">
    <select v-model="selected">
        <option v-for="option in options" v-bind:value="option.value">
            {{ option.text }}
        </option>
    </select>
    <span>selected: {{ selected }}</span>
</div>
<script type="text/javascript">
Vue.createApp({
    data() {
        return {
            selected:'张三',
            options: [
```

```
                {text:'候选人1',value:'张三'},
                {text:'候选人2',value:'李四'},
                {text:'候选人3',value:'王二'}
            ]
        }
    }
}).mount("#app")
</script>
```

以上代码运行结果如图20-8所示(用户可以扫描右侧的二维码获取完整代码)。

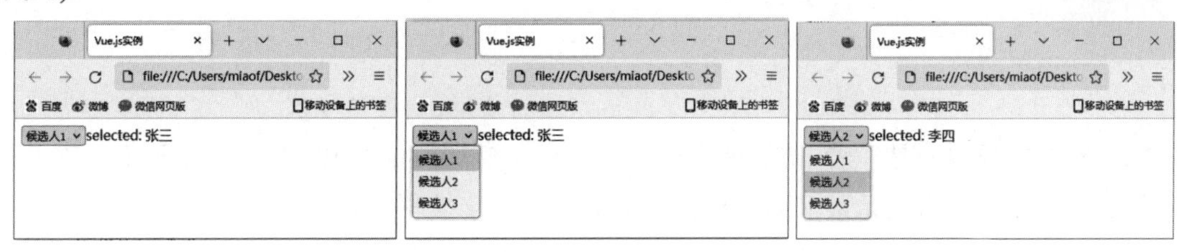

图 20-8 网页效果

在切换<select>时，页面上的值将会动态地改变，这就是结合<select>的表现。另外，在文本区域<textarea>，直接使用插值表达式是不会有双向绑定效果的。

【示例代码】

```
<textarea> {{text}}</textarea>
```

这时需要使用v-model来代替，代码如下：

```
<textarea v-model="text"></textarea>
```

使用v-model时，可以添加一些修饰符来有选择性地执行一些方法或者程序逻辑，如表20-1所示。

表20-1 v-model修饰符说明

修饰符	说明
.lazy	默认情况下，v-model在input事件中同步输入框中的值和数据，可以通过添加一个.lazy修饰符，转变为在change事件中同步
.number	自动将用户的输入值转换为number类型
.trim	自动过滤用户输入的首尾空格

4. v-if、v-else和v-else-if

v-if、v-else和v-else-if指令与编写代码时使用的if...else语句是一样的，一般搭配使用，只有v-if可以单独使用，v-else和v-else-if必须搭配v-if来使用。

以上指令执行的结果是根据表达式的值“真或假”来渲染元素。在切换时，元素及其组件与组件上的数据绑定会被销毁并重建。

【示例代码】

```
<div v-if="type === 'A'">
    A
</div>
<div v-else-if="type === 'B'">
    B
</div>
<div v-else-if="type === 'C'">
    C
</div>
<div v-else>
    Not A/B/C
</div>
```

这里需要强调的是，若v-if的值为false，那么v-if所在的HTML的DOM节点及其子元素都会被直接移除，这些元素上面的事件和数据绑定也会被移除。

5. v-show

v-show与v-if类似，v-show也用于控制一个元素是否显示。与v-if不同的是，若v-if的值为false，则这个元素将会被销毁，不在DOM中，而v-show的元素将会始终被渲染并保存在DOM中，它只是被隐藏。显示和隐藏的设置只需简单地切换CSS的display属性。

【示例代码】

```
<div v-show="type === 'A'">
    A
</div>
```

在Vue中并没有v-hide指令，可以用v-show="!xxx"来代替。

6. v-on

v-on指令主要用来给HTML元素绑定事件，是Vue中用得最多的指令之一。v-on的冒号后面可以跟一个参数，该参数就是触发事件的名称。v-on的值可以是一个方法的名称或一个内联语句。与v-bind指令一样，v-on指令可以省略“v-on:”，而用“@”来代替。

【示例代码】

```
<div id="app">
    <button @click="clickCallback">单击这里</button>
</div>
<script type="text/javascript">
Vue.createApp({
    methods:{
        clickCallback(params,event){
            console.log(params,event)
        }
    }
```

```
}).mount("#app")
</script>
```

在以上代码中，将v-on指令应用于click事件上，同时给了一个方法名clickCallback作为事件的回调函数，当DOM触发click事件时会进入在methods中定义的clickCallback方法中。event参数是当前事件的event对象。

若想在事件中传递参数，可以采用内联语句，该语句可以访问一个$event属性。

【示例代码】

```
<div id="app">
    <button @click="clickCallback('Hello',$event)">单击这里</button>
</div>
<script type="text/javascript">
Vue.createApp({
    methods:{
        clickCallback(params,event) {
            console.log(params,event)
        }
    }
}).mount("#app")
</script>
```

v-on指令用在普通元素上时，只能监听原生DOM事件，如click事件、touch事件等，当用在自定义元素组件上时，也可以监听子组件触发的自定义事件。

【示例代码】

```
<cuscomponent @cusevent="handleThis"></cuscomponent>
<!--内联语句-->
<cuscomponent @cusevent="handleThis(123,$event)"></cuscomponent>
```

在使用v-on监听原生DOM事件时，可以添加一些修饰符并有选择性地执行一些方法或者程序逻辑，如表20-2所示。

表20-2　v-on修饰符说明

修饰符	说明
.stop	阻止事件继续传播，相当于调用event.stopPropagation()
.prevent	告诉浏览器不要执行与事件关联的默认行为，相当于调用event.preventDefault()
.capture	使用事件捕获模式，即元素自身触发的事件先处理，然后才交由内部元素进行处理
.self	只有当event.target是当前元素自身才触发处理函数
.once	事件只会触发一次
.passive	告诉浏览器不阻止与事件关联的默认行为，相当于不调用event.preventDefault()
.left、.middle、.right	分别对应鼠标左键、中键和右键单击触发
.{keyAlias}	只有当事件是由特定按键触发时才触发回调函数

7. v-memo

v-memo是Vue 3中引入的指令，其作用是在列表渲染时，在某些场景下跳过新的虚拟DOM的创建，以提升性能。使用方法如下：

```
<div v-memo= "[valueA, valueB]">
...
</div>
```

当组件重新渲染时，若valueA与valueB都维持不变，那么对这个<div>以及它所有子节点的更新都将被跳过。事实上，即使是虚拟DOM的VNode创建也将被跳过，因为子树的记忆副本可以被重用。

v-memo指令主要结合v-for指令一起使用，并且必须作用在同一个元素上。

【示例代码】

```
<div id="app">
    <button @click="selected = '3'">单击这里</button>
    <div v-for="item in list": key="item.id" v-memo="[item.id === selected]">
    <p>ID: {{ item.id }} - selected: {{ item.id === selected }}</p>
    </div>
</div>
<script type="text/javascript">
Vue.createApp({
    data() {
        return {
            selected:'1',
            list: [
                { id:'1'},
                { id:'2'},
                { id:'3'},
            ]
        }
    }
}).mount("#app")
</script>
```

8. 指令的动态参数

在使用v-bind或者v-on指令时，冒号后面的字符串被称为指令的参数，代码如下：

```
<a v-bind:href="url">...</a>
```

这里href为参数，告知v-bind指令将该元素的href属性与表达式url的值绑定。

```
<a v-on:click="doSomething">...</a>
```

这里click为参数，告知v-on指令绑定何种事件。

将用方括号括起来的JavaScript表达式作为一个v-bind或v-on指令的参数，这种参数被称为动态参数。

v-bind指令的动态参数代码如下：

```
<a v-bind:[attributeName]= "url">...</a>
```

以上代码中的attributeName会被作为一个JavaScript表达式进行动态求值，求得的值将会作为最终的参数来使用。例如，若Vue实例有一个data属性attributeName，其值为href，那么该绑定将等价于v-bind:href。

v-on指令的动态参数代码如下：

```
<button v-on:[event]= "doThis"></button>
```

以上代码中的event将会被作为JavaScript表达式进行动态求值，求得的值将会作为最终的参数来使用。例如，若Vue实例有一个data属性event，其值为click，那么这个绑定将等价于v-on:click。

动态参数表达式有一些语法约束，因为某些字符(如空格和引号)放在HTML属性名里是无效的，所以要尽量避免使用这些字符。例如，以下代码在参数中添加了空格，所以是无效的。

【示例代码】

```
<!--将触发一个编译警告-->
<a v-bind:['foo' + bar]="value">...</a>
```

变通的方法是使用没有空格或引号的表达式，或用计算属性替代这种复杂的表达式。另外，若在DOM中使用模板(直接在一个HTML文件中编写模板需要回避大写键名)，需要注意浏览器会把属性名全部强制转换为小写，代码如下：

```
<!--在DOM中使用模板时，这段代码将被转换为'v-bind:[someattr]'-->
<a v-bind:[someAttr]="value">...</a>
```

20.4 Vue的data属性

在vue组件中，必不可少地会用到data属性。在Vue 3中，data属性是一个函数，Vue在创建新组件实例的过程中调用此函数。它应该返回一个对象，然后Vue将会通过响应性系统将其包裹起来，并以$data的形式存储在组件实例中。

【示例代码】

```
const app = Vue.createApp({
    data() {
    return { count: 4 }
    }
```

```
})

const vm = app.mount('#app')

console.log(vm.$data.count)                    // =>4
console.log(vm.count)                          // =>4

//修改 vm.count的值也会更新 $data.count
vm.count = 5
console.log(vm.$data.count)                    // =>5

//反之亦然
vm.$data.count = 6
console.log(vm.count)                          // =>6
```

若在组件初始化时data返回的对象中不存在某个key，后面再进行添加，那么这个新增加的key所对应的属性property是不会被Vue的响应性系统自动跟踪的。

【示例代码】

```
<div id="app">
    <span>{{name}}</span>
    <span>{{age}}</span>
</div>
const vm = Vue.createApp({
    data(){
    return {
        name: 'John'
    }
    }
}).mount("#app")

vm.age = 12
```

以上代码中，{{age}}的值将不会被渲染。

20.5 Vue方法

在Vue.js中将数据渲染到页面上用得最多的方法莫过于插值表达式{{}}。插值表达式中可以使用文本或者JavaScript表达式来对数据进行一些处理。

【示例代码】

```
<div id="example">
    {{ message.split('').reverse().join('') }}
</div>
```

但是，设计它们的初衷是用于简单运算。在插值表达式中放入太多的程序逻辑，会让模板过“重”并且难以维护。因此，可以将这部分程序逻辑单独剥离出来并放到一个方法中，这样共同的程序逻辑既可以复用，也不会影响模板的代码结构，并且便于维护。

这里的方法和前面介绍的使用v-on指令的事件绑定方法在程序逻辑上有所不同，但是在用法上是类似的，同样还是定义在Vue组件的methods对象内。

【示例代码】

```
<div id="app">
    {{height}}
    {{personInfo()}}
</div>

<script type="text/javascript">
const vmMethods = Vue.createApp({
    data() {
        return {
            name:'张三',
            age:'18',
            height:'180',
            country:'china'
        }
    },
    methods:{
        personInfo(){
            console.log('methods')
            var isFit = false;
            //'this'指向当前Vue实例
            if (this.age > 20 && this.country === 'china'){
                isFit = true;
            }
            return this.name + '    ' + (isFit ? '符合要求' : '不符合要求');
        }
    }
}).mount("#app")
</script>
```

以上代码运行结果如图20-9所示(用户可以扫描右侧的二维码获取完整代码)。代码首先在methods中定义了一个personInfo方法，将众多的程序逻辑写在其中，然后在模板的插值表达式中调用{{personInfo()}}。与使用data中的属性不同的是，在插值表达式中使用方法需要在方法名后面加上括号“()”以表示调用。

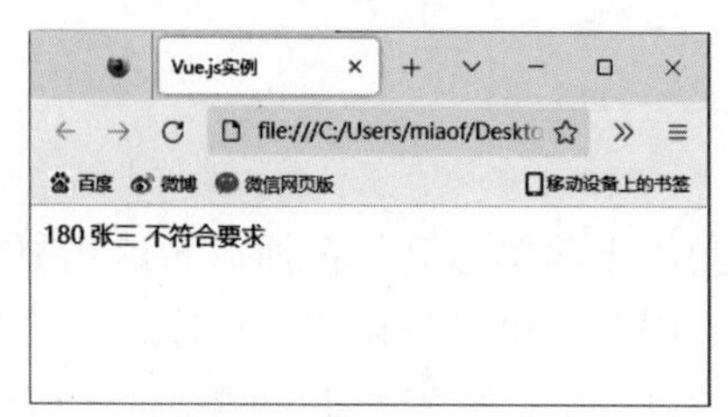

图 20-9　网页效果

20.6　Vue计算属性

计算属性在处理一些复杂逻辑时很有用，计算属性通过computed关键字定义。

【示例代码】

```
<div id="app">
    {{height}}
    {{personInfo}}
</div>

<script type="text/javascript">
const vmMethods = Vue.createApp({
    data() {
        return {
            name:'王二',
            age:'18',
            height:'180',
            country:'china'
        }
    },
    computed:{
        personInfo(){
            console.log('computed')
            //"this"指向当前Vue实例，即vm
            let isFit = false;
            if (this.age >16 && this.country === "china") {
                isFit = true;
            }
            return this.name + "    " + (isFit ? "符合要求" : "不符合要求");
        }
    }
```

```
}).mount("#app")
</script>
```

以上代码运行结果如图20-10所示(用户可以扫描右侧的二维码获取完整代码)。在代码中同样实现了将数据处理逻辑剥离的效果，看似将之前的methods换成了computed，以及将插值表达式的{{personInfo()}}换成了{{personInfo}}，虽然表面上的结构一样，但是内部却有着不同的机制。

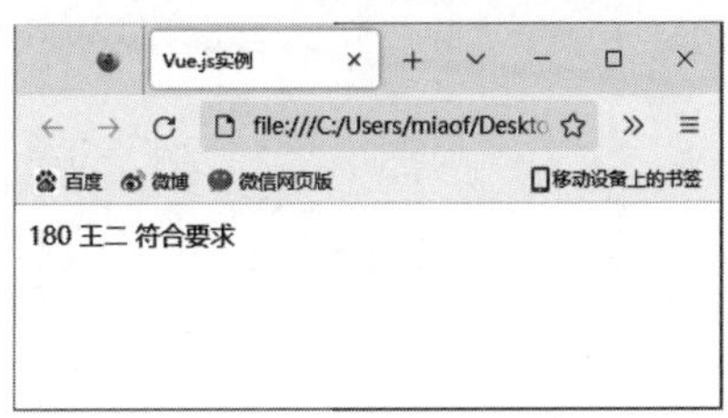

图 20-10　网页效果

20.7　Vue监听器

在Vue.js中，可以使用watch属性来响应数据的变化。

【示例代码】

```
<div id="app">
    {{name}}
</div>
<script type="text/javascript">
const vmWatch = Vue.createApp({
    data() {
        return {
            name:'张三'
        }
    },
    watch:{
        name(newV, OldV){
            console.log('新值:'+newV+',旧值:'+OldV)
        }
    }
}).mount("#app")
</script>
```

以上代码定义了一个监听属性watch，它所监听的是data中定义的name属性。

使用watch属性时有一个特点，就是当值第一次绑定时，不会执行监听函数，只有当值发生改变才会执行。若需要在最初绑定值时也执行函数，则需要用到immediate属性。例如，当父组件向子组件动态传值时，子组件props首次获取到父组件传来的默认值时，也需要执行函数。此时，需要将immediate设为true。

【示例代码】

```
const vmWatch = Vue.createApp({
    data() {
        return {
            name:'张三'
        }
    },
    watch:{
        name:{
            handler: function(newV, oldV) {
                ...
            },
            immediate: true
        }
    }
}).mount("#app")
```

这里将监听的数据写成对象形式，包含handler方法和immediate，之前编写的函数其实就是在编写这个handler方法。immediate表示在watch中首次绑定时，是否执行handler，若值为true，则表示在watch中声明时，就立即执行handler方法；若值为false，则和一般使用watch一样，在数据发生变化的时候才执行handler方法。

当需要监听一个复杂对象的改变时，普通的watch方法无法监听到对象内部属性的改变，例如监听一个对象，只有这个对象整体发生变化时，才能监听到。如果是对象中的某个属性发生变化或者对象属性的属性发生变化，此时就需要使用deep属性来对对象进行深度监听。

【示例代码】

```
const vmWatch = Vue.createAPP({
    data() {
        return {
            name: '张三'
        }
    },
    watch:{
        name:{
            handler: function(newV, oldV) {
                ...
            },
            deep: true
        }
    }
}).mount("#app")
```

在以上代码中，尝试修改this.obj.num的值，会发现并不会触发watch监听的方法，当添加deep:true时，watch监听的方法便会触发。另外，这种监听obj对象的写法，会给obj的所有属性都加上这个监听器，当对象属性较多时，每个属性值的变化都会执行handler方法。如果只需要监听对象中的一个属性值，则可以进行优化，使用字符串的形式监听对象属性。

【示例代码】

```
watch:{
    'obj.num': {
        handler: function(newNum, oldNum) {
            ...
        },
    }
}
```

此时就无须设置deep:true选项了。在Vue 3中，如果需要监听data某个数组的变化，分为直接重新赋值数组和调用数组的push()、pop()等方法两种情况。

```
const wmWatch = Vue.createApp({
    data(){
        return {
            names: ['张三','王二']
        }
    },
    watch:{
        names: {
            handler:function(newV, oldV) {
                console.log('watch')
            },
            deep: true
        }
    }
}).mount("#app")
vmWatch.names = ['张三']
vmWatch.names.push('张三') //添加deep才触发
```